中国特色高水平高职学校项目建设成果

工程造价控制

GONGCHENG ZAOJIA KONGZHI

主　编◎于微微
副主编◎葛贝德　朱琳琳　杜园元
主　审◎王天成　邱　悦

中国铁道出版社有限公司
CHINA RAILWAY PUBLISHING HOUSE CO., LTD.

内 容 简 介

本书为中国特色高水平高职学校项目建设成果系列教材之一,依据高等职业院校工程造价专业人才培养目标和定位要求,以二级造价工程师岗位工作过程为导向编写的配套教材,主要包括决策阶段造价管理与控制、设计阶段造价管理与控制、发承包阶段造价管理与控制、施工阶段造价管理与控制4个学习情境,共9个学习任务,包括编制投资估算、编制工程项目投资现金流量表、评价与优化设计方案、编制概预算文件、编制招标控制价、运用投标报价策略编制投标报价、工程变更与索赔的管理、工程费用动态监控、工程价款结算及其审查。

本书适合作为高等职业院校工程造价专业教材,也可作为职业技能培训教材及从事工程造价管理相关技术人员的参考书。

图书在版编目(CIP)数据

工程造价控制 / 于微微主编. -- 北京 : 中国铁道出版社有限公司, 2025. 1. -- ISBN 978-7-113-31629-7

Ⅰ. TU723.31

中国国家版本馆CIP数据核字第202440Q9E6号

书　　名：工程造价控制
作　　者：于微微

策　　划：祁　云　何红艳　　**编辑部电话：**(010)63560043
责任编辑：何红艳　包　宁
封面设计：刘　颖
责任校对：苗　丹
责任印制：樊启鹏

出版发行：中国铁道出版社有限公司(100054,北京市西城区右安门西街8号)
网　　址：https://www.tdpress.com/51eds
印　　刷：河北宝昌佳彩印刷有限公司
版　　次：2025年1月第1版　2025年1月第1次印刷
开　　本：880 mm×1 230 mm　1/16　**印张：**14　**字数：**433千
书　　号：ISBN 978-7-113-31629-7
定　　价：49.00元

中国特色高水平高职学校项目建设成果系列教材编审委员会

本书编委会

主　编：于微微（哈尔滨职业技术大学）

副主编：葛贝德（哈尔滨职业技术大学）

　　　　朱琳琳（哈尔滨职业技术大学）

　　　　杜园元（哈尔滨职业技术大学）

参　编：吴　岩（哈尔滨职业技术大学）

　　　　杜丽敏（哈尔滨职业技术大学）

　　　　杨晓东（哈尔滨职业技术大学）

　　　　张建华（哈尔滨职业技术大学）

　　　　任曼妮（哈尔滨职业技术大学）

　　　　张　军（黑龙江大学）

　　　　刁　玲（哈尔滨五建工程有限责任公司）

主　审：王天成（哈尔滨职业技术大学）

　　　　邱　悦（哈尔滨大东集团股份有限公司）

编写说明

实施中国特色高水平高职学校和专业建设计划(简称“双高计划”)是教育部、财政部为建设一批引领改革、支撑发展、中国特色、世界水平的高等职业学校和骨干专业(群)而做出的重大决策。哈尔滨职业技术大学(原哈尔滨职业技术学院)入选“双高计划”建设单位,学校对中国特色高水平学校建设进行顶层设计,编制了站位高端、理念领先的建设方案和任务书,并扎实开展了人才培养高地、特色专业群、高水平师资队伍与校企合作等项目建设,借鉴国际先进的教育教学理念,开发中国特色、国际水准的专业标准与规范,深入推动“三教改革”,组建模块化教学创新团队,实施“课程思政”,开展“课堂革命”,校企双元开发活页式、工作手册式、新形态教材。为适应智能时代先进教学手段应用,学校加大优质在线资源的建设,丰富教材的信息化载体,为开发工作过程为导向的优质特色教材奠定基础。

按照教育部印发的《职业院校教材管理办法》要求,教材编写总体思路是:依据学校双高建设方案中教材建设规划、国家相关专业教学标准、专业相关职业标准及职业技能等级标准,服务学生成长成才和就业创业,以立德树人为根本任务,融入课程思政,对接相关产业发展需求,将企业应用的新技术、新工艺和新规范融入教材之中。教材编写遵循技术技能人才成长规律和学生认知特点,适应相关专业人才培养模式创新和课程体系优化的需要,注重以真实生产项目、典型工作任务及典型工作案例等为载体开发教材内容体系,实现理论与实践有机融合,满足“做中学、做中教”的需要。

本系列教材是哈尔滨职业技术大学中国特色高水平高职学校项目建设的重要成果之一,也是哈尔滨职业技术大学教材建设和教法改革成效的集中体现。教材体例新颖,具有以下特色:

第一,教材研发团队组建创新。按照学校教材建设统一要求,遴选教学经验丰富、课程改革成效突出的专业教师担任主编,邀请相关企业作为联合建设单位,形成了一支学校、行业、企业高水平专业人才参与的开发团队,共同参与教材编写。

第二,教材内容整体构建创新。精准对接国家专业教学标准、职业标准、职业技能等级标准确定教材内容体系,参照行业企业标准,有机融入新技术、新工艺、新规范,构建基于职业岗位工作需要的体现真实工作任务、流程的内容体系。

第三,教材编写模式形式创新。与课程改革相配套,按照“工作过程系统化”“项目+任务式”“任务驱动式”“CDIO式”四类课程改革需要设计四大教材编写模式,创新新形态、活页式及工作手册式教材三大编写形式。

第四，教材编写实施载体创新。依据本专业教学标准和人才培养方案要求，在深入企业调研、岗位工作任务和职业能力分析基础上，按照“做中学、做中教”的编写思路，以企业典型工作任务为载体进行教学内容设计，将企业真实工作任务、真实业务流程、真实生产过程纳入教材之中。开发了教学内容配套的教学资源①，满足教师线上线下混合式教学的需要，本教材配套资源同时在相关平台上线，可随时下载相应资源，满足学生在线自主学习课程的需要。

第五，教材评价体系构建创新。从培养学生良好的职业道德、综合职业能力与创新创业能力出发，设计并构建评价体系，注重过程考核和学生、教师、企业等参与的多元评价，在学生技能评价上借助社会评价组织的“1+X”考核评价标准和成绩认定结果进行学分认定，每部教材均根据专业特点设计了综合评价标准。

为确保教材质量，哈尔滨职业技术大学组建了中国特色高水平高职学校项目建设成果系列教材编审委员会，教材编审委员会由职业教育专家和企业技术专家组成。学校组织了专业与课程专题研究组，对教材持续进行培训、指导、回访等跟踪服务，有常态化质量监控机制，能够为修订完善教材提供稳定支持，确保教材的质量。

本系列教材是在学校骨干院校教材建设的基础上，经过几轮修订，融入课程思政内容和课堂革命理念，既具积累之深厚，又具改革之创新，凝聚了校企合作编写团队的集体智慧。本系列教材的出版，充分展示了课程改革成果，为更好地推进中国特色高水平高职学校项目建设做出积极贡献！

哈尔滨职业技术大学中国特色高水平高职
学校项目建设成果系列教材编审委员会
2025年1月

① 2024年6月，教育部批复同意以哈尔滨职业技术学院为基础设立哈尔滨职业技术大学（教发函〔2024〕119号）。本书配套教学资源均是在此之前开发的，故署名均为“哈尔滨职业技术学院”。

前言

“工程造价控制”是高职院校工程造价专业的核心课程。全过程造价管理是指覆盖建设工程策划决策及建设实施各阶段的造价管理，通过对建设工程项目工程造价的预测、优化、控制、分析、监督，以获得资源的最优配置和建设项目最大的投资效益。党的二十大报告明确提出：“统筹职业教育、高等教育、继续教育协同创新，推进职普融通、产教融合、科教融汇，优化职业教育类型定位。”这为新时代高等职业教育发展指明了方向。编写本书的目的就是培养学生具有二级造价工程师岗位的职业能力，在掌握基本操作技能的基础上，着重培养学生造价方法的运用，以解决工程实际问题。

本书是自2016年建筑企业营业税改增值税后，基于2013版《建设工程工程量清单计价规范》《房屋建筑与装饰工程工程量计算规范》《建筑工程建筑面积计算规范》，根据《建筑安装工程费用项目组成》（建标〔2013〕44号）文件、《工程计税依据调整》（建办标〔2016〕4号）文件的规定，结合2019年黑龙江省建设工程计价依据《建筑与装饰工程消耗量定额》和《建设工程施工合同（示范文本）》（GF—2017—0201）编写而成。

本书主要特色如下：

1. 教材体现“三教改革”精神，适应高等职业院校教学改革的要求。以职业能力成长为主线，采用教、学、做一体化模式编写，按照造价工程师实际岗位所需的知识能力来选取教材内容，与企业合作，共同进行教材的开发和设计，实现教材与工程实际的零距离对接。

2. 教材内容对接岗位，强化学生能力培养。教材以真实的编制造价文件工作任务为主线，注重理论联系实际，在教学中以培养学生的方法运用能力为重点，使学生全面掌握建设工程全过程造价管理基础知识，以培养学生现场分析解决问题的能力为终极目标，在校内教学过程中尽量实现实训环境与实际工作的全面结合，使学生在真实工作过程中得到锻炼，为学生在生产实习及顶岗实习阶段打下良好的基础，使学生毕业时就能直接顶岗工作。

3. 教材配套丰富的数字化资源，强化智能化教学。扫描二维码可以得到相应的教学资源，通过信息化教学在校内教学过程中尽量实现教学内容与实际工作的全面结合。

4. 教材多维度融入课程思政元素，促进学生全面发展。深入挖掘专业课中的思政元素，将课程思政元素融入教材，帮助学生树立正确的世界观、人生观，践行社会主义核心价值观，提高学生的思想道德素质和人文素养，培养学生独立思考和解决问题的能力。

本书共设4个学习情境9个工作任务，参考学时数为45学时。其中，学习情境1决策阶段造价管理与控制包括任务1编制投资估算、任务2编制工程项目投资现金流量表；学习情境

2 设计阶段造价管理与控制包括任务 3 评价与优化设计方案、任务 4 编制概预算文件；学习情境 3 发承包阶段造价管理与控制包括任务 5 编制招标控制价、任务 6 运用投标报价策略编制投标报价；学习情境 4 施工阶段造价管理与控制包括任务 7 工程变更与索赔的管理、任务 8 工程费用动态监控、任务 9 工程价款结算及其审查。

本书由哈尔滨职业技术大学于微微任主编，哈尔滨职业技术大学葛贝德、朱琳琳、杜园元任副主编，哈尔滨职业技术大学吴岩、杜丽敏、杨晓东、张建华、任曼妮，黑龙江大学张军，哈尔滨五建工程有限责任公司刁玲参与编写。其中，于微微负责制订编写提纲、统稿工作，并编写任务 2、任务 6、任务 7、附录及所有二维码资源源文件；葛贝德编写任务 5，辅助主编进行统稿工作；朱琳琳编写任务 9；杜园元编写任务 1；吴岩编写任务 8；杜丽敏、杨晓东合作编写任务 3；张建华、任曼妮合作编写任务 4；张军、刁玲共同参与工程数据的校核，并负责修订各任务工单的全部内容。

本书由哈尔滨职业技术大学建筑工程与应急管理学院院长王天成教授、哈尔滨大东集团股份有限公司邱悦高级工程师主审，给编者提出了很多修改建议。在此特别感谢哈尔滨职业技术大学孙百鸣教授给予教材编写指导和大力帮助。

由于编者的业务水平和教学经验有限，书中难免有不妥之处，恳请指正。

本书编委会

2024 年 10 月

目　录

学习情境1　决策阶段造价管理与控制 …… 1

任务1　编制投资估算 …… 2

知识模块1　建设项目决策阶段的工程造价管理概述 …… 3

知识模块2　建设项目投资估算 …… 5

任务2　编制工程项目投资现金流量表 …… 22

知识模块1　资金的时间价值及其计算 …… 23

知识模块2　建设项目决策阶段的工程造价管理 …… 29

学习情境2　设计阶段造价管理与控制 …… 47

任务3　评价与优化设计方案 …… 48

知识模块1　建设项目设计阶段的工程造价管理概述 …… 49

知识模块2　建设项目设计方案的评价 …… 51

任务4　编制概预算文件 …… 72

知识模块1　建设项目设计概算的编制与审查 …… 73

知识模块2　建设项目施工图预算的编制与审查 …… 78

学习情境3　发承包阶段造价管理与控制 …… 99

任务5　编制招标控制价 …… 100

知识模块1　建设项目施工招标与招标文件的编制 …… 101

知识模块2　建设项目招标工程量清单与招标控制价的编制 …… 106

任务6　运用投标报价策略编制投标报价 …… 120

知识模块1　投标报价的编制 …… 122

知识模块2　建设项目施工评标与授标 …… 125

知识模块3　建设工程施工合同 …… 130

知识模块4　建筑业“营改增”概述 …… 132

学习情境 4　施工阶段造价管理与控制 ······ 145

任务 7　工程变更与索赔的管理 ······ 146

知识模块 1　建设项目施工合同管理 ······ 147

知识模块 2　工程变更管理 ······ 152

知识模块 3　工程索赔管理 ······ 154

知识模块 4　工程合同价款的调整 ······ 156

知识模块 5　工程计量的程序和方法 ······ 162

任务 8　工程费用动态监控 ······ 174

知识模块 1　施工阶段资金使用计划的作用与编制方法 ······ 175

知识模块 2　偏差表示方法及偏差参数 ······ 176

知识模块 3　投资偏差的分析 ······ 177

知识模块 4　项目施工成本管理流程 ······ 179

任务 9　工程价款结算及其审查 ······ 192

知识模块 1　工程预付款及其扣回 ······ 193

知识模块 2　建设工程价款结算方式和主要内容 ······ 195

知识模块 3　工程进度款支付 ······ 195

知识模块 4　工程价款的动态结算 ······ 196

知识模块 5　质量保证金 ······ 197

知识模块 6　竣工结算与最终结清 ······ 198

知识模块 7　合同价款纠纷的处理 ······ 200

知识模块 8　工程结算审查 ······ 201

知识模块 9　国际工程合同价款的结算 ······ 202

附　　录 ······ 214

参考文献 ······ 214

学习情境1
决策阶段造价管理与控制

学习指南

情境导入

某集团公司拟建设工业项目，项目为拟建年产30万t铸钢厂，根据调查统计资料可知，当地已建成年产25万t铸钢厂的主厂房工艺设备投资约2 400万元。项目的生产能力指数为1，根据类似项目资料：主厂房其他各专业工程投资占工艺设备投资的比例及项目其他各系统工程及工程建设其他费用占主厂房投资的比例，见右侧二维码中表格。

文本

学习情境1：情境导入表格

项目建设资金来源为自有资金和贷款，贷款本金为8 000万元，分年度按投资比例发放，贷款利率为8%（按年计息），建设期3年，第1年投入30%，第2年投入50%，第3年投入20%，预计建设期物价年均上涨率为3%，投资估算到开工的时间按一年考虑，基本预备费率为10%，确定项目的建设总投资估算，编制工程项目投资现金流量表。

学习目标

1. 知识目标

(1)能说出建设项目投资决策与工程造价的关系；

(2)能说出建设项目投资决策阶段影响项目工程造价的主要因素；

(3)能区别各种建设项目投资估算计算方法的适用条件；

(4)能说出建设项目财务评价指标体系。

2. 能力目标

(1)能根据建设投资静态、动态投资部分的估算方法编制投资估算；

(2)能编制工程项目投资现金流量表；

(3)能根据建设项目财务盈利能力评价方法与指标评价建设项目财务盈利能力；

(4)能够掌握二级造价工程师应知应会的知识，独立完成完整的造价工作。

3. 素质目标

通过完成任务，培养学生的爱国主义情怀，激发学生的崇高理想和报效祖国的雄心壮志，做事钻研奋进、精益求精，培育工匠精神与创新精神，工作中严谨、审慎、负责，培育客观、公正、科学的求实精神，在造价工作岗位做到“严谨认真、精准施策、吃苦耐劳、诚实守信”。

工作任务

1. 编制投资估算　　参考学时：4学时
2. 编制工程项目投资现金流量表　　参考学时：6学时

任务1　编制投资估算

任 务 单

<table>
<tr><td>学习领域</td><td colspan="6">工程造价控制</td></tr>
<tr><td>学习情境1</td><td colspan="2">决策阶段造价管理与控制</td><td colspan="2">任务1</td><td colspan="2">编制投资估算</td></tr>
<tr><td colspan="3">任务学时</td><td colspan="4">4学时</td></tr>
<tr><td colspan="7">布置任务</td></tr>
<tr><td>工作目标</td><td colspan="6">1. 能够理解建设项目投资决策与工程造价的关系；
2. 能够分析建设项目投资决策阶段影响项目工程造价的主要因素；
3. 能够根据建设项目投资估算的编制方法编制投资估算；
4. 能够在完成任务过程中锻炼职业素质，做到“严谨认真、吃苦耐劳、诚实守信”</td></tr>
<tr><td>任务描述</td><td colspan="6">文本
任务1：编制投资估算
【扫描二维码获取工作任务】
投资估算是拟建项目前期可行性研究的重要内容，是经济效益评价的基础，是项目决策的重要依据。根据业主提供的项目建议书（或建设规划）、可行性研究报告（或设计任务书）、方案设计（包括设计招标或城市建筑方案设计竞选中的方案设计，其中包括文字说明和图纸）、投资估算指标、造价指标及类似工程造价、资金来源与建设工期等，完成建设投资静态投资部分和动态投资部分的估算，编制投资估算</td></tr>
<tr><td rowspan="2">学时安排</td><td>资讯</td><td>计划</td><td>决策或分工</td><td>实施</td><td>检查</td><td>评价</td></tr>
<tr><td>0.5学时</td><td>0.5学时</td><td>1学时</td><td>1学时</td><td>0.5学时</td><td>0.5学时</td></tr>
<tr><td>对学生学习及成果的要求</td><td colspan="6">1. 每名同学均能按照自学资讯思维导图自主学习，并完成课前自学的问题训练和自学自测；
2. 严格遵守课堂纪律，不迟到、不早退；学习态度认真、端正，能够正确评价自己和同学在本任务中的素质表现；
3. 每位同学必须积极动手并参与小组讨论，分析编制投资估算的依据，根据不同类型的工程项目选用不同的投资估算方法编制投资估算，能够与小组成员合作完成工作任务；
4. 每位同学都可以讲解任务完成过程，接受教师与同学的点评，同时参与小组自评与互评；
5. 每组必须完成全部“编制投资估算”工作的报告工单，并提请教师进行小组评价，小组成员分享小组评价分数或等级；
6. 每名同学均完成任务反思，以小组为单位提交</td></tr>
</table>

资讯思维导图

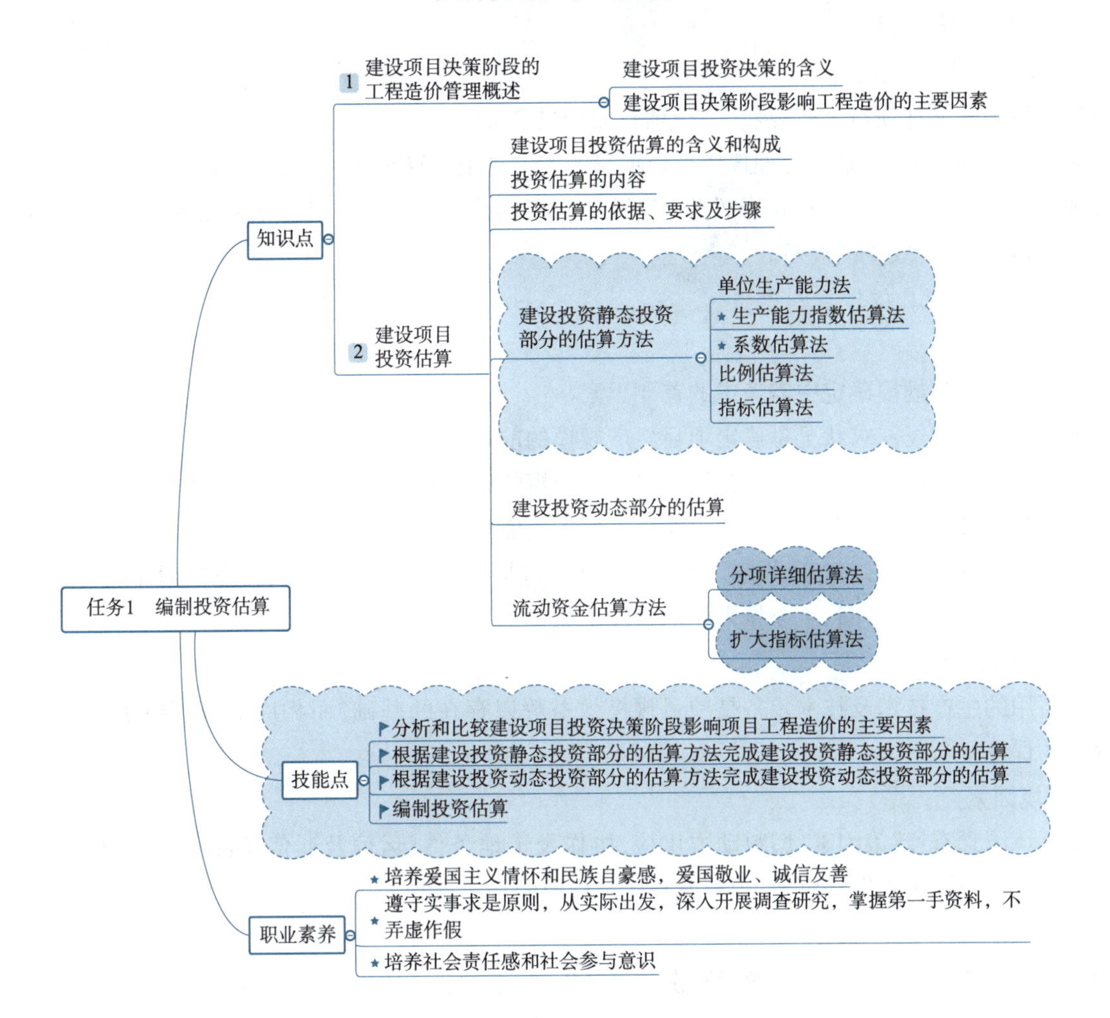

课前自学

知识模块1　建设项目决策阶段的工程造价管理概述

一、建设项目投资决策的含义

①建设项目决策的正确性是工程造价合理性的前提。

②建设项目投资决策阶段是决定工程造价的关键阶段。

③建设项目投资决策阶段的工程造价是投资者进行决策的主要依据。

④建设项目投资决策的深度影响投资估算的精确度，也影响工程造价管理的效果。

二、建设项目决策阶段影响工程造价的主要因素

（一）项目建设标准

工程造价的多少取决于项目的建设标准。

工业项目建设标准一般包括：建设条件、建设规模、项目构成、工艺与装备、配套工程、建筑标准、建设用地、环境保护、劳动定员、建设工期、投资估算指标和主要技术经济指标。

民用项目建设标准一般包括：建设规模、建设等级、建筑标准、建设设备、建设用地、建设工期、投资估算指标和主要技术经济指标等。

大多数工业交通项目应采用中等适用的标准，对少数引进国外先进技术和设备的项目或少数有特殊要求的项目，标准可适当高些。

（二）项目建设规模

1. 项目建设规模的含义

项目建设规模又称项目生产规模，是指项目设定的正常生产营运年份可能达到的生产能力或者使用效益。建设规模的确定，就是要合理选择拟建项目的生产规模，解决"生产多少"的问题。

合理经济规模是指在一定技术条件下，项目投入产出比处于较优状态，资源和资金可以得到充分利用，并可获得较优经济效益的规模。

2. 项目规模合理化的制约因素

（1）市场因素

市场因素是项目规模确定中需考虑的首要因素。

①项目产品的市场需求状况是确定项目生产规模的前提。

②原材料市场、资金市场、劳动力市场等对项目规模的选择起着程度不同的制约作用。

③市场价格分析是制定营销策略和影响竞争力的主要因素。

④市场风险分析也是确定建设规模的重要依据。包括技术进步、替代品、新竞争对手、产成品的买方垄断、项目投入品的卖方垄断、主要投入品的供应中断等。

（2）技术因素

先进适用的生产技术及技术装备是项目规模效益赖以存在的基础，而相应的管理技术水平则是实现规模效益的保证。

（3）环境因素

主要环境因素有：政策因素、燃料动力供应、协作及土地条件、运输及通信条件。其中，政策因素包括产业政策、投资政策、技术经济政策、国家或地区及行业经济发展规划等。

3. 项目合理规模确定的方法

项目合理规模确定的方法包括盈亏平衡产量分析法、平均成本法、生产能力平衡法、政府或行业规定。

（三）建设地区与地点的选择

1. 建设地区的选择应遵循的基本原则

①靠近原料、燃料提供地和产品消费地的原则：对农产品、矿产品的初步加工项目，应尽可能靠近原料产地；对于能耗高的项目，如铝厂、电石厂等，宜靠近电厂；而对于技术密集型的建设项目，其选址宜在大中城市。

②工业项目适当聚集原则：有利于各种资源和生产要素的充分利用，形成综合生产能力；有可能建立比较齐全的基础设施，提高设施使用效益；为不同类型的劳动者提供多种就业机会。

（四）技术方案：包括生产方法和工艺流程的选择

1. 技术方案选择的基本原则

技术方案选择应满足先进适用、安全可靠、经济合理的原则。

2. 生产方法选择

生产方法直接影响生产工艺流程的选择，一般从以下几个方面着手选择生产方法：

①采用先进适用的生产方法。

②研究拟采用生产方法是否与采用的原材料相适应。

③研究拟采用生产方法的技术来源的可得性，若采用引进技术或专利，应比较所需费用。

④研究拟采用生产方法是否符合节能和清洁的要求。

3. 工艺流程方案选择

选择工艺流程方案的具体内容包括以下几个方面：

①研究工艺流程方案对产品质量的保证程度。

②研究工艺流程各工序间的合理衔接,工艺流程应通畅、简捷。

③研究选择先进合理的物料消耗定额,提高收效和效率。

④研究选择主要工艺参数。

⑤研究工艺流程的柔性安排。

(五)设备方案

在设备选用中,应注意处理好以下问题:

①要尽量选用国产设备。

②要注意进口设备之间以及国内外设备之间的衔接配套问题。

③要注意进口设备与原有国产设备、厂房之间的配套问题。

④要注意进口设备与原材料、备品备件及维修能力之间的配套问题。

(六)工程方案

工程方案选择应满足以下基本要求:

①满足生产使用功能要求。

②适应已选定的场址(线路走向)。

③符合工程标准规范要求。

④经济合理。

(七)环境保护措施

1. 环境保护措施原则

①符合国家环境保护法律、法规和环境功能规划的要求。

②坚持污染物排放总量控制和达标排放的要求。

③坚持“三同时”原则,即环境治理措施应与项目的主体工程同时设计、同时施工、同时投产使用。

④力求环境效益与经济效益相统一。

⑤注重资源综合利用,对环境治理过程中项目产生的废气、废水、固体废弃物,应提出回水处理和再利用方案。

2. 环境治理比较、评价的主要内容

①技术水平对比,分析对比不同环境保护治理方案所采用的技术和设备的先进性、适用性、可靠性和可得性。

②治理效果对比,分析对比不同环境保护治理方案在治理前及治理后环境指标的变化情况,以及能否满足环境保护法律法规的要求。

③管理及监测方式对比,分析对比各治理方案所采用的管理和监测方式的优缺点。

④环境效益对比,将环境治理保护所需投资和环保措施运行费用与所获得的收益相比较。效益费用比值较大的方案为优。

思一思

建设项目决策阶段影响工程造价的主要因素有哪些?

知识模块2　建设项目投资估算

一、建设项目投资估算的含义和构成

(一)投资估算的含义

建设项目投资估算是在对项目的建设规模、产品方案、工艺技术及设备方案、工程方案及项目实施进度等进行研究并基本确定的基础上,估算项目所需资金总额(包括建设投资和流动资金)并测算建设期分年资金使用计划。投资估算是拟建项目编制项目建议书、可行性研究报告的重要组成部分,是项目决策的

重要依据之一。

(二)投资估算的构成

投资估算的内容,从费用构成来讲应包括该项目从筹建、设计、施工直至竣工投产所需的全部费用,分为建设投资和流动资金两部分。

建设投资估算内容按照费用的性质划分,包括建筑安装工程费用、设备及工器具购置费用、工程建设其他费用、预备费用、建设期利息等。

流动资金是伴随着建设投资而发生的长期占用的流动资产投资,即为财务中的营运资金。

二、投资估算的内容

根据国家规定,从满足建设项目投资设计和投资规模的角度,建设项目投资估算包括建设投资、建设期利息和流动资金估算。

建设投资中的建筑工程费、设备及工器具购置费、安装工程费直接形成实体固定资产,被称为工程费用;工程建设其他费用可分别形成固定资产、无形资产及其他资产;基本预备费、涨价预备费,在可行性研究阶段为简化计算,一并计入固定资产。

建设期利息是债务资金在建设期内发生并应计入固定资产原值的利息,包括借款(或债券)利息及手续费、承诺费、管理费等。

流动资金是指生产经营性项目投产后,用于购买原材料、燃料、支付工资及其他经营费用等所需的周转资金。

三、投资估算的依据、要求及步骤

(一)投资估算依据

①建设标准和技术、设备、工程方案。

②专门机构发布的建设工程造价费用构成、估算指标、计算方法,以及其他有关计算工程造价的文件。

③专门机构发布的工程建设其他费用计算办法和费用标准,以及政府部门发布的物价指数。

④拟建项目各单项工程的建设内容及工程量。

⑤资金来源与建设工期。

(二)投资估算的步骤

①分别估算各单项工程所需的建筑工程费、设备及工器具购置费、安装工程费。

②在汇总各单项工程费用的基础上,估算工程建设其他费用和基本预备费。

③估算涨价预备费和建设期利息。

④估算流动资金。

四、建设投资静态投资部分的估算方法

(一)单位生产能力法

计算公式为

$$C_2 = (C_1/Q_1)Q_2 f$$

式中 C_1——已建类似项目的静态投资额;

C_2——拟建项目静态投资额;

Q_1——已建类似项目的生产能力;

Q_2——拟建项目的生产能力;

f——不同时期、不同地点的定额、单价、费用变更等的综合调整系数。

优缺点:这种方法把项目的建设投资与其生产能力的关系视为简单的线性关系,估算结果精确度较差。

应用:主要用于新建项目或装置的估算,十分简便迅速,但要估价人员掌握足够的典型工程的历史数据。

(二)生产能力指数估算法

该方法是利用已知建成项目的投资额或其设备的投资额估算同类型但生产规模不同的两个项目的投资额或其设备投资额的方法。

计算公式为

$$C_2 = C_1(Q_2/Q_1)^x f$$

式中　C_1——已建同类项目的固定资产投资额;

C_2——拟建项目固定资产投资额;

Q_1——已建同类项目的生产能力;

Q_2——拟建项目的生产能力;

f——不同时期、不同地点的定额、单价、费用变更等的综合调整系数;

x——生产能力指数。

主要应用于设计深度不足、拟建建设项目与类似建设项目的规模不同、设计定型并系列化、基础资料完备的情况、在总承包报价时经常采用。

例题1　某地拟建一年产20万t产品的工业项目,预计建设期为3年,该地区2021年已建年产10万t的类似项目投资为1.5亿元。已知生产能力指数为0.9,该地区2021年、2024年同类工程造价指数分别为108、112,预计拟建项目建设期内工程造价年上涨率为5%,用生产能力指数法估算的拟建项目静态投资为多少亿元?

文本

任务1例题1答案解析

解:【扫描二维码获取例题1答案解析】

(三)系数估算法

系数估算法又称因子估算法,它是以拟建项目的主体工程费或主要设备费为基数,以其他工程费与主体工程费的百分比为系数估算项目总投资的方法。这种方法简单易行,但是精度较低,一般用于项目建议书阶段。系数估算法的种类很多,在我国常用的方法有设备系数法和主体专业系数法,朗格系数法是世界银行项目投资估算常用的方法。

1. 设备系数法

设备系数法以拟建项目的设备购置费为基数,根据已建成的同类项目的建筑安装费和其他工程费等与设备价值的百分比,求出拟建项目建筑安装工程费和其他工程费,进而求出项目的建设投资。其计算公式为

$$C = E(1 + f_1p_1 + f_2p_2 + \cdots + f_np_n) + I$$

式中　C——拟建项目的静态投资;

E——拟建项目根据当时当地价格计算的设备购置费;

$p_1, p_2, \cdots, p_n$——已建项目中建筑安装工程费及其他工程费等与设备购置费的比例;

$f_1, f_2, \cdots, f_n$——由于时间因素引起的定额、价格、费用标准等变化的综合调整系数;

I——拟建项目的其他费用。

2. 主体专业系数法

主体专业系数法以拟建项目中投资比重较大,并与生产能力直接相关的工艺设备投资为基数,根据已建同类项目的有关统计资料计算出拟建项目各专业工程(如总图、土建、采暖、给排水、管道、电气、自控等)与工艺设备投资的百分比,据以求出拟建项目各专业投资,然后加总即为拟建项目的建设投资。其计算公式为

$$C = E(1 + f_1p'_1 + f_2p'_2 + \cdots + f_np'_n) + I$$

式中　$p'_1, p'_2, \cdots, p'_n$——已建项目中各专业工程费用与工艺设备投资的比重。

3. 朗格系数法

朗格系数法是以设备费为基数，乘以适当系数来推算项目的建设费用。这种方法在国内不常见，是世界银行项目投资估算常采用的方法。该方法的基本原理是将总成本费用中的直接成本和间接成本分别计算，再合为项目建设的总成本费用。其计算公式为

$$C = E(1 + \sum_i k_i) \times k_c$$

式中 C——建设投资；

E——设备购置费；

k_i——管线、仪表、建筑物等项费用的估算系数；

k_c——管理费、合同费、应急费等间接费在内的总估算系数。

（四）比例估算法

根据统计资料，先求出已有同类企业主要设备投资占全厂建设投资的比例，然后估算出拟建项目的主要设备投资，即可按比例求出拟建项目的建设投资。其计算公式为：

$$I = \frac{1}{k}\sum_{i=1}^{n} Q_i p_i$$

式中 I——拟建项目的静态投资；

k——已建项目主要设备投资占拟建项目投资的比例；

n——设备种类数；

Q_i——第 i 种设备的数量；

p_i——第 i 种设备的单价（到厂价格）。

（五）指标估算法

这种方法是把建设项目划分为建筑工程、设备安装工程、设备及工器具购置费及其他基本建设费等费用项目或单位工程，再根据各种具体的投资估算指标，进行各项费用项目或单位工程投资的估算，在此基础上，可汇总成每一单项工程的投资。另外，再估算工程建设其他费用及预备费，即求得建设项目总投资。

1. 建筑工程费用估算

建筑工程费用一般采用单位建筑工程投资估算法、单位实物工程量投资估算法、概算指标投资估算法等进行估算。

①单位建筑工程投资估算法，以单位建筑工程量投资乘以建筑工程总量计算。

②单位实物工程量投资估算法，以单位实物工程量的投资乘以实物工程总量计算。土石方工程按每立方米投资、矿井巷道衬砌工程按每延米投资、路面铺设工程按每平方米投资，乘以相应的实物工程总量计算建筑工程费。

③概算指标投资估算法，对于没有上述估算指标且建筑工程费占总投资比例较大的项目，可采用概算指标估算法。采用此种方法，应占有较为详细的工程资料、建筑材料价格和工程费用指标，投入的时间长和工作量大。

2. 设备及工器具购置费估算

设备应区分国内设备和进口设备，国内设备和进口设备应分别估算。

3. 安装工程费估算

安装工程费通常按行业或专门机构发布的安装工程定额、取费标准和指标估算投资。具体可按安装费率、每吨设备安装费或单位安装实物工程量的费用估算，即

安装工程费 = 设备原价 × 安装费率

安装工程费 = 设备吨位 × 每吨安装费

安装工程费 = 安装工程实物量 × 安装费用指标

4. 工程建设其他费用估算

工程建设其他费用按各项费用科目的费率或者取费标准估算。

5. 基本预备费估算

基本预备费在工程费用和工程建设其他费用基础之上乘以基本预备费率。

五、建设投资动态部分的估算

建设投资动态部分主要包括价格变动可能增加的投资额,如果是涉外项目,还应该计算汇率的影响。动态部分的估算应以基准年静态投资的资金使用计划为基础来计算,而不是以编制的年静态投资为基础计算。

(一)汇率变化对涉外项目的影响

汇率是指两种不同货币之间的兑换比率,或者说是以一种货币表示另一种货币的价格。汇率的变化意味着一种货币相对于另一种货币的升值或贬值。

1. 外币对人民币升值

外币对人民币升值即项目从国外市场购买设备材料所支付的外币金额不变,但换算成人民币的金额增加:从国外借款,本息所支付的外币金额不变,但换算成人民币的金额增加。

2. 外币对人民币贬值

外币对人民币贬值即项目从国外市场购买设备材料所支付的外币金额不变,但换算成人民币的金额减少:从国外借款,本息所支付的外币金额不变,但换算成人民币的金额减少。

估算汇率变化对建设项目投资的影响,是通过预测汇率在项目建设期内的变动程度,以估算年份的投资额为基数计算求得。

(二)价差预备费的估算

价差预备费是指针对建设项目在建设期间内由于材料、人工、设备等价格可能发生变化引起工程造价变化,而事先预留的费用,又称价格变动不可预见费。价差预备费包括人工、设备、材料、施工机械的价差费、建筑安装工程费和工程建设其他费用调整,以及利率、汇率调整等增加的费用。

价差预备费的计算:

价差预备费一般根据国家规定的投资综合价格指数,以估算年份价格水平的投资额为基数,采用复利方法计算。计算公式为

$$PF = \sum_{t=1}^{n} I_t[(1+f)^m(1+f)^{0.5}(1+f)^{t-1}-1]$$

式中 PF——价差预备费;

n——建设期年份数;

I_t——估算静态投资额中第 t 年投入的工程费用;

f——年均投资价格上涨率;

m——建设前期年限(从编制估算到开工建设),年。

在计算价差预备费时,年涨价率,政府部门有规定的按规定执行,没有规定的由可行性研究人员预测。

例题2 某建设项目静态投资为200万元,项目建设前期年限为1年,建设期为2年。第一年完成投资40%,第二年完成投资60%。在年平均价格上涨率为6%的情况下,该项目涨价预备费应为多少万元?

解:【扫描二维码获取例题2答案解析】

(三)建设期利息估算

建设期利息包括银行借款和其他债务资金的利息以及其他融资费用。其他融资是指某些债务融资中发生的手续费、承诺费、管理费、信贷保险费等融资费用,在可行性研究阶段,可做粗略估算并计入建设投资。

计算建设期利息时,为了简化计算,假设前提是当总贷款是分年均衡发放时,建设期利息的计

算可按当年借款在年中支用考虑，即当年贷款按半年计息，上年贷款按全年计息。

当建设期未能付息时，建设期各年利息采用复利方式计息，其计算公式为

$$Q_j = \left(P_{j-1} + \frac{1}{2}A_j\right) \times i$$

式中　Q_j——建设期 j 年应计利息；

P_{j-1}——建设期第 $(j-1)$ 年末贷款累计金额与利息累计金额之和；

A_j——建设期第 j 年贷款金额；

i——年利率。

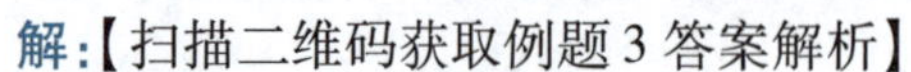

例题3　某项目建设期为 2 年，分年均衡进行贷款，第一年贷款 2 000 万元，第二年贷款 1 000 万元，年贷款利率为 8%，建设期内利息只计息不支付，试计算建设期利息。

解：【扫描二维码获取例题 3 答案解析】

文本

任务1例题3
答案解析

六、流动资金估算方法

（一）分项详细估算法

流动资金的显著特点是在生产过程中不断周转，其周转额的大小与生产规模及周转速度直接相关。分项详细估算法是根据周转额与周转速度之间的关系，对构成流动资金的各项流动资产和流动负债分别进行估算。流动资产的构成要素一般包括存货、库存现金、应收账款和预付账款；流动负债的构成要素一般包括应付账款和预收账款。流动资金等于流动资产和流动负债的差额，计算公式为

流动资金 = 流动资产 − 流动负债

流动资产 = 应收账款 + 预付账款 + 存货 + 现金

流动负债 = 应付账款 + 预收账款

流动资金本年增加额 = 本年流动资金 − 上年流动资金

估算的具体步骤：首先计算各类流动资产和流动负债的年周转次数，然后分项估算占用资金额。

1. 周转次数计算

周转次数是指流动资金的各个构成项目在一年内完成多少个生产过程。周转次数可用 1 年天数（通常按 360 天计算）除以流动资金的最低周转天数计算，则各项流动资金年平均占用额度为流动资金的年周转额度除以流动资金的年周转次数，即

周转次数 = 360/流动资金最低周转天数

各项流动资金年平均占用额 = 流动资金年周转额/周转次数

2. 应收账款估算

应收账款是指企业对外赊销商品、提供劳务尚未收回的资金，计算公式为

应收账款 = 年经营成本/应收账款周转次数

3. 预付账款估算

预付账款是指企业为购买各类材料、半成品或服务所预先支付的款项，计算公式为

预付账款 = 外购商品或服务年费用金额/预付账款周转次数

4. 存货估算

存货是企业为销售或者生产耗用而储备的各种物资，主要有原材料、辅助材料、燃料、低值易耗品、维修备件、包装物、商品、在产品、自制半成品和产成品等。为简化计算，仅考虑外购原材料、燃料、其他材料、在产品和产成品，并分项进行计算，计算公式为

存货 = 外购原材料、燃料 + 其他材料 + 在产品 + 产成品

外购原材料、燃料 = 年外购原材料、燃料费用/分项周转次数

其他材料 = 年其他材料费用/其他材料周转次数

产成品 = （年经营成本 − 年其他营业费用）/产成品周转次数

5. 现金需要量估算

项目流动资金中的现金是指货币资金，即企业生产运营活动中停留于货币形态的那部分资金，包括企业库存现金和银行存款，计算公式为

现金 =（年工资及福利费 + 年其他费用）/现金周转次数

年其他费用 = 制造费用 + 管理费用 + 营业费用 -（以上三项费用中所含的工资及福利费、折旧费、摊销费、修理费）

6. 流动负债估算

应付账款 = 外购原材料、燃料动力费及其他材料年费用/应付账款周转次数

预收账款 = 预收的营业收入年金额/预收账款周转次数

（二）扩大指标估算法

扩大指标估算法是根据现有同类企业的实际资料，求得各种流动资金率指标，亦可依据行业或部门给定的参考值或经验确定比率。

年流动资金额 = 年费用基数 × 各类流动资金率

比一比

各种建设投资静态投资部分的估算方法优缺点。

自学自测

一、单选题(只有1个正确答案,每题5分,共16题)

1. 下列工作内容中,在选择工艺流程方案时需要研究的是(　　)。

A. 主要设备之间的匹配性　　B. 生产方法是否符合节能要求

C. 工艺流程设备的安装方式　　D. 各工序间是否合理衔接

2. 下列内容中,不属于工程方案选择基本要求的是(　　)。

A. 经济合理　　B. 先进适用

C. 符合工程标准规范要求　　D. 适应已选定的场址

3. 投资估算需要进行阶段划分,在建设项目预可行性研究阶段的投资估算,其误差通常控制在(　　)左右。

A. ±30%　　B. ±20%　　C. ±10%　　D. ±5%

4. 根据已知的同类建设项目主要生产工艺设备占整个建设项目的投资比例,先逐项估算出拟建项目主要生产工艺设备投资,再按比例估算拟建项目的静态投资,这种估算方法称为(　　)。

A. 设备系数法　　B. 主体专业系数法

C. 朗格系数法　　D. 比例估算法

5. 关于工业建设项目的设备选用,其选用的重点因设计形式的不同而不同,应选择能满足(　　)要求的最适用的设备和机械。

A. 建筑结构和建设规模　　B. 生产工艺和生产能力

C. 环保措施　　D. 主要原材料、燃料供应情况

6. 某建设项目由各个单项工程构成,应包含在其中某单项工程综合概算中的费用项目是(　　)。

A. 工器具及生产家具购置费　　B. 办公和生活用品购置费

C. 研究试验费　　D. 基本预备费

7. 在可行性研究阶段编制投资估算,当编制建筑工程费用估算时,适合采用100 m^2断面为单位,套用技术标准、结构形式、施工方法相适应的投资估算指标或类似工程造价资料进行估算的是(　　)。

A. 桥梁　　B. 铁路　　C. 隧道　　D. 围墙大门

8. 下列费用项目中,不在单位工程施工图预算编制范围之内的是(　　)。

A. 构筑物建筑工程费　　B. 工业管道安装工程费

C. 炉窑购置费　　D. 弱电工程安装工程费

9. 建设项目规模的合理选择关系到项目的成败,决定着项目工程造价的合理与否。影响项目规模合理化的制约因素主要包括(　　)。

A. 资金因素、技术因素和环境因素　　B. 资金因素、技术因素和市场因素

C. 市场因素、技术因素和环境因素　　D. 市场因素、环境因素和资金因素

10. 已知某项目各项财务基础数据中,总成本费用为1 000万元(其中营业费用为200万元),其中折旧费200万元,摊销费50万元,修理费100万元,人工工资及福利费80万元,利息为20万元,若营业费用中折旧费、摊销费、修理费、人工工资及福利费均为各项费用总额的20%,产成品的年周转次数为10次,则该项目流动资金估算中的产成品为(　　)万元。

A. 58.0　　B. 73.0　　C. 60.0　　D. 61.6

11. 对于铁矿石、大豆等初步加工建设项目,在进行建设地区选择时应遵循的原则是(　　)。

A. 靠近大中城市　　B. 靠近燃料提供地　　C. 靠近产品消费地　　D. 靠近原料产地

12. 在项目决策阶段,环境治理方案比选的主要内容有(　　)。

A. 技术水平对比　　B. 环境影响比较　　C. 安全条件对比　　D. 经营费用比较

13. 在编制建设投资估算表时，在尚未开发或建造自用项目前，土地使用权作为(　　)核算。

A. 固定资产　　B. 无形资产　　C. 其他资产　　D. 工程费用

14. 总平面设计是指总图运输设计和总平面配置，下列内容中均属于总平面设计中影响工程造价主要因素的有(　　)。

A. 现场条件、占地面积、功能分区　　B. 占地面积、功能分区、工艺流程

C. 占地面积、运输方式、工艺流程　　D. 现场条件、运输方式、工艺流程

15. 建筑结构的选择既要满足力学要求，又要考虑其经济性。对于多层房屋或大跨度结构的项目，应优先选用(　　)。

A. 砌体结构　　B. 钢筋混凝土结构　　C. 钢结构　　D. 框架结构

16. 在满足住宅功能和质量前提下，(　　)有利于降低造价。

A. 适当加大住宅宽度　　B. 增加住宅层数

C. 适当提高层高　　D. 提高结构面积系数

二、多选题(至少有2个正确答案，每题5分，共2题)

1. 建设项目投资估算可以根据主体专业设计的阶段和深度采用混合法，下列方法中两两混合后，不属于混合法的是(　　)。

A. 生产能力指数法与系数估算法　　B. 系数估算法与比例估算法

C. 单位生产能力估算法与比例估算法　　D. 系数估算法与单位生产能力估算法

2. 下列有关静态投资部分估算方法的描述，错误的是(　　)。

A. 在条件允许时，可行性研究阶段可采用生产能力指数法编制估算

B. 在条件允许时，项目建议书阶段可采用指标估算法编制估算

C. 在条件允许时，可行性研究阶段可采用系数估算法编制估算

D. 在条件允许时，可行性研究阶段可采用比例估算法编制估算

三、判断题(对的划“√”，错的划“×”，每题5分，共2题)

1. 项目建议书阶段投资估算的误差控制在±30%以内。(　　)

2. 利用分项详细估算法估算流动资金时，流动资金=流动资产-流动负债。(　　)

文本

任务1【自学自测】答案

任务实施指导

根据某集团公司拟建设工业项目造价工作需求，编制投资估算的工作程序基本包括如下步骤。

一、估算拟建项目主厂房的工艺设备投资

根据拟建项目与类似项目的综合调整系数，用生产能力指数法估算拟建项目主厂房的工艺设备投资。

二、估算拟建项目主厂房投资

根据已建类似项目资料——主厂房其他各专业工程投资占工艺设备投资的比例，用系数估算法估算拟建项目主厂房投资。

三、估算拟建项目工程费用与工程建设其他费用

根据已建类似项目资料——项目其他各系统工程及工程建设其他费用占主厂房投资的比例，估算拟建项目工程费用与工程建设其他费用。

四、估算拟建项目预备费和建设投资

根据拟建项目建设资金来源及各年度投资比例和基本预备费率，计算拟建项目的基本预备费，进而计算拟建项目的总静态投资及建设期各年的静态投资额；根据建设期物价年均上涨率计算拟建项目建设期各年的价差预备费，进而计算拟建项目的建设投资。

五、估算拟建项目流动资金和建设期各年的贷款利息

根据拟建项目单位生产量占用流动资金额，计算拟建项目的流动资金；根据拟建项目贷款本金、贷款利率计算建设期各年的贷款利息。

六、估算拟建项目总投资

前述计算的建设投资、建设期贷款利息、流动资金的总和就是拟建项目总投资。

编制投资估算工作单

计 划 单

<table>
<tr><td>学习情境1</td><td colspan="2">决策阶段造价管理与控制</td><td>任务1</td><td>编制投资估算</td></tr>
<tr><td>工作方式</td><td colspan="2">组内讨论、团结协作共同制订计划：
小组成员进行工作讨论，确定工作步骤</td><td>计划学时</td><td>0.5 学时</td></tr>
<tr><td>完成人</td><td colspan="4">1.　　2.　　3.　　4.　　5.　　6.</td></tr>
<tr><td colspan="5">计划依据：老师给定的拟建项目建设信息</td></tr>
<tr><td>序号</td><td>计划步骤</td><td colspan="3">具体工作内容描述</td></tr>
<tr><td>1</td><td>准备工作
（整理建设项目信息，谁去做?）</td><td colspan="3"></td></tr>
<tr><td>2</td><td>组织分工
（成立组织，人员具体都完成什么?）</td><td colspan="3"></td></tr>
<tr><td>3</td><td>制订两套编制投资估算方案
（特点是什么?）</td><td colspan="3"></td></tr>
<tr><td>4</td><td>计算拟建项目投资估算
（都涉及哪些影响因素?）</td><td colspan="3"></td></tr>
<tr><td>5</td><td>整理编制投资估算过程
（谁负责？整理什么?）</td><td colspan="3"></td></tr>
<tr><td>6</td><td>制作编制投资估算成果表
（谁负责？要素是什么?）</td><td colspan="3"></td></tr>
<tr><td>制订计划
说明</td><td colspan="4">（写出制订计划中人员为完成任务的主要建议或可以借鉴的建议、需要解释的某一方面）</td></tr>
</table>

决 策 单

<table>
<tr><td>学习情境 1</td><td colspan="2">决策阶段造价管理与控制</td><td>任务 1</td><td>编制投资估算</td></tr>
<tr><td colspan="3">决策学时</td><td colspan="2">1 学时</td></tr>
<tr><td colspan="5">决策目的:确定本小组认为最优的编制投资估算方案</td></tr>
<tr><td rowspan="7">方案
优劣比对</td><td colspan="2">方案特点</td><td rowspan="2">比对项目</td><td rowspan="2">确定最优方案
（划√）</td></tr>
<tr><td>方案名称 1：</td><td>方案名称 2：</td></tr>
<tr><td></td><td></td><td>编制精度
是否达到需求</td><td rowspan="6">方案 1 优□

方案 2 优□</td></tr>
<tr><td></td><td></td><td>计算过程
是否得当</td></tr>
<tr><td></td><td></td><td>计算公式
是否准确</td></tr>
<tr><td></td><td></td><td>编制方法的
掌握程度</td></tr>
<tr><td></td><td></td><td>工作效率的
高低</td></tr>
<tr><td colspan="2">方案 1 编制投资估算方案
计算过程思维导图</td><td colspan="2">方案 2 编制投资估算方案
计算过程思维导图</td></tr>
</table>

作 业 单

<table>
<tr><td>学习情境 1</td><td colspan="2">决策阶段造价管理与控制</td><td>任务 1</td><td>编制投资估算</td></tr>
<tr><td rowspan="2">参加人员</td><td colspan="3">第________组</td><td>开始时间：</td></tr>
<tr><td colspan="3">签名：</td><td>结束时间：</td></tr>
<tr><td>序号</td><td colspan="3">工作内容记录
（根据实施的具体工作记录，包括存在的问题及解决方法）</td><td>分工
（负责人）</td></tr>
<tr><td>1</td><td colspan="3"></td><td></td></tr>
<tr><td>2</td><td colspan="3"></td><td></td></tr>
<tr><td>3</td><td colspan="3"></td><td></td></tr>
<tr><td>4</td><td colspan="3"></td><td></td></tr>
<tr><td>5</td><td colspan="3"></td><td></td></tr>
<tr><td>6</td><td colspan="3"></td><td></td></tr>
<tr><td>7</td><td colspan="3"></td><td></td></tr>
<tr><td>8</td><td colspan="3"></td><td></td></tr>
<tr><td>9</td><td colspan="3"></td><td></td></tr>
<tr><td>10</td><td colspan="3"></td><td></td></tr>
<tr><td>11</td><td colspan="3"></td><td></td></tr>
<tr><td>12</td><td colspan="3"></td><td></td></tr>
<tr><td rowspan="2">小结</td><td colspan="3">主要描述完成的成果及是否达到目标</td><td>存在的问题</td></tr>
<tr><td colspan="4"></td></tr>
</table>

检 查 单

<table>
<tr><td>学习情境1</td><td colspan="2">决策阶段造价管理与控制</td><td colspan="2">任务1</td><td colspan="3">编制投资估算</td></tr>
<tr><td>检查学时</td><td colspan="5">课内0.5学时</td><td colspan="2">第________组</td></tr>
<tr><td>检查目的及方式</td><td colspan="7">教师过程监控小组的工作情况，如检查等级为不及格，小组需要整改，并拿出整改说明</td></tr>
<tr><td rowspan="2">序号</td><td rowspan="2">检查项目</td><td rowspan="2">检查标准</td><td colspan="5">检查结果分级①
（在检查相应的分级框内划“√”）</td></tr>
<tr><td>优秀</td><td>良好</td><td>中等</td><td>及格</td><td>不及格</td></tr>
<tr><td>1</td><td>准备工作</td><td>建设项目信息材料是否准备完整</td><td></td><td></td><td></td><td></td><td></td></tr>
<tr><td>2</td><td>分工情况</td><td>安排是否合理、全面，分工是否明确</td><td></td><td></td><td></td><td></td><td></td></tr>
<tr><td>3</td><td>工作态度</td><td>小组工作是否积极主动、全员参与</td><td></td><td></td><td></td><td></td><td></td></tr>
<tr><td>4</td><td>纪律出勤</td><td>是否按时完成负责的工作内容、遵守工作纪律</td><td></td><td></td><td></td><td></td><td></td></tr>
<tr><td>5</td><td>团队合作</td><td>是否相互协作、互相帮助、成员是否听从指挥</td><td></td><td></td><td></td><td></td><td></td></tr>
<tr><td>6</td><td>创新意识</td><td>任务完成不照搬照抄，看问题具有独到见解创新思维</td><td></td><td></td><td></td><td></td><td></td></tr>
<tr><td>7</td><td>完成效率</td><td>工作单是否记录完整，是否按照计划完成任务</td><td></td><td></td><td></td><td></td><td></td></tr>
<tr><td>8</td><td>完成质量</td><td>工作单填写是否准确</td><td></td><td></td><td></td><td></td><td></td></tr>
<tr><td>检查评语</td><td colspan="6"></td><td>教师签字：</td></tr>
</table>

① 优秀(90分以上)，良好(80~89分)，中等(70~79分)，及格(60~69分)，不及格(60分以下)。

任务评价单

1. 工作评价单

<table>
<tr><td>学习情境 1</td><td colspan="3">决策阶段造价管理与控制</td><td>任务 1</td><td colspan="3">编制投资估算</td></tr>
<tr><td colspan="4">评价学时</td><td colspan="4">0.5 学时</td></tr>
<tr><td>评价类别</td><td>项目</td><td colspan="2">个人评价</td><td>组内互评</td><td colspan="2">组间互评</td><td>教师评价</td></tr>
<tr><td rowspan="6">专业能力</td><td>资讯
（10%）</td><td colspan="2"></td><td></td><td colspan="2"></td><td></td></tr>
<tr><td>计划
（5%）</td><td colspan="2"></td><td></td><td colspan="2"></td><td></td></tr>
<tr><td>实施
（20%）</td><td colspan="2"></td><td></td><td colspan="2"></td><td></td></tr>
<tr><td>检查
（10%）</td><td colspan="2"></td><td></td><td colspan="2"></td><td></td></tr>
<tr><td>过程
（5%）</td><td colspan="2"></td><td></td><td colspan="2"></td><td></td></tr>
<tr><td>结果
（10%）</td><td colspan="2"></td><td></td><td colspan="2"></td><td></td></tr>
<tr><td rowspan="2">社会能力</td><td>团结协作
（10%）</td><td colspan="2"></td><td></td><td colspan="2"></td><td></td></tr>
<tr><td>敬业精神
（10%）</td><td colspan="2"></td><td></td><td colspan="2"></td><td></td></tr>
<tr><td rowspan="2">方法能力</td><td>计划能力
（10%）</td><td colspan="2"></td><td></td><td colspan="2"></td><td></td></tr>
<tr><td>决策能力
（10%）</td><td colspan="2"></td><td></td><td colspan="2"></td><td></td></tr>
<tr><td rowspan="3">评价评语</td><td>班级</td><td></td><td>姓名</td><td></td><td>学号</td><td></td><td>总评</td></tr>
<tr><td>教师签字</td><td></td><td>第　组</td><td>组长签字</td><td></td><td>日期</td><td></td></tr>
<tr><td colspan="7">评语：</td></tr>
</table>

2. 小组成员素质评价单

<table>
<tr><td>学习情境 1</td><td colspan="2">决策阶段造价管理与控制</td><td>任务 1</td><td colspan="2">编制投资估算</td></tr>
<tr><td colspan="3">评价学时</td><td colspan="3">0.5 学时</td></tr>
<tr><td>班级</td><td></td><td>第______组</td><td>成员姓名</td><td colspan="2"></td></tr>
<tr><td>评分说明</td><td colspan="5">每个小组成员评价分为自评和小组其他成员评两部分，取平均值计算，作为该小组成员的任务评价个人分数。评价项目共设计 5 个，依据评分标准给予合理量化打分。小组成员自评分后，要找小组其他成员不记名方式打分，成员互评分为其他小组成员的平均分</td></tr>
<tr><td>对象</td><td>评分项目</td><td colspan="3">评分标准</td><td>评分</td></tr>
<tr><td rowspan="5">自评
(100 分)</td><td>核心价值观(20 分)</td><td colspan="3">思想及行动是否符合社会主义核心价值观</td><td></td></tr>
<tr><td>工作态度(20 分)</td><td colspan="3">是否按时完成负责的工作内容、遵守纪律，是否积极主动参与小组工作，是否全过程参与，是否吃苦耐劳，是否具有工匠精神</td><td></td></tr>
<tr><td>交流沟通(20 分)</td><td colspan="3">是否能良好地表达自己的观点，是否能倾听他人的观点</td><td></td></tr>
<tr><td>团队合作(20 分)</td><td colspan="3">是否与小组成员合作完成，做到相互协助、相互帮助、听从指挥</td><td></td></tr>
<tr><td>创新意识(20 分)</td><td colspan="3">是否能独立思考，提出独到见解，是否能够运用创新思维解决遇到的问题</td><td></td></tr>
<tr><td rowspan="5">成员互评
(100 分)</td><td>核心价值观(20 分)</td><td colspan="3">思想及行动是否符合社会主义核心价值观</td><td></td></tr>
<tr><td>工作态度(20 分)</td><td colspan="3">是否按时完成负责的工作内容、遵守纪律，是否积极主动参与小组工作，是否全过程参与，是否吃苦耐劳，是否具有工匠精神</td><td></td></tr>
<tr><td>交流沟通(20 分)</td><td colspan="3">是否能良好地表达自己的观点，是否能倾听他人的观点</td><td></td></tr>
<tr><td>团队合作(20 分)</td><td colspan="3">是否与小组成员合作完成，做到相互协助、相互帮助、听从指挥</td><td></td></tr>
<tr><td>创新意识(20 分)</td><td colspan="3">是否能独立思考，提出独到见解，是否能够运用创新思维解决遇到的问题</td><td></td></tr>
<tr><td colspan="2">最终小组成员得分</td><td colspan="4"></td></tr>
<tr><td colspan="2">小组成员签字</td><td colspan="2"></td><td>评价时间</td><td></td></tr>
</table>

教学反馈单

<table>
<tr><td>学习领域</td><td colspan="4">工程造价控制</td></tr>
<tr><td>学习情境 1</td><td>决策阶段造价管理与控制</td><td>任务 1</td><td colspan="2">编制投资估算</td></tr>
<tr><td colspan="2">学时</td><td colspan="3">4 学时</td></tr>
<tr><td>序号</td><td>调查内容</td><td>是</td><td>否</td><td>理由陈述</td></tr>
<tr><td>1</td><td>你是否喜欢这种上课方式？</td><td></td><td></td><td></td></tr>
<tr><td>2</td><td>与传统教学方式比较你认为哪种方式学到的知识更适用？</td><td></td><td></td><td></td></tr>
<tr><td>3</td><td>针对每个学习任务你是否学会如何进行资讯？</td><td></td><td></td><td></td></tr>
<tr><td>4</td><td>计划和决策感到困难吗？</td><td></td><td></td><td></td></tr>
<tr><td>5</td><td>你认为学习任务对你将来的工作有帮助吗？</td><td></td><td></td><td></td></tr>
<tr><td>6</td><td>通过本任务的学习，你学会如何估算建设投资静态投资部分这项工作了吗？今后遇到实际的问题你可以解决吗？</td><td></td><td></td><td></td></tr>
<tr><td>7</td><td>你能够根据实际工程估算建设投资动态投资部分的工作吗？</td><td></td><td></td><td></td></tr>
<tr><td>8</td><td>你学会编制投资估算文件了吗？</td><td></td><td></td><td></td></tr>
<tr><td>9</td><td>通过几天来的学习，你对自己的表现是否满意？</td><td></td><td></td><td></td></tr>
<tr><td>10</td><td>你对小组成员之间的合作是否满意？</td><td></td><td></td><td></td></tr>
<tr><td>11</td><td>你认为本情境还应学习哪些方面的内容？（请在下面空白处填写）</td><td></td><td></td><td></td></tr>
<tr><td colspan="5">你的意见对改进教学非常重要，请写出你的建议和意见：</td></tr>
<tr><td>被调查人签名</td><td></td><td>调查时间</td><td colspan="2"></td></tr>
</table>

任务2　编制工程项目投资现金流量表

任 务 单

<table>
<tr><td>学习领域</td><td colspan="6">工程造价控制</td></tr>
<tr><td>学习情境1</td><td colspan="2">决策阶段造价管理与控制</td><td colspan="2">任务2</td><td colspan="2">编制工程项目投资现金流量表</td></tr>
<tr><td colspan="3">任务学时</td><td colspan="4">6学时</td></tr>
<tr><td colspan="7">布置任务</td></tr>
<tr><td>工作目标</td><td colspan="6">1. 能够比较建设项目财务评价指标体系和评价方法；
2. 能够完成工程项目投资现金流量表的编制；
3. 能够根据建设项目财务盈利能力评价方法与指标完成建设项目财务盈利能力评价；
4. 能够在完成任务过程中培养学生爱岗敬业精神、能吃苦耐劳，能团结协作、互相帮助，做事钻研奋进、精益求精，培育工匠精神与创新精神，工作中严谨、审慎、负责，培育客观、公正、科学的求实精神</td></tr>
<tr><td>任务描述</td><td colspan="6">文本
任务2：编制工程项目投资现金流量表
【扫描二维码获取工作任务】
现金流量表是反映一定时期内（如月度、季度或年度）企业经营活动、投资活动和筹资活动对其现金及现金等价物所产生影响的财务报表。根据某企业拟建设的市场急需产品的工业项目、建设期限、运营期限、建设投资、年营业收入、经营成本、增值税及附加等背景资料，编制工程项目投资现金流量表，计算项目的静态投资回收期、项目的财务净现值、项目的财务内部收益率，从财务角度分析拟建项目的可行性</td></tr>
<tr><td rowspan="2">学时安排</td><td>资讯</td><td>计划</td><td>决策或分工</td><td>实施</td><td>检查</td><td>评价</td></tr>
<tr><td>0.5学时</td><td>0.5学时</td><td>2学时</td><td>2学时</td><td>0.5学时</td><td>0.5学时</td></tr>
<tr><td>对学生学习及成果的要求</td><td colspan="6">1. 每名同学均能按照自学资讯思维导图自主学习，并完成课前自学的问题训练和自学自测；
2. 严格遵守课堂纪律，不迟到、不早退；学习态度认真、端正，能够正确评价自己和同学在本任务中的素质表现；
3. 每位同学必须积极动手并参与小组讨论，分析编制工程项目投资现金流量表的依据，编制工程项目投资现金流量表，能够与小组成员合作完成工作任务；
4. 每位同学都可以讲解任务完成过程，接受教师与同学的点评，同时参与小组自评与互评；
5. 每组必须完成全部“编制工程项目投资现金流量表”工作的报告工单，并提请教师进行小组评价，小组成员分享小组评价分数或等级；
6. 每名同学均完成任务反思，以小组为单位提交</td></tr>
</table>

资讯思维导图

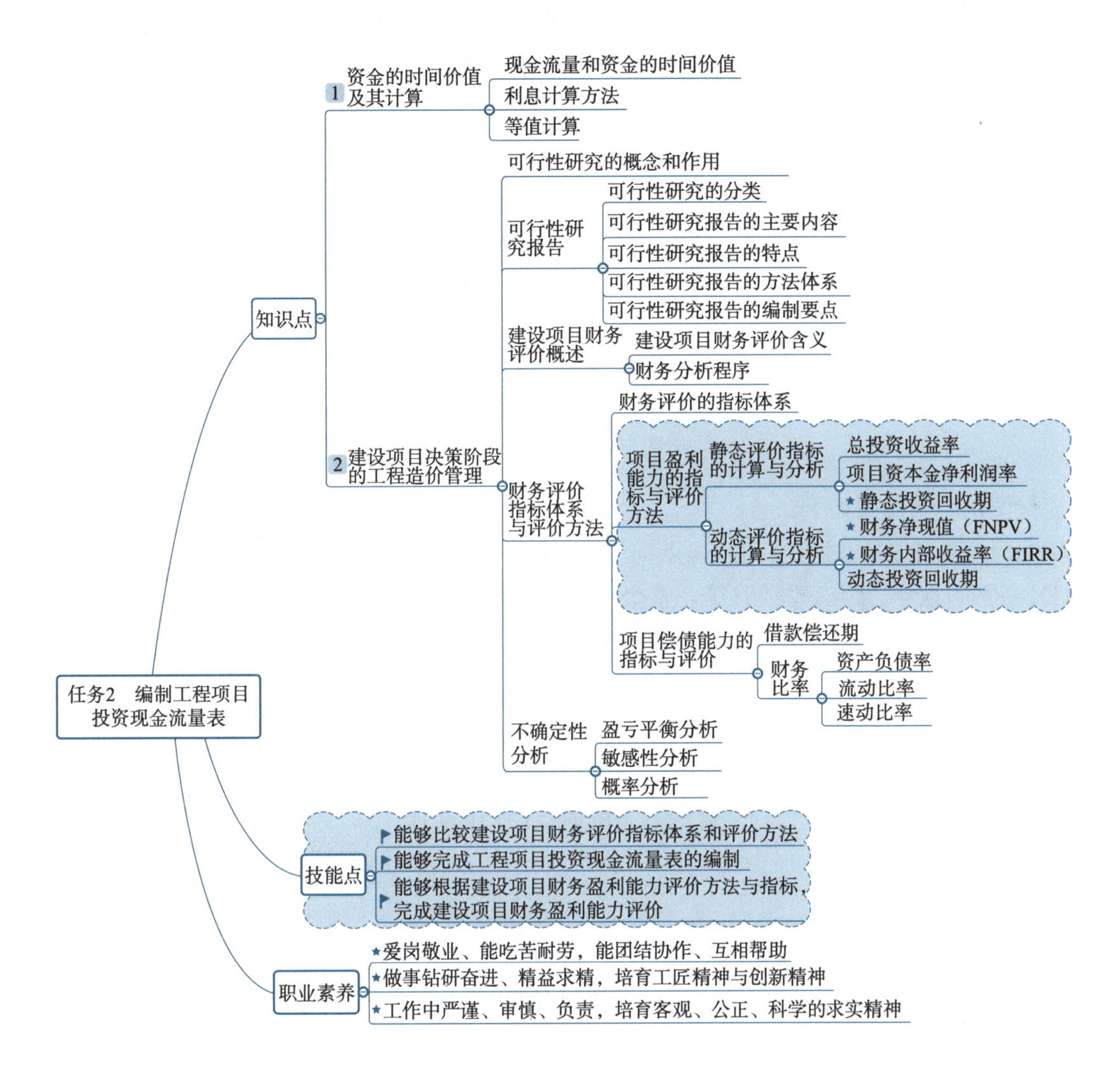

课前自学

知识模块1 资金的时间价值及其计算

运用工程经济的原理和方法，可以分析解决建设工程从投资决策到建设实施（设计、施工）以及运行维护阶段的许多技术经济问题，如设计方案的经济性比较、施工组织设计方案确定、施工进度安排、设备和材料选择、设备更新方案确定等。

本模块主要阐述资金的时间价值及其计算、投资方案经济评价的内容和方法。

一、现金流量和资金的时间价值

（一）现金流量

1. 现金流量的含义

在工程经济中，通常将所分析的对象视为一个独立的经济系统。在某一时点流入系统的资金称为现金流入，记为CI，流出系统的资金称为现金流出，记为CO_t，同一时点上的现金流入与现金流出之差称为净现金流量，记$(CI-CO)_t$。

现金流入量、现金流出量、净现金流量统称为现金流量。现金流入和现金流出是站在特定的系统角度划分的。例如，企业从银行借入一笔资金，从企业的角度考察是现金流入，从银行的角度考察是现金流出。

2. 现金流量图

现金流量图是一种反映经济系统资金运动状态的图形，运用现金流量图可以形象、直观地表示现金流量的三要素：大小（资金数额）、方向（资金流入或流出）和作用点（资金流入或流出的时间点），如图 1-1 所示。

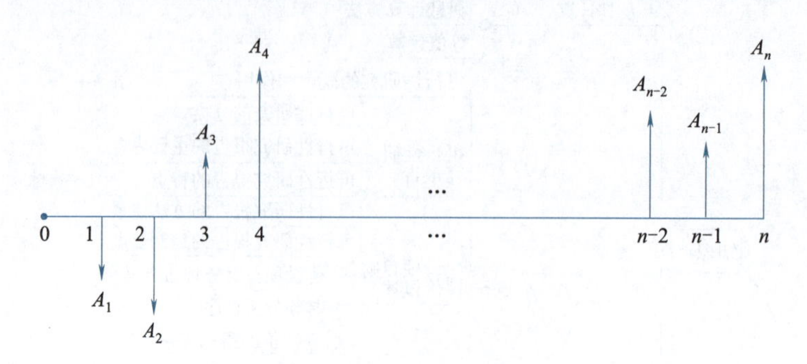

图 1-1　现金流量图

现金流量图的绘制规则如下：

①横轴为时间轴，0 表示时间序列的起点，n 表示时间序列的终点。轴上每一间隔表示一个时间单位（计息周期），一般可取年、半年、季或月等。整个横轴表示系统的寿命周期。

②与横轴相连的垂直箭线代表不同时点的现金流入或现金流出。在横轴上方的箭线表示现金流入，在横轴下方的箭线表示现金流出。

③垂直箭线的长度要能适当体现各时点现金流量的大小，并在各箭线上方（或下方）注明其现金流量的数值。

④垂直箭线与时间轴的交点为现金流量发生的时点（作用点）。

（二）资金的时间价值

1. 资金时间价值的含义

将一笔资金存入银行会获得利息，进行投资可获得收益（也可能会发生亏损）。而向银行借贷，也需要支付利息。这反映出资金在运动中，其数量会随着时间的推移而变动，变动的这部分资金就是原有资金的时间价值。

任何技术方案的实施，都有一个时间上的延续过程，由于资金时间价值的存在，使不同时点上发生的现金流量无法直接进行比较。只有通过一系列的换算，站在同一时点上进行对比，才能使比较结果符合客观实际情况。这种考虑了资金时间价值的经济分析方法使方案的评价和选择变得更加现实和可靠。

2. 利息和利率

利息是资金时间价值的一种重要表现形式，甚至可以用利息代表资金的时间价值。通常，用利息作为衡量资金时间价值的绝对尺度，用利率作为衡量资金时间价值的相对尺度。

（1）利息

在借贷过程中，债务人支付给债权人的超过原借款本金的部分就是利息，即

$$I = F - P$$

式中　I——利息；

F——还本付息总额；

P——本金。

在工程经济分析中，利息常常被看成资金的一种机会成本。这是因为，如果债权人放弃资金的使用权利，也就放弃了现期消费的权利。而牺牲现期消费又是为了能在将来得到更多的消费。从投资者角度看，利息体现为对放弃现期消费的损失所做的必要补偿。为此，债务人就要为占用债权人的资金付出一定的代价。在工程经济分析中，利息是指占用资金所付的代价或者是放弃现期消费所得的补偿。

(2)利率

利率是在单位时间内(如年、半年、季、月、周、日等)所得利息与借款本金之比,通常用百分数表示,即

$$i=(I_t/P)\times 100\%$$

式中 i——利率;

I_t——单位时间内的利息;

P——借款本金。

用于表示计算利息的时间单位称为计息周期,计息周期通常为年、半年、季,也可以为月、周或日。

利率的高低主要由以下因素决定:

①社会平均利润率。在通常情况下,平均利润率是利率的最高界限。因为利息是利润分配的结果,如果利率高于利润率,借款人投资后无利可图,也就不会借款了。

②借贷资本的供求情况。利息是使用资金的代价(价格),受供求关系的影响,在平均利润率不变的情况下,借贷资本供过于求,利率下降;反之,利率上升。

③借贷风险。借出资本要承担一定的风险,而风险的大小也影响利率的波动。风险越大,利率也就越高。

④通货膨胀。通货膨胀对利率的波动有直接影响,如果资金贬值幅度超过名义利率,往往会使实际利率无形中成为负值。

⑤借出资本的期限长短。借款期限长,不可预见因素多,风险大,利率也就高;反之,利率就低。

二、利息计算方法

利息计算有单利和复利之分。当计息周期数在一个以上时,就需要考虑单利与复利的问题。

(一)单利计算

单利是指在计算每个周期的利息时,仅考虑最初的本金,而不计入在先前计息周期中所累积增加的利息,即通常所说的"利不生利"的计息方法,计算公式为

$$I_t=P\times i_d$$

式中 I_t——第 t 个计息周期的利息额;

P——本金;

i_d——计息周期单利利率。

单利的年利息额仅由本金所产生,其新生利息,不再加入本金产生利息。由于没有反映资金随时都在"增值"的规律,即没有完全反映资金的时间价值,因此,在工程经济分析中较少使用单利。

(二)复利计算

复利是指将其上期利息结转为本金一并计算本期利息,即通常所说的"利生利""利滚利"的计息方法,计算公式为

$$I_t=i\times F_{t-1}$$

式中 I_t——第 t 年利息;

i——计息周期(年)利率;

F_{t-1}——第 $t-1$ 年末复利本利和。

第 t 年末复利本利和的表达式为

$$F_t=F_{t-1}\times(1+i)=F_{t-2}\times(1+i)^2=\cdots=P(1+i)^t$$

同一笔借款,在利率和计息周期均相同的情况下,用复利计算出的利息金额比用单利计算出的利息金额大,如果本金越大,利率越高,年数越多时,两者差距就越大,复利反映利息的本质特征,更符合资金在社会生产过程中运动的实际状况。因此,在工程经济分析中,一般采用复利计算。复利计算有间断复利和连续复利之分。按期(年、半年、季、月、周、日)计算复利的方法称为间断复利,按瞬时计算复利的方法称为连续复利。在实际应用中,一般采用间断复利。

三、等值计算

(一)影响资金等值的因素

由于资金的时间价值,使得金额相同的资金发生在不同时间,会产生不同的价值。反之,不同时点绝对值不等的资金在时间价值的作用下却可能具有相等的价值。这些不同时期、不同数额但其"价值等效"的资金称为等值,又称等效值。

影响资金等值的因素有三个:资金的多少、资金发生的时间、利率(或折现率)的大小。其中,利率是一个关键因素,在等值计算中,一般以同一利率为依据。

在工程经济分析中,等值是一个十分重要的概念,它为我们确定某一经济活动的有效性或者进行方案比选提供了可能。

(二)等值计算方法

常用的等值计算方法主要包括两大类,即一次支付和等额支付。

1. 一次支付的情形

一次支付又称整付,是指所分析系统的现金流量,无论是流入还是流出,分别在时点上发生一次。

(1)终值计算(已知 P,求 F)

现有一笔资金 P,年利率为 i,按复利计算,则 n 年末的本利和 F 为多少?即已知 P、i、n,求 F。其现金流量图如图 1-2 所示。

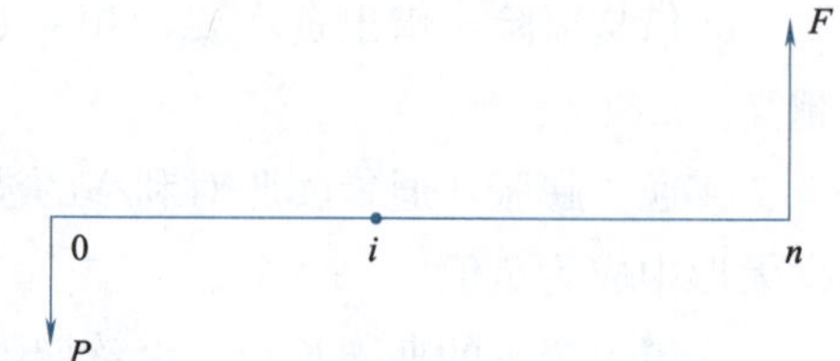

图 1-2 一次支付现金流量图

根据复利的含义,n 年末本利和 F 的计算过程见表 1-1。

表 1-1 n 年末复本利和 F 的计算过程

计息期	期初金额(1)	本期利息额(2)	期末复本利和 $F_i=(1)+(2)$
1	P	$P\times i$	$F_1=P+P\times i=P(1+i)$
2	$P(1+i)$	$P(1+i)\times i$	$F_2=P\times i+P(1+i)\times i=P(1+i)^2$
3	$P(1+i)^2$	$P(1+i)^2\times i$	$F_3=P(1+i)^2+P(1+i)^2\times i=P(1+i)^3$
⋮	⋮	⋮	⋮
n	$P(1+i)^{n-1}$	$P(1+i)^{n-1}\times i$	$F=F_n=P(1+i)^{n-1}+P(1+i)^{n-1}\times i=P(1+i)^n$

由表 1-1 可以看出,一次支付 n 年末复本利和 F 的计算公式为

$$F=P(1+i)^n$$

式中 i——计息周期复利率;

n——计息周期数;

P——现值(即现在的资金价值或本金),指资金发生在(或折算为)某一特定时间序列起点时的价值;

F——终值(即未来的资金价值或本利和),指资金发生在(或折算为)某一特定时间序列终点时的价值。

$(1+i)^n$称为一次支付终值系数,用$(F/P,i,n)$表示,则上式又可写为

$$F=P(F/P,i,n)$$

在 $P(F/P,i,n)$ 这类符号中,括号内斜线左侧的符号表示所求的未知数,斜线右侧的符号表示已知数。$P(F/P,i,n)$ 就表示在已知 P、i 和 n 的情况下求解 F 值。为了计算方便,通常按照不同的利率 i 和计息周期数 n 计算出$(1+i)^n$的值,并列复利系数表,扫左侧二维码获取。在计算 F 时,只要从复利系数表中查出相应的复利系数再乘以本金即可。

例题4　某公司从银行借款200万元,年复利率 $i=8\%$,试问3年后一次需支付本利和多少?

解:①用公式计算:

$$F=P(1+i)^n=200\times(1+8\%)^3=252(\text{万元})$$

②按式 $F=P(F/P,i,n)=200\times(F/P,8\%,3)$ 计算得:

从复利系数表查出系数 $(F/P,8\%,3)$ 为1.260,代入上式得:$F=200\times1.260=252$(万元)

(2)现值计算(已知 F,求 P)

计算公式为

$$P=F(1+i)^{-n}$$

式中,$(1+i)^{-n}$ 称为一次支付现值系数,用符号 $(P/F,i,n)$ 表示。在工程经济分析中,一般是将未来时刻的资金价值折算为现在时刻的价值,该过程称为"折现"或"贴现",其所使用的利率常称为折现率或贴现率。故 $(1+i)^{-n}$ 或 $(P/F,i,n)$ 又称折现系数或贴现系数,常写为

$$P=F(P/F,i,n)$$

例题5　某公司希望3年后收回200万元资金,年复利率 $i=8\%$,试问现在需一次投入多少?

解:①用公式计算:

$$P=F(1+i)^{-n}=200\times(1+8\%)^{-3}=158.8(\text{万元})$$

②按 $P=F(P/F,i,n)=200\times(P/F,8\%,3)$ 计算得:

从复利系数表查得 $(P/F,8\%,3)$ 为0.794,代入上式得:$P=200\times0.794=158.8$(万元)

2. 等额支付系列情形

在工程实践中,多次支付是最常见的支付形式。多次支付是指现金流量在多个时点发生,而不是集中在某一时点上,如图1-3所示。

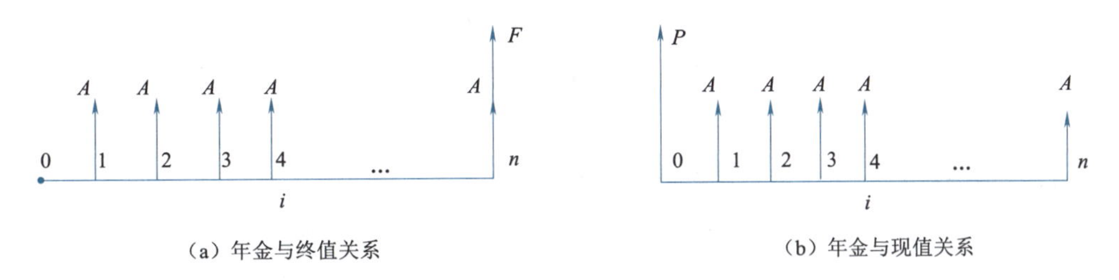

图1-3　等额系列现金流量示意图

图中,A 为年金,发生在(或折算为)某一特定时间序列各计息期末(不包括0期)的等额资金序列的价值。

如果用 A_t 表示第 t 期末发生的现金流量(可正可负),用逐个折现的方法,可将多次现金流量换算成现值并求其代数和,即

$$P=A_1(1+i)^{-1}+A_2(1+i)^{-2}+\cdots+A_n(1+i)^{-n}=\sum_{t=1}^{n}A_t(1+i)^{-t}$$

在上述公式中,虽然所用系数都可以通过计算或查复利系数表得到,但如果 n 较大、A_t 较多时,计算也是比较烦琐的。如果多次现金流量 A 是连续序列流量,且数额相等,则可大大简化上述计算公式。这种具有 $A_t=A=$ 常数($=1,2,3,\cdots,n$)特征的系列现金流量称为等额系列现金流量。

对于等额系列现金流量,其复利计算方法如下:

(1)终值计算(已知 A,求 F)

计算公式为

$$F=A\frac{(1+i)^n-1}{i}$$

式中，$\frac{(1+i)^n-1}{i}$称为等额系列终值系数或年金终值系数，用符号$(F/A,i,n)$表示。

上式又可写为

$$F=A(F/A,i,n)$$

等额系列终值系数$(F/A,i,n)$可从复利系数表中查得。

(2)现值计算(已知A,求P)

计算公式为

$$P=F(1+i)^{-n}=A\frac{(1+i)^n-1}{i(1+i)^n}$$

式中，$\frac{(1+i)^n-1}{i(1+i)^n}$称为等额系列现值系数或年金现值系数，用符号$(P/A,i,n)$表示。

上式又可写为

$$P=A(P/A,i,n)$$

等额系列终值系数$(P/A,i,n)$可从复利系数表中查得。

(3)资金回收计算(已知P,求A)

等额系列资金回收计算是等额系列现值计算的逆运算，计算公式为

$$A=P\frac{i(1+i)^n}{(1+i)^n-1}$$

式中，$\frac{i(1+i)^n}{(1+i)^n-1}$称为等额系列资金回收系数，用符号$(A/P,i,n)$表示。

上式又可写为

$$A=P(A/P,i,n)$$

等额系列资金回收系数$(A/P,i,n)$可从复利系数表查得。

(4)偿债基金计算(已知F,求A)

偿债基金计算是等额系列终值计算的逆运算，计算公式为

$$A=F\frac{i}{(1+i)^n-1}$$

式中，$\frac{i}{(1+i)^n-1}$称为等额系列偿债基金系数，用符号$(A/F,i,n)$表示。

则上式又可写为

$$A=F(A/F,i,n)$$

等额系列偿债基金系数$(A/F,i,n)$可从复利系数表查得。

从复利系数的结构和等值计算原理可知，等值计算受到折现率、资金流量及其发生的时间点的影响，因此，在工程经济分析中要重视以下两点：

①正确选取折现率。折现率是决定现值大小的一个重要因素，必须根据一定的准则选用。

②注意现金流量的分布情况。从收益角度来看，获得的时间越早，数额越大，其现值就越大。因此，应使建设项目早日投产，早日达到设计生产能力，早获收益，多获收益，才能达到最佳经济效益。从投资角度看，投资支出的时间越晚、数额越小，其现值就越小。因此，应合理分配各年投资额，在不影响项目正常实施的前提下，尽量减少建设初期投资额，加大建设后期投资比重。

思一思

一次支付和等额支付计算中现值和终值的计算公式是什么？

知识模块2 建设项目决策阶段的工程造价管理

一、可行性研究的概念和作用

(一)可行性研究的概念

建设项目的可行性研究是在投资决策前,对拟建项目有关的社会、经济、技术等方面进行深入细致的调查研究和全面的技术经济论证,对项目建成后的经济效益进行科学的预测和评价,为项目决策提供科学依据的一种科学分析方法。

(二)可行性研究的作用

工程项目的可行性研究是确定项目是否进行投资决策的依据。社会主义市场经济投资体制的改革,把原由政府财政统一分配投资的体制变成了由国家、地方、企业和个人的多元投资格局,打破了由一个业主建设单位无偿使用的局面。因此投资业主和国家审批机关主要根据可行性研究提供的评价结果,确定对此项目是否进行投资和如何进行投资,是项目建设单位决策性的文件。

二、可行性研究报告

(一)可行性研究报告的分类

1. 用于企业融资、对外招商合作的可行性研究报告

此类研究报告通常要求市场分析准确、投资方案合理,并提供竞争分析、营销计划、管理方案、技术研发等实际运作方案。

2. 用于国家发展和改革委立项的可行性研究报告

此类研究报告是根据《中华人民共和国行政许可法》和中华人民共和国国务院令第412号而编写,是大型基础设施项目立项的基础文件,国家发展和改革委根据可行性研究报告进行核准、备案或批复,决定某个项目是否实施。

3. 用于银行贷款的可行性研究报告

商业银行在前期进行风险评估时,需要项目方出具详细的可行性研究报告,对于国家开发银行等国内银行,该报告由甲级资格单位出具,通常不需要再组织专家评审,部分银行的贷款可行性研究报告不需要资格,但要求融资方案合理、分析正确、信息全面。另外,在申请国家的相关政策支持资金、工商注册时往往也需要编写可行性研究报告,该文件类似用于银行贷款的可行性研究报告。

4. 用于申请进口设备免税

主要用于进口设备免税用的可行性研究报告,申请办理中外合资企业、内资企业项目确认书的项目需要提供项目可行性研究报告。

5. 用于境外投资项目核准的可行性研究报告

企业在实施走出去战略,对国外矿产资源和其他产业投资时,需要编写可行性研究报告报给国家发展和改革委或省发改委,需要申请中国进出口银行境外投资重点项目信贷支持时,也需要可行性研究报告。

(二)可行性研究报告的主要内容

各类可行性研究报告的内容侧重点差异较大,但一般应包括以下内容:

1. 投资必要性

主要根据市场调查及预测的结果,以及有关的产业政策等因素,论证项目投资建设的必要性。

2. 技术的可行性

主要从项目实施的技术角度,合理设计技术方案,并进行比选和评价。

3. 财务可行性

主要从项目及投资者的角度,设计合理财务方案,从企业理财的角度进行资本预算,评价项目的财

务盈利能力，进行投资决策，并从融资主体（企业）的角度评价股东投资收益、现金流量计划及债务清偿能力。

4. 组织可行性

制订合理的项目实施进度计划、设计合理组织机构、选择经验丰富的管理人员、建立良好的协作关系、制订合适的培训计划等，保证项目顺利执行。

5. 经济可行性

主要是从资源配置的角度衡量项目的价值，评价项目在实现区域经济发展目标、有效配置经济资源、增加供应、创造就业、改善环境、提高人民生活水平等方面的效益。

6. 社会可行性

主要分析项目对社会的影响，包括经济结构、妇女儿童及社会稳定性等。

7. 风险因素及对策

主要是对项目的市场风险、技术风险、财务风险、组织风险、法律风险、经济及社会风险等因素进行评价，制定规避风险的对策，为项目全过程的风险管理提供依据。

（三）可行性研究报告的特点

1. 科学性

可行性研究报告作为研究的书面形式，反映的是对行为项目的分析、评判，这种分析和评判应该是建立在客观基础上的科学结论，所以科学性是可行性研究报告的第一特点。可行性研究报告的科学性首先体现在可行性研究的过程中，即整个过程的每一步都力求客观全面。其次，科学性体现在分析中，即用正确的理论和依据相关政策来研究问题。最后体现在对可行性研究报告的审批过程中，这种审批过程，对科学的决策起到了重要的保证作用。

2. 详备性

可行性研究报告的内容越详备越好。如果是关于一个项目的报告，一般说来，应从它的自主创新、环境条件、市场前景、资金状况、原材料供应、技术工艺、生产规模、员工素质等方面进行必要性、适应性、可靠性、先进性等多角度的研究，将每一种数据展现出来，进行比较、甄别、权衡、评价。只有详尽完备地研究论证之后，其“可行性”或“不可行性”才能显现，并获得批准通过。

3. 程序性

可行性研究报告是决策的基础。为保证决策的科学正确，一定要有可行性研究这个过程，最后的获批也一定要经过相关的法定程序。

（四）可行性研究报告的方法体系

可行性研究的方法是融合工程、技术、经济、管理、财务和法律等专业知识和分析方法加以运用，并在实践中不断总结和创新而形成的方法体系。主要数据资料来源有查询往年资料、发放问卷、集体商讨、数据共享、比较研究等。

可行性研究的方法体系由三部分构成：哲学方法、逻辑方法和专业方法。

1. 哲学方法

哲学方法是关于认识世界、改造世界、探索实现主观世界与客观世界相一致的最一般的方法。

2. 逻辑方法

逻辑方法是用概念、判断、推理、假说等逻辑思维形式，对事物进行归纳、演绎、综合。

3. 专业方法

专业方法是各门学科中常用的研究方法。研究的专业方法具有综合性、专业性、创新性的特点。

（五）可行性研究报告的编制要点

要求以全面、系统的分析为主要方法，经济效益为核心，围绕影响项目的各种因素，运用大量的数据资料论证拟建项目是否可行。当项目的可行性研究完成了所有系统的分析之后，应对整个可行性研究提出

综合分析评价，指出优缺点和建议。

可行性研究报告的基本内容就是报告的正文部分所要体现的内容。它是结论和建议赖以产生的基础，要求运用大量的数据资料论证拟建项目是否可行。当项目的可行性研究完成了所有系统的分析之后，应对整个可行性研究提出综合分析评价，指出优缺点和建议。为了结论的需要，往往还需要加上一些附件，如试验数据、论证材料、计算图表、附图等，以增强可行性报告的说服力。

可行性研究报告一般由一个总论和基本问题研究构成。

①总论。总论即项目的基本情况。在商业计划书、可行性研究报告的编制中，这一部分特别重要，项目的报批、贷款的申请、合作对象的吸引主要靠这一部分。总论的内容一般包括项目的背景、项目的历史、项目概要以及项目承办人四个方面。总论的实质是对项目简明扼要地做一个概述，对项目承办人的形象和思想作相应的描述。在许多情况下，项目的评估、审批、贷款以及对合作者的吸引，在一定程度上取决于总论写作质量。因此，写作时一定要尽心尽力，既要保证总论的内容完整、重点突出，又要注意与后面内容相照应。

②基本问题研究。可行性研究报告的基本问题研究是对各个专题研究报告进行汇总统一、平衡后所作的较原则、较系统的概述。项目不同，基本问题研究的内容也就不同。较有代表性的有三个：工业新建项目的基本问题研究、技术引进项目的基本问题研究和技术经济政策基本问题研究。其中，工业新建项目的第一方面是市场研究，着重解决项目新建的必要性问题；第二方面是工艺研究，着重解决技术上的可能性问题；第三方面是经济效益研究，着重解决项目的合理性问题。在具体撰写过程中，人们常把这三个问题分成十个专题来写。这十个专题为：市场情况与企业规模、资源与原料及协作条件、厂址选择方案、项目技术方案、环保方案、工厂管理机构和员工方案、项目实施计划和进度方案、资金筹措、经济评价、结论。

三、建设项目财务评价概述

（一）含义

财务分析是根据国家现行财税制度和价格体系，在财务效益与费用的估算以及编制财务辅助报表的基础上，分析、计算项目直接发生的财务效益和费用，编制财务报表，计算财务分析指标，考察项目盈利能力、清偿能力以及外汇平衡等财务状况，据以判别项目的财务可行性。

（二）财务分析程序

①选取财务分析的基础数据与参数。

②估算各期现金流量。

③编制基本财务报表。

④计算财务分析指标，进行盈利能力和偿债能力分析。

⑤进行不确定性分析。

⑥得出评价结论。

四、财务评价指标体系与评价方法

（一）财务评价的指标体系

财务评价的指标体系是最终反映项目财务可行性的数据体系。由于投资项目投资目标的多样性，因此财务评价的指标体系也不是唯一的，根据不同的评价深度和可获得资料的多少，以及项目本身所处条件的不同，可选用不同的指标，这些指标可以从不同层次、不同侧面来反映项目的经济效果。

建设项目财务评价指标体系根据不同的标准，可以分为不同的分类形式。

1. 按是否考虑资金时间价值分类

根据是否考虑资金时间价值、进行贴现运算，可将常用方法与指标分为两类：静态分析方法与指标和动态分析方法与指标。前者不考虑资金时间价值、不进行贴现运算，后者则考虑资金时间价值、进行贴现运算，如图1-4所示。

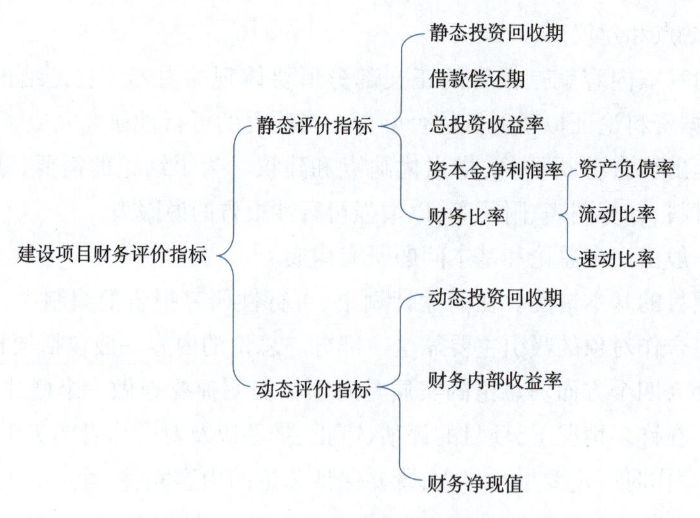

图 1-4　按是否考虑资金时间价值分类

2. 按指标的经济性质分类

按指标的经济性质,可以分为时间性指标、价值性指标、比率性指标,如图 1-5 所示。

3. 按指标所反映的评价内容分类

按指标所反映的评价内容,可以分为盈利能力分析指标和偿债能力分析指标,如图 1-6 所示。

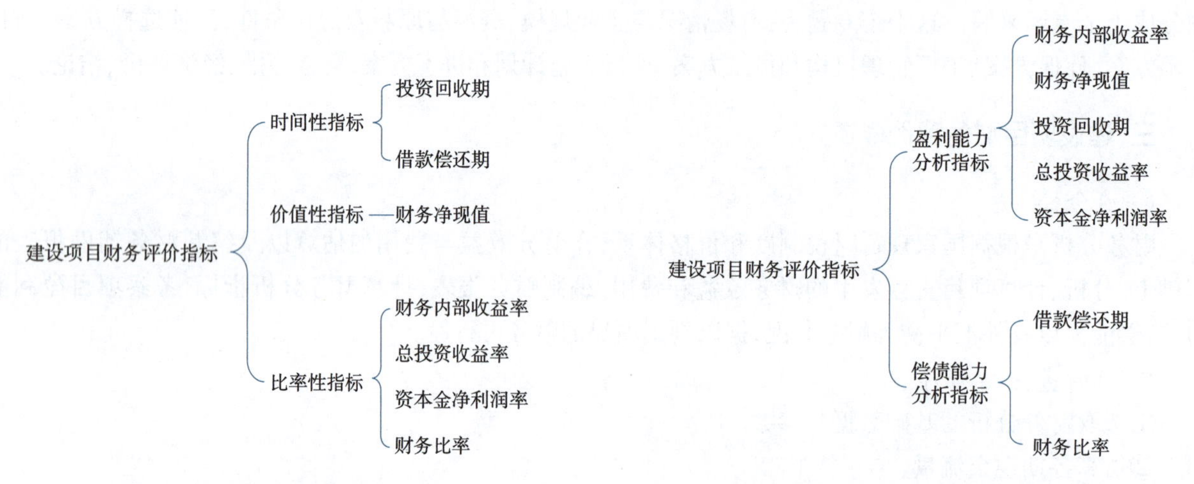

图 1-5　按指标的经济性质分类

图 1-6　按指标所反映的评价内容分类

(二)项目盈利能力的指标与评价方法

1. 静态评价指标的计算与分析

(1)总投资收益率

总投资收益率是指项目达到设计生产能力后的一个正常生产年份的年息税前利润与项目总投资的比率。对生产期内各年的利润总额较大的项目,应计算运营期年平均息税前利润与项目总投资的比率,计算公式为

$$\text{总投资收益率}=\frac{\text{正常年份年息税前利润或运营期内年平均息税前利润}}{\text{项目总投资}}\times 100\%$$

总投资收益率可根据利润与利润分配表中的有关数据计算求得。项目总投资为固定资产投资、建设期利息、流动资金之和。计算出的总投资收益率要与规定的行业标准收益率或行业的平均投资收益率进行比较,若大于或等于标准收益率或行业平均投资收益率,则认为项目在财务上可以被接受。

(2)项目资本金净利润率

资本金净利润率是指项目达到设计生产能力后的一个正常生产年份的年净利润或项目运营期内的年平均利润与资本金的比率,计算公式为

$$资本金净利润率=\frac{正常年份的年净利润或运营期内年平均净利润}{资本金}\times 100\%$$

式中，资本金是指项目的全部注册资本金。计算出的资本金净利润率要与行业的平均资本金净利润率或投资者的目标资本金净利润率进行比较，若前者大于或等于后者，则认为项目是可以考虑的。

（3）静态投资回收期

静态投资回收期是指在不考虑资金时间价值因素条件下，用生产经营期回收投资的资金来源来抵偿全部初始投资所需要的时间，即用项目净现金流量抵偿全部初始投资所需的全部时间，一般用年来表示，其符号为 P_t。

在计算全部投资回收期时，假定了全部资金都为自有资金，而且投资回收期一般从建设期开始算起，也可以从投产期开始算起，使用这个指标时一定要注明起算时间，计算公式为

$$投资回收期(P_t)=累计净现金流量开始出现正值的年份-1+\frac{上年累计净现金流量的绝对值}{当年净现金流量}$$

计算出的投资回收期要与行业规定的标准投资回收期或行业平均投资回收期进行比较，如果小于或等于标准投资回收期或行业平均投资回收期，则认为项目是可以考虑接受的。

2. 动态评价指标的计算与分析

（1）财务净现值（NPV）

财务净现值是指在项目计算期内，按照行业的基准收益率或设定的折现率计算的各年净现金流量现值的代数和，简称净现值，记作 NPV，计算公式为

$$\mathrm{NPV}=\sum_{t=1}^{n}(\mathrm{CI}-\mathrm{CO})_t(1+i_c)^{-t}$$

式中　CI——现金流入量；

CO——现金流出量；

$(\mathrm{CI}-\mathrm{CO})_t$——第 t 年的净现金流量；

n——计算期；

i_c——基准收益率或设定的折现率；

$(1+i_c)^{-t}$——第 t 年的折现系数。

财务净现值的计算结果可能有三种情况，即 NPV＞0、NPV＜0 或 NPV＝0。

当 NPV＞0 时，说明项目净效益大于用基准收益率计算的平均收益额，从财务角度考虑，项目是可以被接受的。

当 NPV＝0 时，说明拟建项目的净效益正好等于用基准收益率计算的平均收益额，这时判断项目是否可行，要看分析所选用的折现率。在财务评价中，若选用的折现率大于银行长期贷款利率，项目是可以被接受的；若选用的折现率等于或小于银行长期贷款利率，一般可判断项目不可行。

当 NPV＜0 时，说明拟建项目的净效益小于用基准收益率计算的平均收益额，一般认为项目不可行。

（2）财务内部收益率（IRR）

财务内部收益率是使项目整个计算期内各年净现金流量现值累计等于零时的折现率。简称内部收益率，记作 IRR，其表达式为

$$\sum_{t=1}^{n}(\mathrm{CI}-\mathrm{CO})_t(1+\mathrm{IRR})^{-t}=0$$

财务内部收益率的计算是求解高次方程，为简化计算，在具体计算时可根据现金流量表中净现金流量用试差法进行。基本步骤如下：

①用估计的某一折现率对拟建项目整个计算期内各年财务净现金流量进行折现，并求出净现值。如果得到的财务净现值等于零，则选定的折现率即为财务内部收益率；如果得到的净现值为一正数，则再选一个更高的折现率再次试算，直至正数财务净现值接近零为止。

②在步骤①的基础上，再继续提高折现率，直至计算出接近零的负数财务净现值为止。

③根据上两步计算所得的正、负财务净现值及其对应的折现率，运用试差法的公式计算财务内部收益率，计算公式为

$$IRR = i_1 + (i_2 - i_1) \cdot \frac{NPV_1}{NPV_1 - NPV_2}$$

由此计算出的财务内部收益率通常为一近似值。为控制误差，一般要求$(i_2 - i_1) \leqslant 5\%$。

计算出的财务内部收益率要与行业的基准收益率或投资者的目标收益率进行比较，如果前者大于或等于后者，则说明项目的盈利能力超过行业平均水平或投资者的目标，因而是可以被接受的。

(3)动态投资回收期

动态投资回收期是指在考虑资金时间价值的条件下，以项目净现金流量的现值抵偿原始投资现值所需要的全部时间，记作P'_t。动态投资回收期也从建设期开始计算，以年为单位，计算公式为

$$投资回收期(P'_t) = 累计净现值开始出现正值的年份 - 1 + \frac{上年累计净现值的绝对值}{当年净现值}$$

计算出的动态投资回收期也要与行业标准动态投资回收期或行业平均动态投资回收期进行比较，如果小于或等于标准动态投资回收期或行业平均动态投资回收期，认为项目是可以被接受的。

（三）项目偿债能力的指标与评价

1. 借款偿还期

借款偿还期是指项目投产后可用于偿还借款的资金来源还清固定资产投资国内借款本金和建设期利息(不包括已用自有资金支付的建设期利息)所需要的时间。

偿还借款的资金来源包括折旧、摊销费、未分配利润和其他收入等。借款偿还期可根据借款还本付息计算表和资金来源与运用表的有关数据计算，以年为单位，记为P_d，计算公式为

$$借款偿还期(P_d) = 借款偿清的年份数 - 1 + \frac{偿清当年应付的本息数}{当年用于偿清的资金总额}$$

计算出借款偿还期以后，要与贷款机构的要求期限进行对比，等于或小于贷款机构提出的要求期限，即认为项目是有偿债能力的。否则，从偿债能力角度考虑，认为项目没有偿债能力。

2. 财务比率

(1)资产负债率

资产负债率是反映项目各年所面临的财务风险程度及偿债能力的指标，计算公式为

$$资产负债率 = \frac{负债总额}{资产总额} \times 100\%$$

作为提供贷款的机构，可以接受100%以下(包括100%)的资产负债率，大于100%，表明企业已资不抵债，已达到破产底线。

(2)流动比率

流动比率是反映项目各年偿付流动负债能力的指标，计算公式为

$$流动比率 = \frac{流动资产总额}{流动负债总额} \times 100\%$$

计算出的流动比率越高，单位流动负债将有更多的流动资产作保障，短期偿债能力就越强。但是在不导致流动资产利用效率低下的情况下，流动比率保证在200%及以上较好。

(3)速动比率

速动比率是反映项目快速偿付流动负债能力的指标，计算公式为

$$速动比率 = \frac{流动资产总额 - 存货}{流动负债总额} \times 100\%$$

速动比率越高，短期偿债能力越强。同样，速动比率过高也会影响资产利用效率，进而影响企业经济效益。因此，速动比率保证在接近100%较好。

五、不确定性分析

(一)不确定性分析的含义

不确定性分析是以计算和分析各种不确定因素(如价格、投资费用、成本、经营期、生产规模等)的变化对建设项目经济效益的影响程度为目标的一种分析方法。

影响建设项目的不确定性因素主要有:价格、生产能力利用率、技术装备和生产工艺、投资成本、环境因素。

(二)不确定性分析的基本方法

不确定性分析的基本方法有盈亏平衡分析、敏感性分析和概率分析。

1. 盈亏平衡分析

(1)盈亏平衡分析的基本原理

盈亏平衡分析研究建设项目投产后,以利润为零时产量的收入与费用支出的平衡为基础,在既无盈利又无亏损的情况下,测算项目的生产负荷状况,分析项目适应市场变化的能力,衡量建设项目抵抗风险的能力。项目利润为零时产量的收入与费用支出的平衡点,被称为盈亏平衡点(BEP),用生产能力利用率或产销量表示。项目的盈亏平衡点越低,说明项目适应市场变化的能力越强,抗风险的能力越大,亏损的风险越小。

在进行盈亏平衡分析时,需要一些假设条件作为分析的前提。

①产量变化,单位可变成本不变,总成本是生产量或销售量的函数。

②生产量等于销售量。

③变动成本随产量成正比例变化。

④在所分析的产量范围内,固定成本保持不变。

⑤产量变化,销售单价不变,销售收入是销售价格和销售数量的线性函数。

⑥只计算一种产品的盈亏平衡点,如果是生产多种产品的,则产品组合(即生产数量的比例)应保持不变。

(2)盈亏平衡分析的基本方法

①代数法。代数法是以代数方程来计算盈亏平衡点的一种方法,计算公式为

$$\mathrm{BEP}(Q)=\frac{c_{\mathrm{f}}}{p-c_{\mathrm{v}}-f}$$

式中　Q——项目设计生产能力;

c_{f}——固定成本;

c_{v}——单位产品变动成本;

f——单位产品营业税金及附加;

p——单位产品销售价格。

②几何法。几何法是通过图示的方法,把项目的销售收入、总成本费用、产销量三者之间的变动关系反映出来,从而确定盈亏平衡点的方法。

盈亏平衡图用横坐标表示产销量,纵坐标表示收入或成本金额。在销售收入与总成本线相交处,即为盈亏平衡点。

2. 敏感性分析

(1)敏感性分析的基本原理

敏感性分析的目的是对外部条件发生不利变化时项目的承受能力做出判断。如某个不确定性因素有较小的变动,而导致项目经济评价指标有较大的波动,则称项目方案对该不确定性因素敏感性强,相应的,这个因素称为“敏感性因素”。

(2)敏感性分析的基本方法

①确定敏感性分析的经济评价指标。

②选取不确定变量因素,设定不确定因素的变化幅度和范围。

③计算不确定因素对经济评价指标值的影响程度。

④确定敏感性因素。

⑤综合分析项目方案的各类因素。

一般来说,项目相关因素的不确定性是建设项目具有风险性的根源。敏感性强的因素其不确定性给项目带来更大的风险,因此,敏感性分析的核心是从诸多的影响因素中找出最敏感因素,并设法对该因素进行有效控制,以减少项目经济效益的损失。

3. 概率分析

(1)概率分析的基本原理

概率分析又称风险分析,是使用概率研究预测各种不确定因素和风险因素对项目经济评价指标影响的一种定量分析方法。概率就是某一事件的发生次数与所进行试验次数的比例,即可能事件发生的频率。概率分析,是估计基本参数或变量值的发生概率,经过数理统计处理对项目指标的概率进行衡量。

①随机现象。在项目投资过程中某一参数的变化是具有不确定性的,它的变化时间、变化程度都是无法把握的,因而把这一参数的变化称为随机现象。

②随机试验。对随机现象进行观察、测试、试验等活动,而且这些活动在相同条件下可以重复进行,每次试验结果事先不能确定,但所有可能结果可预言,就称它是一个随机试验。

③随机事件。每一次随机试验的结果称为一次随机事件。

④随机变量。表示随机事件结果或程度的变量称为随机变量。

⑤概率。某一随机事件出现的数量标志称为该随机事件的概率,也就是随机事件出现的次数与随机试验的次数之比。

⑥期望值。在一次随机试验中,某一随机变量的所有可能取值与其对应概率的乘积之和称为数学期望,计算公式为

$$E(X) = \sum X_i P(X_i)$$

式中 $E(X)$——随机变量 X 的期望值;

X_i——随机变量 X 的各种取值;

$P(X_i)$——对应于 X_i 的概率值。

(2)概率分析的基本方法

①解析法。解析法是计算项目净现值的全部可能取值和其大于零、等于零和小于零的概率,在此基础上计算净现值的期望值。

②模拟法。通常做法是:确定要分析的不确定因素(随机变量);进行随机试验,产生变量值,即不确定因素的可能取值;求出项目经济评价指标,根据试验的结果取平均值,即可计算出项目的各个经济评价指标,由此可近似地确定项目将来经济评价指标的结果。

说一说

项目盈利能力的评价指标有哪些?

自 学 自 测

一、单选题(只有1个正确答案,每题5分,共12题)

1. 下列投资方案经济效果评价指标中,能够在一定程度上反映资本周转速度的指标是(　　)。
A. 利息备付率　　B. 投资收益率　　C. 偿债备付率　　D. 投资回收期

2. 下列影响因素中,用来确定基准收益率的基础因素是(　　)。
A. 资金成本和机会成本　　B. 机会成本和投资风险
C. 投资风险和通货膨胀　　D. 通货膨胀和资金成本

3. 用来评价投资方案经济效果的净现值率指标是指项目净现值与(　　)的比值。
A. 固定资产投资总额　　B. 建筑安装工程投资总额
C. 项目全部投资现值　　D. 建筑安装工程全部投资现值

4. 采用增量投资内部收益率(ΔIRR)法比选计算期不同的互斥方案时,对于已通过绝对效果检验的投资方案,确定优选方案的准则是(　　)。
A. ΔIRR 大于基准收益率时,选择初始投资额小的方案
B. ΔIRR 大于基准收益率时,选择初始投资额大的方案
C. 无论 ΔIRR 是否大于基准收益率,均选择初始投资额小的方案
D. 无论 ΔIRR 是否大于基准收益率,均选择初始投资额大的方案

5. 投资方案财务生存能力分析,是指分析和测算投资方案的(　　)。
A. 各期营业收入,判断营业收入能否偿付成本费用
B. 市场竞争能力,判断项目能否持续发展
C. 各期现金流量,判断投资方案能否持续运行
D. 预期利润水平,判断能否吸引项目投资者

6. 某投资方案计算期现金流量见下表,该投资方案的静态投资回收期为(　　)年。

年份	0	1	2	3	4	5
净现金流量/万元	-1 000	-500	600	800	800	800

A. 2. 143　　B. 3. 125　　C. 3. 143　　D. 4. 125

7. 投资方案资产负债率是指投资方案各期末(　　)的比率。
A. 长期负债与长期资产　　B. 长期负债与固定资产总额
C. 负债总额与资产总额　　D. 固定资产总额与负债总额

8. 采用投资收益率指标评价投资方案经济效果的缺点是(　　)。
A. 考虑了投资收益的时间因素,因而使指标计算较复杂
B. 虽在一定程度上反映了投资效果的优劣,但仅适用于投资规模大的复杂工程
C. 只能考虑正常生产年份的投资收益,不能全面考虑整个计算期的投资收益
D. 正常生产年份的选择比较困难,因而使指标计算的主观随意性较大

9. 下列关于利息备付率的说法正确的是(　　)。
A. 利息备付率越高,表明利息偿付的保障程度越高
B. 利息备付率越低,表明利息偿付的保障程度越低
C. 利息备付率大于零,表明利息偿付能力强
D. 利息备付率小于零,表明利息偿付能力强

10. 采用净现值指标评价投资方案经济效果的优点是(　　)。
A. 能够全面反映投资方案中单位投资的使用效果

B. 能够全面反映投资方案在整个计算期内的经济状况

C. 能够直接反映投资方案运营期各年的经营成果

D. 能够直接反映投资方案中的资本调整速度

11. 采用增量内部投资收益率(ΔIRR)法，挑选计算期相同的两个可行互斥方案时，基准收益率为 i_c，则保留投资额大的方案的前提条件是(　　)。

A. ΔIRR >0　　B. ΔIRR <0　　C. ΔIRR > i_c　　D. ΔIRR < i_c

12. 采用投资收益率指标评价投资方案经济效果的优点是(　　)。

A. 指标的经济意义明确、直观　　B. 考虑了投资收益率的时间因素

C. 容易选择正常生产年份　　D. 反映了资本的周转速率

二、多选题(至少有2个正确答案，每题5分，共6题)

1. 下列评价指标中，属于投资方案经济效果静态评价指标的有(　　)。

A. 内部收益率　　B. 利息备付率　　C. 投资收益率　　D. 资产负债率

E. 净现值率

2. 对于计算周期相同的互斥方案，可采用的经济效果动态评价方法有(　　)。

A. 增量投资收益率法　　B. 净现值法

C. 增量投资回收期法　　D. 净年值法

E. 增量投资内部收益率法

3. 采用净现值和内部收益率指标评价投资方案经济效果的共同特点有(　　)。

A. 均受外部参数的影响　　B. 均考虑资金的时间价值

C. 均可对独立方案进行评价　　D. 均能反映投资回收过程的收益程度

E. 均能全面考虑整个计算期内经济状况

4. 下列评价方法中，属于互斥投资方案静态评价方法的有(　　)。

A. 年折算费用法　　B. 净现值率法

C. 增量投资回收期法　　D. 增量投资收益率法

E. 增量投资内部收益率法

5. 投资方案经济效果评价指标中，既考虑了资金的时间价值，又考虑了项目在整个计算期内经济状况的指标有(　　)。

A. 净现值　　B. 投资回收期　　C. 净年值　　D. 投资收益率

E. 内部收益率

6. 采用净现值法评价计算期不同的互斥方案时，确定共同计算期的方法有(　　)。

A. 最大公约数法　　B. 平均寿命期法　　C. 最小公倍数法　　D. 研究期法

E. 无限计算期法

三、判断题(对的划"√"，错的划"×"，每题5分，共2题)

1. 在对投资方案进行经济效果评价时，当动态经济评价指标 NPV >0 时，表示方案可行。　　(　　)

2. 在对投资方案进行经济效果评价时，当动态经济评价指标 IRR > i_c 时，表示方案在经济上可以接受。　　(　　)

文本

任务2【自学自测】答案

任务实施指导

根据某企业拟建设的市场急需产品的工业项目背景资料，编制工程项目投资现金流量表，计算项目的静态投资回收期、项目的财务净现值、项目的财务内部收益率，从财务角度分析拟建项目的可行性，工作程序基本包括如下步骤。

一、计算现金流入

根据营业收入、补贴收入、回收固定资产残值、回收流动资金计算现金流入。

二、计算现金流出

根据建设投资、流动资金、经营成本、增值税及附加、维持运营投资计算现金流出。

三、计算所得税前净现金流量、累计所得税前净现金流量

根据现金流入和现金流出，计算各对应年份所得税前净现金流量、各年所得税前净现金流量的累计值。

四、计算调整所得税，所得税后净现金流量

根据息税前利润和所得税税率，计算调整所得税，各年所得税后净现金流量的累计值。

五、计算财务评价指标

计算项目投资财务内部收益率（IRR）、项目投资财务净现值（NPV）、项目动态投资回收期（P_t'）、项目静态投资回收期（P_t）。

六、利用财务评价指标分析拟建项目的可行性

根据评价指标的判别准则、从财务角度分析拟建项目的可行性。

编制工程项目投资现金流量表工作单

计划单

<table>
<tr><td>学习情境 1</td><td colspan="2">决策阶段造价管理与控制</td><td>任务 2</td><td>编制工程项目投资现金流量表</td></tr>
<tr><td>工作方式</td><td colspan="2">组内讨论、团结协作共同制订计划：
小组成员进行工作讨论，确定工作步骤</td><td>计划学时</td><td>0.5 学时</td></tr>
<tr><td>完成人</td><td colspan="4">1.　　2.　　3.　　4.　　5.　　6.</td></tr>
<tr><td colspan="5">计划依据：老师给定的拟建项目建设信息</td></tr>
<tr><td>序号</td><td>计划步骤</td><td colspan="3">具体工作内容描述</td></tr>
<tr><td>1</td><td>准备工作
（整理建设项目信息，谁去做？）</td><td colspan="3"></td></tr>
<tr><td>2</td><td>组织分工
（成立组织，人员具体都完成什么？）</td><td colspan="3"></td></tr>
<tr><td>3</td><td>制订两套编制工程项目投资
现金流量表方案（特点是什么？）</td><td colspan="3"></td></tr>
<tr><td>4</td><td>计算拟建项目
现金流入、现金流出
（都涉及哪些影响因素？）</td><td colspan="3"></td></tr>
<tr><td>5</td><td>整理编制工程项目投资现金流量表
过程（谁负责？整理什么？）</td><td colspan="3"></td></tr>
<tr><td>6</td><td>制作编制工程项目投资现金流量表
成果表（谁负责？要素是什么）</td><td colspan="3"></td></tr>
<tr><td>制订计划
说明</td><td colspan="4">（写出制订计划中人员为完成任务的主要建议或可以借鉴的建议、需要解释的某一方面）</td></tr>
</table>

决 策 单

<table>
<tr><td>学习情境 1</td><td colspan="2">决策阶段造价管理与控制</td><td>任务 2</td><td>编制工程项目投资现金流量表</td></tr>
<tr><td colspan="3">决策学时</td><td colspan="2">2 学时</td></tr>
<tr><td colspan="5">决策目的：确定本小组认为最优的编制工程项目投资现金流量表方案</td></tr>
<tr><td rowspan="7">方案
优劣比对</td><td colspan="2">方案特点</td><td rowspan="2">比对项目</td><td rowspan="2">确定最优方案
（划√）</td></tr>
<tr><td>方案名称 1：</td><td>方案名称 2：</td></tr>
<tr><td></td><td></td><td>编制精度
是否达到需求</td><td rowspan="6">方案 1 优□

方案 2 优□</td></tr>
<tr><td></td><td></td><td>计算过程
是否得当</td></tr>
<tr><td></td><td></td><td>计算公式
是否准确</td></tr>
<tr><td></td><td></td><td>编制方法的
掌握程度</td></tr>
<tr><td></td><td></td><td>工作效率的
高低</td></tr>
<tr><td colspan="2">方案 1 编制工程项目投资现金流量表
方案计算过程思维导图</td><td colspan="2">方案 2 编制工程项目投资现金流量表
方案计算过程思维导图</td></tr>
</table>

作 业 单

<table>
<tr><td>学习情境 1</td><td>决策阶段造价管理与控制</td><td>任务 2</td><td>编制工程项目投资现金流量表</td></tr>
<tr><td rowspan="2">参加人员</td><td colspan="2">第______组</td><td>开始时间：</td></tr>
<tr><td colspan="2">签名：</td><td>结束时间：</td></tr>
<tr><td>序号</td><td colspan="2">工作内容记录
（根据实施的具体工作记录，包括存在的问题及解决方法）</td><td>分工
（负责人）</td></tr>
<tr><td>1</td><td colspan="2"></td><td></td></tr>
<tr><td>2</td><td colspan="2"></td><td></td></tr>
<tr><td>3</td><td colspan="2"></td><td></td></tr>
<tr><td>4</td><td colspan="2"></td><td></td></tr>
<tr><td>5</td><td colspan="2"></td><td></td></tr>
<tr><td>6</td><td colspan="2"></td><td></td></tr>
<tr><td>7</td><td colspan="2"></td><td></td></tr>
<tr><td>8</td><td colspan="2"></td><td></td></tr>
<tr><td>9</td><td colspan="2"></td><td></td></tr>
<tr><td>10</td><td colspan="2"></td><td></td></tr>
<tr><td>11</td><td colspan="2"></td><td></td></tr>
<tr><td>12</td><td colspan="2"></td><td></td></tr>
<tr><td rowspan="2">小结</td><td colspan="2">主要描述完成的成果及是否达到目标</td><td>存在的问题</td></tr>
<tr><td colspan="3"></td></tr>
</table>

检 查 单

学习情境1	决策阶段造价管理与控制		任务2	编制工程项目投资现金流量表			
检查学时	课内0.5学时					第＿＿＿＿组	
检查目的及方式	教师过程监控小组的工作情况，如检查等级为不及格，小组需要整改，并拿出整改说明						
序号	检查项目	检查标准	检查结果分级（在检查相应的分级框内划"√"）				
			优秀	良好	中等	及格	不及格
1	准备工作	建设项目信息材料是否准备完整					
2	分工情况	安排是否合理、全面，分工是否明确					
3	工作态度	小组工作是否积极主动、全员参与					
4	纪律出勤	是否按时完成负责的工作内容、遵守工作纪律					
5	团队合作	是否相互协作、互相帮助、成员是否听从指挥					
6	创新意识	任务完成不照搬照抄，看问题具有独到见解创新思维					
7	完成效率	工作单是否记录完整，是否按照计划完成任务					
8	完成质量	工作单填写是否准确					
检查评语						教师签字：	

任务评价单

1. 工作评价单

<table>
<tr><td>学习情境1</td><td colspan="3">决策阶段造价管理与控制</td><td>任务2</td><td colspan="4">编制工程项目投资现金流量表</td></tr>
<tr><td colspan="5">评价学时</td><td colspan="4">0.5学时</td></tr>
<tr><td>评价类别</td><td colspan="2">项目</td><td>个人评价</td><td>组内互评</td><td colspan="2">组间互评</td><td colspan="2">教师评价</td></tr>
<tr><td rowspan="6">专业能力</td><td colspan="2">资讯
（10%）</td><td></td><td></td><td colspan="2"></td><td colspan="2"></td></tr>
<tr><td colspan="2">计划
（5%）</td><td></td><td></td><td colspan="2"></td><td colspan="2"></td></tr>
<tr><td colspan="2">实施
（20%）</td><td></td><td></td><td colspan="2"></td><td colspan="2"></td></tr>
<tr><td colspan="2">检查
（10%）</td><td></td><td></td><td colspan="2"></td><td colspan="2"></td></tr>
<tr><td colspan="2">过程
（5%）</td><td></td><td></td><td colspan="2"></td><td colspan="2"></td></tr>
<tr><td colspan="2">结果
（10%）</td><td></td><td></td><td colspan="2"></td><td colspan="2"></td></tr>
<tr><td rowspan="2">社会能力</td><td colspan="2">团结协作
（10%）</td><td></td><td></td><td colspan="2"></td><td colspan="2"></td></tr>
<tr><td colspan="2">敬业精神
（10%）</td><td></td><td></td><td colspan="2"></td><td colspan="2"></td></tr>
<tr><td rowspan="2">方法能力</td><td colspan="2">计划能力
（10%）</td><td></td><td></td><td colspan="2"></td><td colspan="2"></td></tr>
<tr><td colspan="2">决策能力
（10%）</td><td></td><td></td><td colspan="2"></td><td colspan="2"></td></tr>
<tr><td rowspan="3">评价评语</td><td>班级</td><td></td><td>姓名</td><td></td><td>学号</td><td></td><td>总评</td><td></td></tr>
<tr><td>教师签字</td><td></td><td>第　　组</td><td>组长签字</td><td colspan="2"></td><td>日期</td><td></td></tr>
<tr><td colspan="8">评语：</td></tr>
</table>

2. 小组成员素质评价单

<table>
<tr><td>学习情境 1</td><td colspan="2">决策阶段造价管理与控制</td><td>任务 2</td><td>编制工程项目投资现金流量表</td></tr>
<tr><td colspan="3">评价学时</td><td colspan="2">0.5 学时</td></tr>
<tr><td>班级</td><td></td><td>第＿＿＿＿＿组</td><td>成员姓名</td><td></td></tr>
<tr><td>评分说明</td><td colspan="4">每个小组成员评价分为自评和小组其他成员评两部分，取平均值计算，作为该小组成员的任务评价个人分数。评价项目共设计五个，依据评分标准给予合理量化打分。小组成员自评分后，要找小组其他成员不记名方式打分，成员互评分为其他小组成员的平均分</td></tr>
<tr><td>对象</td><td>评分项目</td><td colspan="2">评分标准</td><td>评分</td></tr>
<tr><td rowspan="5">自评
（100 分）</td><td>核心价值观（20 分）</td><td colspan="2">思想及行动是否符合社会主义核心价值观</td><td></td></tr>
<tr><td>工作态度（20 分）</td><td colspan="2">是否按时完成负责的工作内容、遵守纪律，是否积极主动参与小组工作，是否全过程参与，是否吃苦耐劳，是否具有工匠精神</td><td></td></tr>
<tr><td>交流沟通（20 分）</td><td colspan="2">是否能良好地表达自己的观点，是否能倾听他人的观点</td><td></td></tr>
<tr><td>团队合作（20 分）</td><td colspan="2">是否与小组成员合作完成，做到相互协助、相互帮助、听从指挥</td><td></td></tr>
<tr><td>创新意识（20 分）</td><td colspan="2">是否能独立思考，提出独到见解，是否能够运用创新思维解决遇到的问题</td><td></td></tr>
<tr><td rowspan="5">成员互评
（100 分）</td><td>核心价值观（20 分）</td><td colspan="2">思想及行动是否符合社会主义核心价值观</td><td></td></tr>
<tr><td>工作态度（20 分）</td><td colspan="2">是否按时完成负责的工作内容、遵守纪律，是否积极主动参与小组工作，是否全过程参与，是否吃苦耐劳，是否具有工匠精神</td><td></td></tr>
<tr><td>交流沟通（20 分）</td><td colspan="2">是否能良好地表达自己的观点，是否能倾听他人的观点</td><td></td></tr>
<tr><td>团队合作（20 分）</td><td colspan="2">是否与小组成员合作完成，做到相互协助、相互帮助、听从指挥</td><td></td></tr>
<tr><td>创新意识（20 分）</td><td colspan="2">是否能独立思考，提出独到见解，是否能够运用创新思维解决遇到的问题</td><td></td></tr>
<tr><td colspan="2">最终小组成员得分</td><td colspan="3"></td></tr>
<tr><td colspan="2">小组成员签字</td><td></td><td>评价时间</td><td></td></tr>
</table>

教学反馈单

<table>
<tr><td>学习领域</td><td colspan="5">工程造价控制</td></tr>
<tr><td>学习情境 1</td><td>决策阶段造价管理与控制</td><td colspan="2">任务 2</td><td colspan="2">编制工程项目投资现金流量表</td></tr>
<tr><td colspan="2">学时</td><td colspan="4">6 学时</td></tr>
<tr><td>序号</td><td>调查内容</td><td>是</td><td>否</td><td colspan="2">理由陈述</td></tr>
<tr><td>1</td><td>你是否喜欢这种上课方式？</td><td></td><td></td><td colspan="2"></td></tr>
<tr><td>2</td><td>与传统教学方式比较你认为哪种方式学到的知识更适用？</td><td></td><td></td><td colspan="2"></td></tr>
<tr><td>3</td><td>针对每个学习任务你是否学会如何进行资讯？</td><td></td><td></td><td colspan="2"></td></tr>
<tr><td>4</td><td>计划和决策感到困难吗？</td><td></td><td></td><td colspan="2"></td></tr>
<tr><td>5</td><td>你认为学习任务对你将来的工作有帮助吗？</td><td></td><td></td><td colspan="2"></td></tr>
<tr><td>6</td><td>通过本任务的学习，你学会如何比较建设项目财务评价指标体系和评价方法这项工作了吗？今后遇到实际的问题你可以解决吗？</td><td></td><td></td><td colspan="2"></td></tr>
<tr><td>7</td><td>你能够根据实际工程完成建设项目财务盈利能力评价这项工作吗？</td><td></td><td></td><td colspan="2"></td></tr>
<tr><td>8</td><td>你学会编制工程项目投资现金流量表文件了吗？</td><td></td><td></td><td colspan="2"></td></tr>
<tr><td>9</td><td>通过几天来的学习，你对自己的表现是否满意？</td><td></td><td></td><td colspan="2"></td></tr>
<tr><td>10</td><td>你对小组成员之间的合作是否满意？</td><td></td><td></td><td colspan="2"></td></tr>
<tr><td>11</td><td>你认为本情境还应学习哪些方面的内容？（请在下面空白处填写）</td><td></td><td></td><td colspan="2"></td></tr>
<tr><td colspan="6">你的意见对改进教学非常重要，请写出你的建议和意见：</td></tr>
<tr><td>被调查人签名</td><td></td><td colspan="2">调查时间</td><td colspan="2"></td></tr>
</table>

学习情境2
设计阶段造价管理与控制

学习指南

情境导入

某拟建砖混结构住宅工程3 420 m^2,结构形式与已建成的某工程相同,只有外墙保温贴面不同,其他部分均较为接近。类似工程外墙为珍珠岩板保温、水泥砂浆抹面,每平方米建筑面积消耗量分别为0.044 m^3、0.842 m^2,珍珠岩板253.10元/m^3、水泥砂浆11.95元/m^2;拟建工程外墙为加气混凝土保温、外贴釉面砖,每平方米建筑面积消耗量分别为0.08 m^3、0.95 m^2,加气混凝土现行价格285.48元/m^3,贴釉面砖现行价格79.75元/m^2;类似工程单方造价889.00元/m^2,其中,人工费、材料费、机械费、措施费和间接费等费用占单方造价比例分别为11%、62%、6%、9%和12%,拟建工程与类似工程预算造价在这几方面的差异系数分别为2.50、1.25、2.10、1.15和1.05,拟建工程除直接工程费以外的综合取费为20%。

文本

学习情境2:
情境背景资料

应用类似工程预算法确定拟建工程的土建单位工程概算造价。

【扫描二维码获取情境背景资料】

学习目标

1. 知识目标

(1)能说出设计阶段如何划分、设计程序,描述设计方案的评价原则和内容;

(2)能描述工程设计优化途径,说出设计方案评价方法适用条件;

(3)能说出设计概算的编制和审查方法;

(4)能比较施工图预算的编制审查方法适用条件。

2. 能力目标

(1)能运用0~4评分法计算各功能的权重,应用价值工程方法选择最优设计方案,按限额和优化设计要求,优化设计方案;

(2)能编制拟建工程的土建单位工程概算造价,编制单项工程综合概算书,编制施工图预算;

(3)通过完成工作任务,能够充实二级造价工程师必须应知应会的知识,能够独立完成完整的造价工作。

3. 素质目标

能够在完成任务过程中,培养学生爱岗敬业、能吃苦耐劳,能团结协作、互相帮助,做事钻研奋进、精益求精,必须严格按有关规范进行,提升学生的生态文明素养,增强学生的环境保护意识和生态文明理念,培育工匠精神、大庆精神、铁人精神,工作中严谨、审慎、负责,培育客观、公正、科学的求实精神。

工作任务

1. 评价与优化设计方案　　　　参考学时:5学时
2. 编制概预算文件　　　　参考学时:6学时

任务3　评价与优化设计方案

任务单

<table>
<tr><td>学习领域</td><td colspan="6">工程造价控制</td></tr>
<tr><td>学习情境2</td><td colspan="3">设计阶段造价管理与控制</td><td>任务3</td><td colspan="2">评价与优化设计方案</td></tr>
<tr><td colspan="4">任务学时</td><td colspan="3">5学时</td></tr>
<tr><td colspan="7">布置任务</td></tr>
<tr><td>工作目标</td><td colspan="6">1. 能够说出工程设计、设计阶段及设计程序；
2. 能够描述设计方案的评价原则和内容；
3. 能够描述工程设计优化途径及设计方案评价方法；
4. 能够区别标准化设计和限额设计；
5. 能运用0～4评分法计算各功能的权重，应用价值工程方法选择最优设计方案，按限额和优化设计要求，优化设计方案；
6. 能够在完成任务过程中，培养学生爱岗敬业、能吃苦耐劳，能团结协作、互相帮助，做事钻研奋进、精益求精，必须严格按有关规范进行，并以高度的责任感和严格的科学态度认真对待，提升学生的生态文明素养，增强学生的环境保护意识和生态文明理念，培育工匠精神</td></tr>
<tr><td>任务描述</td><td colspan="6">文本
任务3：评价与优化设计方案
【扫描二维码获取工作任务】
设计方案评价就是对设计方案进行技术与经济的分析、计算、比较和评价，从中选取技术先进、经济合理的最佳方案，为决策提供科学依据。某市高新技术开发区拟开发建设集科研和办公于一体的综合大楼，根据其设计方案主体土建工程结构形式对比数据，试应用价值工程方法选择最优设计方案；为控制工程造价和进一步降低费用，拟针对所选的最优设计方案选取对象开展价值工程分析，按限额和优化设计要求，控制目标成本额，试分析各功能项目的目标成本及其可能降低的额度，并确定功能改进顺序</td></tr>
<tr><td rowspan="2">学时安排</td><td>资讯</td><td>计划</td><td>决策或分工</td><td>实施</td><td>检查</td><td>评价</td></tr>
<tr><td>0.5学时</td><td>0.5学时</td><td>1学时</td><td>2学时</td><td>0.5学时</td><td>0.5学时</td></tr>
<tr><td>对学生
学习及成果
的要求</td><td colspan="6">1. 每名同学均能按照自学资讯思维导图自主学习，并完成课前自学的问题训练和自学自测；
2. 严格遵守课堂纪律，不迟到、不早退；学习态度认真、端正，能够正确评价自己和同学在本任务中的素质表现；
3. 每位同学必须积极动手并参与小组讨论，分析评价与优化设计方案的方法，根据不同类型的工程项目选用不同的工程设计优化途径及设计方案评价方法完成设计方案的评价与优化，能够与小组成员合作完成工作任务；
4. 每位同学都可以讲解任务完成过程，接受教师与同学的点评，同时参与小组自评与互评；
5. 每组必须完成全部“评价与优化设计方案”工作的报告工单，并提请教师进行小组评价，小组成员分享小组评价分数或等级；
6. 每名同学均完成任务反思，以小组为单位提交</td></tr>
</table>

资讯思维导图

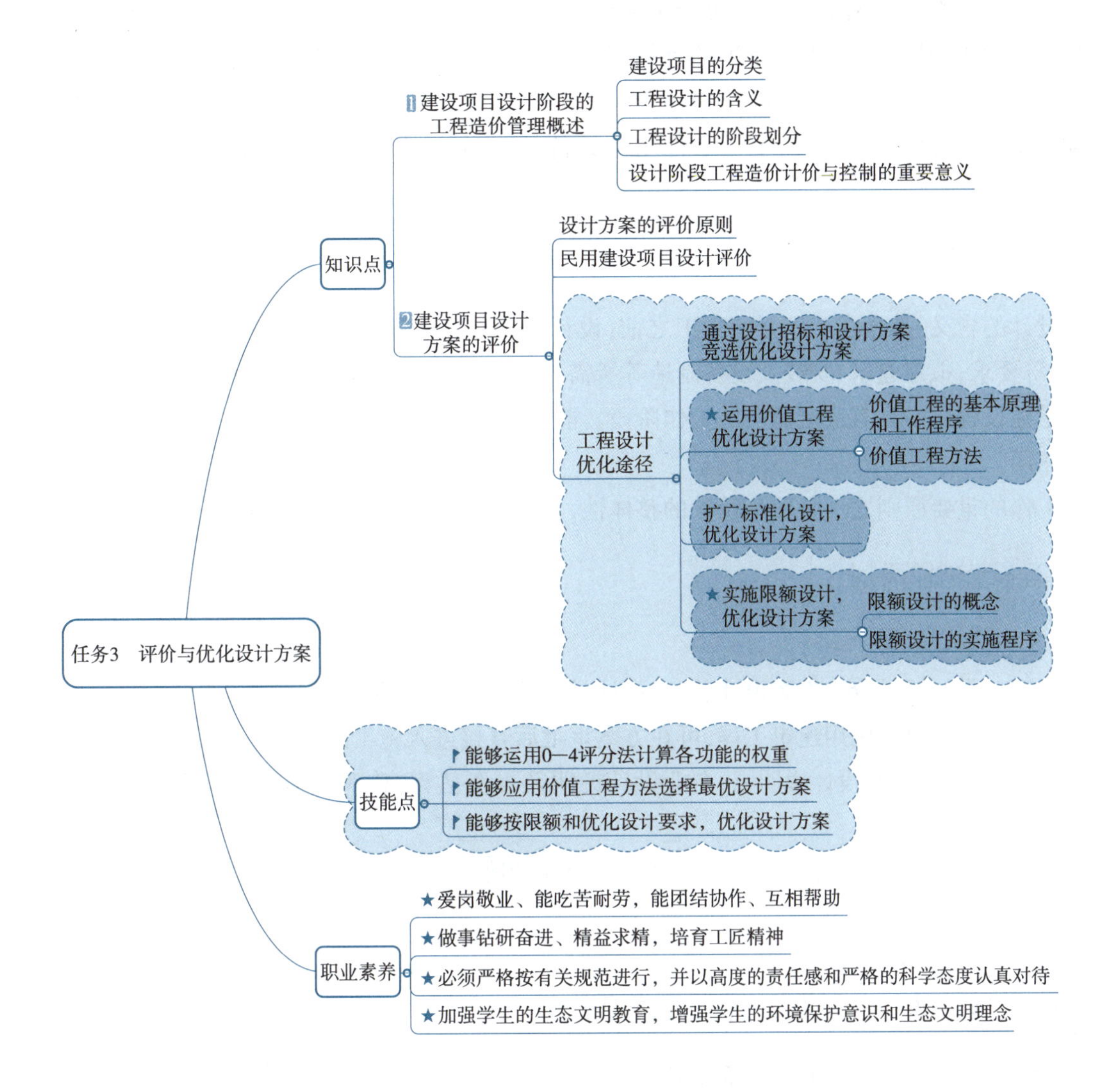

课前自学

知识模块1 建设项目设计阶段的工程造价管理概述

一、建设项目的分类

（一）按性质划分

①新建项目：一是全新的；二是扩大建设规模，新增固定资产价值超过原有的三倍以上的。

②扩建项目：已有且正在从事生产或服务活动，需扩大原有产品能力和效益或增加新的产品品种而新建的。

③改建项目：原有企业为降低消耗、节约能耗，改进产品质量或方向，对原有设备、工艺流程进行技术改造或为了提高综合生产能力，而增加附属和辅助或非生产性工程的。

④恢复项目：因灾害、战争或人为因素等原因全部或部分报废的企业，而后又投资恢复建设的项目。

⑤迁建项目：现有企、事业单位由于改变生产布局或环境保护、安全生产以及其他特殊需要，搬迁到其他地方进行建设的项目。

(二)按建设规模划分

建设项目按建设规模分类是把项目划分为大型、中型和小型建设项目，而工业建设项目可分为大型、中型和小型项目，非工业建设项目可分为大中型和小型项目。它是按项目的建设总规模或计划总投资为准划分的，即原则上应按上级批准的计划任务书或初步设计所确定的总规模或总投资为依据，没有正式批准的计划任务书或初步设计的，可按国家或省、自治区、直辖市年度固定资产投资计划表中所列的总规模或总投资为依据。上述条件均不具备的，可按本年计划施工的建设总规模或总投资为依据。

二、工程设计的含义

工程设计的含义：是指在工程开始施工之前，设计者根据已批准的设计任务书，为具体实现拟建项目的技术、经济要求，拟定建筑、安装及设备制造等所需的规划、图纸、数据等技术文件的工作。

设计是建设程序中具有决定意义的工作阶段。能否由计划变为现实，能否获得满意的经济效果，都起着决定性作用。

设计工作的重要原则之一是保证设计的整体性，为此，设计工作必须按一定的程序分阶段进行。

三、工程设计的阶段划分

(一)民用项目设计

民用建筑工程一般可分为方案设计、初步设计、施工图设计三个阶段。

对于技术要求简单的民用建筑工程，可在方案审批后直接进入施工图设计。

方案设计的内容包括：设计说明书，专业设计说明及投资估算；总平面图及建筑设计图纸；透视图、鸟瞰图、模型等。

初步设计和施工图设计的内容与工业项目设计大致相似。

(二)工程设计的基本原则

建筑设计要求：适用、经济、美观。

工业建筑设计要求：坚固适用、技术先进、经济合理。

四、设计阶段工程造价计价与控制的重要意义

(一)提高资金利用效率

通过设计概预算可以了解工程造价的构成，分析资金分配的合理性，利用价值工程理论调整项目功能与成本，使造价构成更合理。

(二)可以提高投资控制效率

通过分析工程各组成部分的投资比例，对于投资比例比较大的部分进行重点控制。

(三)可以使控制工作更主动

上一个阶段的设计控制下一个阶段的设计，重点是比较工程量的变化情况。

(四)便于技术与经济相结合

开展限额设计，进行技术经济方案比选。

(五)在设计阶段控制工程造价效果最显著

控制工程造价的关键在设计阶段。工程造价贯穿于项目建设的全过程，而设计阶段的工程造价控制是整个工程造价控制的关键。因此从设计一开始就将控制投资的目标贯穿于设计工作中，可保证选择恰当的设计标准和合理的功能水平。

想一想

设计阶段工程造价控制的重要意义是什么？

知识模块2 建设项目设计方案的评价

一、设计方案的评价原则

设计方案评价就是对设计方案进行技术与经济的分析、计算、比较和评价,从中选取技术先进、经济合理的最佳方案,为决策提供科学依据。

评价原则:处理好经济合理性与技术先进性之间的关系:满足功能要求的前提下,尽可能降低工程造价或在资金限制范围内,尽可能提高项目功能水平,在设计阶段进行工程造价的计价分析可以使造价构成更合理,提高资金使用效率。

兼顾建设与使用,考虑项目全寿命周期:产品的寿命周期费用与产品的功能密切相关,随着产品功能水平的提高,制造费用上升,使用费用下降,如图2-1所示。

兼顾近期与远期的要求:选择合理的功能水平,根据项目远景发展需要,适当留有发展余地。同时,在设计阶段控制工程造价会使控制工作更主动,设计阶段控制工程造价很关键,也最显著。在设计一开始就将控制投资的思想植根于设计人员头脑中,以保证选择恰当的设计标准和合理的功能水平。

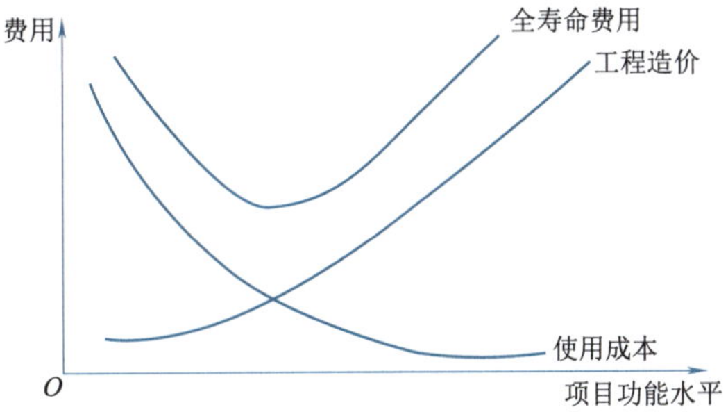

图2-1 费用与项目功能水平之间的关系

二、民用建设项目设计评价

民用建筑设计包括住宅设计、公共建筑设计以及住宅小区设计。它是根据建筑物的使用功能要求,确定建筑标准、结构形式、建筑物空间与平面布置以及建筑物群体的配置等。

(一)住宅小区建设规划

我国城市居民点的总体规划一般分为居住区、小区和住宅组三级布置,即由几个住宅组组成小区,又由几个小区组成居住区。小区规划的核心问题是提高土地利用率。

1. 住宅小区规划中影响工程造价的主要因素

①占地面积:影响小区建设的总造价。

②建筑群体的布置形式:适当集中公共设施,合理布置道路,提高建筑密度,降低小区的总造价。

2. 在住宅小区规划设计中节约用地的主要措施

①压缩建筑间距:住宅建筑间距主要有日照间距、防火间距和使用间距,取最大间距作为设计依据。

②提高住宅层数或高低层搭配。

③适当增加房屋长度。

④提高公共建筑的层数。

⑤合理布置道路。

(二)民用住宅建筑设计评价

1. 民用住宅建筑设计影响工程造价的因素

建筑物平面形状和周长系数;住宅的层高和净高;住宅的层数;住宅单元组成、户型和住户面积;住宅建筑结构的选择。

2. 民用住宅建筑设计的基本原则

民用建筑设计要坚持“适用、经济、美观”的原则。

①平面布置合理,长度和宽度比例适当。

②合理确定户型和住户面积。

③合理确定层数和层高。

④合理选择结构方案。

3. 民用住宅建筑设计的评价指标

①平面指标:用于衡量平面布置的紧凑性和合理性。

②建筑周长指标:是墙长与建筑面积之比。

③建筑体积指标:是建筑体积与建筑面积之比,是衡量层高的指标。

④面积定额指标:用于控制设计面积。

⑤户型比:指不同居室数的户数占总户数的比例,是评价户型结构是否合理的指标。

三、工程设计优化途径

设计阶段是分析处理工程技术和经济的关键环节,也是有效控制工程造价的重要阶段。在工程设计阶段,工程造价管理人员需要密切配合设计人员,协助其处理好工程技术先进性与经济合理性之间的关系。在初步设计阶段,要按照可行性研究报告及投资估算进行多方案的技术经济比较,确定初步设计方案;在施工图设计阶段,要按照审批的初步设计内容、范围和概算造价进行技术经济评价与分析,确定施工图设计方案。

设计阶段工程造价管理的主要方法是通过多方案技术经济分析,优化设计方案:同时,通过推行限额设计和标准化设计,有效控制工程造价。

(一)通过设计招标和设计方案竞选优化设计方案

建设单位首先就拟建工程的设计任务通过报刊、信息网络或其他媒介发布公告,吸引设计单位参加设计招标或设计方案竞选,以获得众多的设计方案;然后组织7~11人的专家评定小组,其中技术专家人数应占2/3以上;最后,专家评定小组采用科学的方法,按照经济、适用、美观的原则以及技术先进、功能全面、结构合理、安全适用、满足建设节能及环境等要求,综合评定各设计方案优劣,从中选择最优的设计方案,或将各方案的可取之处重新组合,提出最佳方案。

(二)运用价值工程优化设计方案

1. 价值工程的基本原理和工作程序

(1)价值工程的概念

价值工程(value engineering,VE)是通过各相关领域的协作,对所研究对象的功能与成本进行系统分析,不断创新,旨在提高被研究对象的价值的思想方法和管理技术。其目的是以被研究对象的最低寿命周期成本可靠地实现使用者所需的功能,以获取最佳的综合效益。价值工程的目标是提高研究对象的价值,价值工程中的“价值”就是一种“评价事物有益程度的尺度”,价值高说明该事物的有益程度高、效益大,好处多;价值低则说明有益程度低、效益差、好处少。

价值工程把“价值”定义为“对象所具有的功能与获得该功能的成本之比”,是指功能和实现这些功能所耗成本的比值,即

$$V = F/C$$

式中 V——价值;

F——功能;

C——成本。

(2)功能概念

价值工程认为,功能对于不同的对象有着不同的含义。对物品来说,功能是用途或效用;对作业或方法来说,功能是所起的作用或要达到的目的;对人来说,功能是应该完成的任务;对企业来说,功能是应为社会提供的产品和效用。总之,功能是对象满足某种需求的一种属性。认真分析价值工程所阐述的“功能”内涵,实际上等同于使用价值的内涵,即功能是使用价值的具体表现形式。任何功能无论是针对机器还是针对工程,最终都是针对人类主体的一定需求目的,都是为人类主体的生存与发展服务,因而最终将体现为相应的使用价值。因此,价值工程所谓的“功能”实际上就是使用价值的产出量。

(3)成本概念

价值工程所谓的成本是指人力、物力和财力资源的耗费。其中,人力资源实际上就是劳动价值的表现形式,物力和财力资源就是使用价值的表现形式,因此价值工程所谓的“成本”实际上就是价值资源(劳动价值或使用价值)的投入量。价值工程的目标是以最低的寿命周期成本,使产品具备它所必须具备的功能。简言之,就是以提高对象的价值为目标。

(4)价值工程的基本特点

以使用者的功能需求为出发点;对功能进行分析;系统研究功能与成本之间的关系;努力方向是提高价值;需要由多方协作,有组织、有计划、按程序进行。

(5)提高价值的途径

提高价值的途径有以下五种,具体见表2-1。

表2-1　提高价值的途径

$V=F/C$						
	F	↗	↗	→	↗↗	↘
	C	↘	→	↘	↗	↘↘

①在提高功能水平的同时,降低成本。

$(F\uparrow/C\downarrow=V\uparrow\uparrow)$

②在保持成本不变的情况下,提高功能水平。

$(F\uparrow/C\rightarrow=V\uparrow)$

③在保持功能水平不变的情况下,降低成本。

$(F\rightarrow/C\downarrow=V\uparrow)$

④成本稍有增加,但功能水平大幅度提高。

$(F\uparrow\uparrow/C\uparrow=V\uparrow)$

⑤功能水平稍有下降,但成本大幅度下降。

$(F\downarrow/C\downarrow\downarrow=V\uparrow)$

(6)价值工程的工作程序

价值工程是一项有组织的管理活动,涉及面广,研究过程复杂,必须按照一定的程序进行。价值工程的工作程序如图2-2所示。

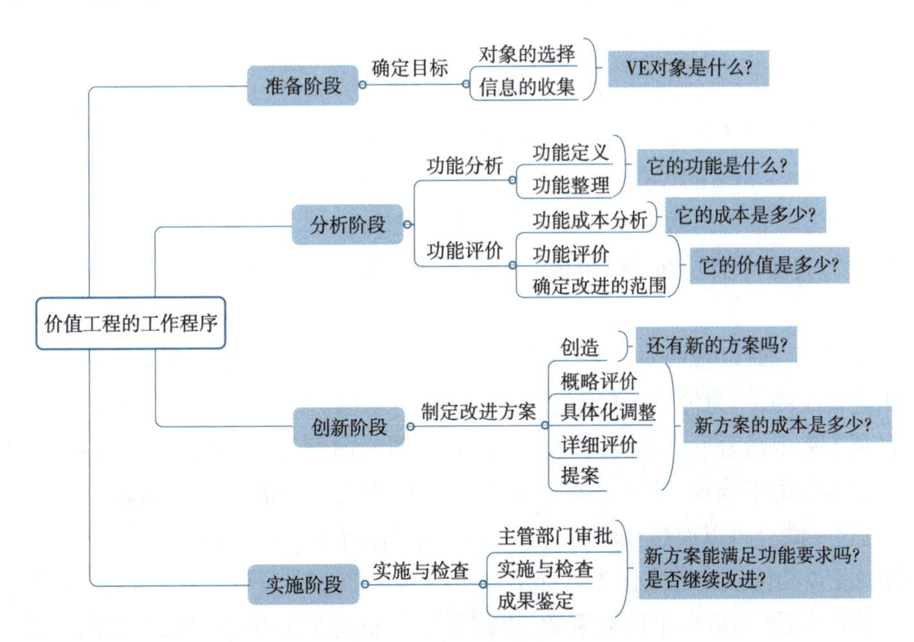

图2-2　价值工程的工作程序

(7)在设计阶段实施价值工程的意义

可以使建筑产品的功能更合理;可以有效地控制工程造价;可以节约社会资源。

2. 价值工程方法

(1)对象的选择

价值工程是就某个具体对象开展的有针对性的分析评价和改进,有了对象才有分析的内容和目标。对企业来讲,凡是为获取功能而发生费用的事物,都可以作为价值工程研究对象,如产品、工艺、工程、服务或它们的组成部分等。

价值工程的对象选择过程就是逐步收缩研究范围、寻找目标、确定主攻方向的过程,因为生产建设中的技术经济问题很多,涉及的范围也很广,为了节省资金,提高效率,只有精选其中的一部分来实施,并非企业生产的全部产品,也不一定是构成产品的全部零部件。因此,能否正确选择对象是价值工程收效大小与成败的关键。

①对象选择的一般原则。一般来说,选择价值工程的对象需遵循以下原则:

• 从设计方面看,对工程结构复杂、性能和技术指标差距大、工程量大的部位进行价值工程活动,可使工程结构、性能、技术水平得到优化,从而提高工程价值。

• 从施工方面看,对量多面广、关键部位、工艺复杂、原材料和能源消耗高、废品率高的部品部件,特别是量多、成本比重大的部品部件,只要成本能下降,所取得的经济效果就大。

• 从成本方面看,选择成本高于同类产品、成本比重大的,如材料费、管理费、人工费等。

②对象选择的方法。价值工程对象选择的方法有多种,不同方法适宜于不同的价值工程对象。应根据具体情况选用适当的方法,以取得较好的效果。常用的方法有以下几种:

• 因素分析法:又称经验分析法,是一种定性分析方法,依据分析人员的经验做出选择,简便易行。特别是在被研究对象彼此相差比较大以及时间紧迫的情况下比较适用。因素分析法的缺点是缺乏定量依据、准确性较差,对象选择得正确与否,主要决定于价值工程分析人员的经验及工作态度,有时难以保证分析质量。为了提高分析的准确程度,可以选择技术水平高、经验丰富、熟悉业务的人员参加,并且要发挥集体智慧,共同确定对象。

• ABC 分析法:又称重点选择法或不均匀分布定律法,是指应用数理统计分析的方法来选择对象,这种方法由意大利经济学家帕累托提出,其基本原理为“关键的少数和次要的多数”,抓住关键的少数可以解决问题的大部分,在价值工程中,这种方法的基本思路是:首先将一个产品的各种部件(或企业各种产品)按成本的大小由高到低排列起来,然后绘成费用累积分配图,如图 2-3 所示。然后将占总成本 70%~80% 而占零部件总数 10%~20% 的零部件划分为 A 类部件;将占总成本 5%~10% 而占零部件总数 60%~80% 的零部件划分为 C 类;其余为 B 类。其中 A 类零部件是价值工程的主要研究对象。

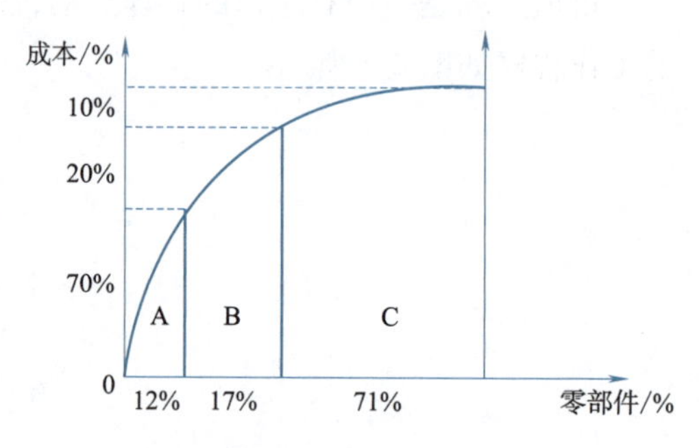

图 2-3　ABC 分析法原理图

有些产品不是由各个部件组成,如工程造价等,对这类产品可按费用构成项目分类;管理费、人工费等,将其中所占比重最大的,作为价值工程的重点研究对象。ABC 分析法抓住成本比重大的零部件或工序作为研究对象,有利于集中精力重点突破,取得较大效果,同时简便易行,因此广泛为人们所采用,在实际工作中,有时由于成本分配不合理,造成成本比重不大但用户认为功能重要的对象可能被漏选或排序推后。ABC 分析法的这一缺点可以通过经验分析法、强制确定法等方法补充修正。

• 强制确定法:是以功能重要程度作为选择价值工程对象的一种分析方法。具体做法是:先求出分析对象的成本系数、功能系数,然后得出价值系数,以揭示出分析对象的功能与成本之间是否相符。如果不相符,价值低的则被选为价值工程的研究对象。这种方法在功能评价和方案评价中也有应用。强制确定法从功能和成本两方面综合考虑,能够明确揭示价值工程的研究对象。但这种方法是人为打分,不能准确

反映功能差距的大小，只适用于部件间功能差别不太大且比较均匀的对象，而且一次分析的部件数目也不能太多，以不超过10个为宜。当部件很多时，可以先用ABC法、经验分析法选出重点部件，然后再用强制确定法细选；也可以用逐层分析法，从部件选起，然后在重点部件中选出重点零件。

• 百分比分析法：通过分析某种费用或资源对企业的某个技术经济指标的影响程度大小（百分比）来选择价值工程对象。

• 价值指数法：通过比较各个对象（或零部件）之间的功能水平位次和成本位次，寻找价值较低的对象（零部件），并将其作为价值工程研究对象。

（2）功能的系统分析

功能分析是价值工程活动的核心和基本内容。它通过分析信息资料，简明正确地表达各对象的功能，明确功能特性要求，并绘制功能系统图，从而弄清楚产品各功能之间的关系。功能分析包括功能定义、功能整理和功能计量等内容。通过功能分析，可以准确掌握用户的功能要求。

1. 功能分类

根据功能的不同特性，可将功能从不同的角度进行分类：

①按功能的重要程度一般可分为基本功能和辅助功能两类。

②按功能的性质可分为使用功能和美学功能。

③按用户的需求可分为必要功能和不必要功能。

④按功能的量化标准可分为过剩功能和不足功能。

总之，用户购买产品，其目的不是获得产品本身，而是通过购买该产品来获得其所需要的功能。因此，价值工程中的功能，一般是指必要功能。价值工程对产品的分析，首先是对其功能的分析，通过功能分析，弄清哪些功能是必要的，哪些功能是不必要的，从而在创新方案中去掉不必要功能，补充不足功能，使产品的功能结构更加合理，达到可靠地实现使用者所需功能的目的。

2. 功能定义

任何产品都具有使用价值，即功能。功能定义就是对产品的功能加以描述。通过对功能下定义，可以加深对产品功能的理解，并为以后提出功能代用方案提供依据。

3. 功能整理

在进行功能定义时，只是把认识到的功能用动词加名词列出来，但因实际情况很复杂，这种表述不一定都很准确和有条理，因此，需要进一步加以整理。功能整理是用系统的观点将已经定义了的功能加以系统化，找出各局部功能相互之间的逻辑关系，并用图表形式表达，以明确产品的功能系统，从而为功能评价和方案构思提供依据。

4. 功能计量

功能计量是依据各个功能之间的逻辑关系，以对象整体功能的定量指标为出发点，从左向右地逐级测算、分析，确定出各级功能程度的数量指标，揭示出各级功能领域中有无功能不足或功能过剩，从而为保证必要功能、剔除过剩功能、补足不足功能的后续活动（如功能评价、方案创新等）提供定性与定量相结合的依据。

功能计量又分为对整体功能的量化和对各级子功能的量化。

（1）整体功能的量化

整体功能的计量应以使用者的合理要求为出发点，以一定的手段、方法确定其必要功能的数量标准，它应能在质和量两个方面充分满足使用者的功能要求而无过剩或不足。整体功能的计量是对各级子功能进行计量的主要依据。

（2）各级子功能的量化

产品整体功能的数量标准确定之后，就可依据“手段功能必须满足目的功能要求”的原则，运用目的-手段的逻辑判断，由上而下逐级推算、测定各级手段功能的数量标准。各级子功能的量化方法有很多种，如理论计算法、技术测定法，统计分析法、类比类推法、德尔菲法等，可根据具体情况灵活选用。

5. 功能评价

通过功能分析与整理明确必要功能后，价值工程的下一步工作就是功能评价。功能评价，即评定功能的价值，是指找出实现功能的最低费用作为功能的目标成本（又称功能评价值），以功能目标成本为基准，通过与功能现实成本的比较，求出两者的比值（功能价值）和两者的差异值（改善期望值），然后选择功能价值低、改善期望值大的功能作为价值工程活动的重点对象。功能评价工作可以更准确地选择价值工程研究对象，同时，制定目标成本，有利于提高价值工程的工作效率。

（1）功能现实成本 C 的计算

功能现实成本的计算：在计算功能现实成本时，需要根据传统的成本核算资料，将产品或零部件的现实成本换算成功能的现实成本。具体地讲，当一个零部件只具有一个功能时，该零部件的成本就是其本身的功能成本；当一项功能要由多个零部件共同实现时，该功能的成本就等于这些零部件的功能成本之和。当一个零部件具有多项功能或与多项功能有关时，就需要将零部件成本根据具体情况分摊给各项有关功能。

成本指数的计算：成本指数是指评价对象的现实成本在全部成本中所占的比率。其计算式为

$$\text{第 } i \text{ 个评价对象的成本指数 } C_i = \frac{\text{第 } i \text{ 个评价对象的现实成本}}{\text{全部成本}}$$

（2）功能评价值 F 的计算

对象的功能评价值 F（目标成本），是指可靠地实现用户要求功能的最低成本，它可以理解为是企业有把握，或者说应该达到的实现用户要求功能的最低成本。从企业目标的角度来看，功能评价值可以看作企业预期的、理想的成本目标值。功能评价值一般以货币价值形式表达。

功能的现实成本较易确定，而功能评价值较难确定。确定功能评价值的方法较多，这里仅介绍功能重要性系数评价法。

功能重要性系数评价法是一种根据功能重要性系数确定功能评价值的方法。这种方法是将功能划分为几个功能区（即子系统），并根据各功能区的重要程度和复杂程度，确定各个功能区在总功能中所占的比重，即功能重要性系数。然后将产品的目标成本按功能重要性系数分配给各功能区作为该功能区的目标成本，即功能评价值。

确定功能重要性系数。功能重要性系数又称功能系数或功能指数，是指评价对象的功能在整体功能中所占的比率。确定功能重要性系数的关键是对功能进行打分，常用的打分方法有强制打分法（0—1 评分法或 0—4 评分法）、多比例评分法、逻辑评分法、环比评分法等，这里主要介绍强制打分法。强制打分法又称 FD 法，包括 0—1 评分法或 0—4 评分法两种方法，它是采用一定的评分规则，采用强制对比打分来评定评价对象的功能重要性。

0—1 评分法：0—1 评分法是请 5 ~ 15 名对产品熟悉的人员参加功能的评价。首先按照功能重要程度一一对比打分，重要的打 1 分，相对不重要的打 0 分，见表 2-2。表中，要分析的对象自己与自己相比不得分，用“×”表示。最后，根据每个参与人员选择该对象得到的功能重要性系数 w_i。

为了避免不重要的功能得零分，可将各功能累计得分加 1 分进行修正，用修正后的总分分别去除各功能累计得分即得到功能重要性系数。

表 2-2　功能重要性系数计算表

对象	A	B	C	D	E	功能总分	修正得分	功能重要性系数
A	×	1	1	0	1	3	4	0.267
B	0	×	1	0	1	2	3	0.200
C	0	0	×	0	1	1	2	0.133
D	1	1	1	×	1	4	5	0.333
E	0	0	0	0	×	0	1	0.067
合计						10	15	1.00

0—4 评分法:0—1 评分法中的重要程度的差别仅为 1 分,不能拉开档次。为了弥补这一不足,将分档扩大为 4 级,其打分矩阵仍同 0—1 评分法。档次划分如下:

F_1比 F_2重要得多:　　　F_1得 4 分,F_2得 0 分;

F_1比 F_2重要:　　　　　F_1得 3 分,F_2得 1 分;

F_1与 F_2同等重要:　　　F_1得 2 分,F_2得 2 分;

F_1不如 F_2重要:　　　　F_1得 1 分,F_2得 3 分;

F_1远不如 F_2重要:　　　F_1得 0 分,F_2得 4 分。

强制确定打分法适用于被评价对象在功能重要程度上的差异性不太大,并且评价对象子功能数目不太多的情况。

以各部件功能得分占总分的比例确定各部件功能评价指数:

$$第\ i\ 个评价对象的功能指数\ F_i=\frac{第\ i\ 个评价对象的功能得分值}{全部功能得分值}$$

功能评价指数大,说明功能重要;反之,功能评价指数小,说明功能不太重要。

确定功能评价值 F:

$$功能评价值=功能重要性系数\times目标成本$$

例题1　某建设项目公开招标,A、B、C、D 四个单位参加投标,评标委员会首先确定了技术标的评定因素,即施工技术方案(F_1)、施工工期(F_2)、施工质量保证体系(F_3)、施工环境保护措施(F_4)、项目经理素质及工作方案(F_5)项,并一致认为 5 项指标间的相对重要程度关系为:$F_1>>F_2=F_3>>F_4=F_5$,用 0—4 评分法确定各项评价指标的权重。

解:根据给出的评价指标间的相对重要程度关系,根据 0—4 评分法标准,各指标的打分和权重计算结果见表 2-3。

表 2-3　各评价指标权重计算表

功能	F_1	F_2	F_3	F_4	F_5	得分	权重
F_1	×	3	3	4	4	14	14/40 = 0. 350
F_2	1	×	2	3	3	9	9/40 = 0. 225
F_3	1	2	×	3	3	9	9/40 = 0. 225
F_4	0	1	1	×	2	4	4/40 = 0. 100
F_5	0	1	1	2	×	4	4/40 = 0. 100
合计						40	1. 000

(3)功能价值的计算及分析

通过计算和分析对象的价值,可以分析成本功能的合理匹配程度。功能价值 V 的计算方法可分为两大类,即功能成本法和功能指数法。

①功能成本法:又称绝对值法,是通过一定的测算方法,测定实现应有功能所必需耗费的最低成本,同时计算为实现应有功能所耗费的现实成本,经过分析、对比,求得对象价值系数和成本降低期望值,确定价值工程的改进对象。其表达式为

$$第\ i\ 个评价对象的价值系数\ V=\frac{第\ i\ 个评价对象的功能评价值}{第\ i\ 个评价对象的现实成本}$$

研究对象的价值计算出来后,需要进行分析,以揭示功能与成本之间的内在联系,确定评价对象是否为功能改进的重点,以及其功能改进的方向及幅度,从而为后面的方案创造工作奠定良好的基础。

根据上述计算公式,功能的价值系数计算结果有以下三种情况:

$V=1$,即功能评价值等于功能现实成本。这表明评价对象的功能现实成本与实现功能所必需的最低成本大致相当。此时,说明评价对象的价值为佳,一般无须改进。

$V<1$,即功能现实成本大于功能评价值。表明评价对象的现实成本偏高,而功能要求不高。这时,一

种可能是由于存在着过剩的功能;另一种可能是功能虽无过剩,但实现功能的条件或方法不佳,以致使实现功能的成本大于功能的现实需要。这两种情况都应列入功能改进的范围,并且以剔除过剩功能及降低现实成本为改进方向,使成本与功能比例趋于合理。

$V>1$,即功能现实成本小于功能评价值。这表明该部件功能比较重要,但分配的成本较少。此时,应进行具体分析,功能与成本的分配问题可能已较理想,或者有不必要的功能,或者应该提高成本。

注意:当 $V=0$ 时,要进一步分析。如果是不必要的功能,该部件应取消;但如果是最不重要的必要功能,则要根据实际情况处理。

②功能指数法:又称相对值法。在功能指数法中,功能的价值用价值指数 V 表示,它是通过评定各对象功能的重要程度,用功能指数来表示其功能程度的大小,然后将评价对象的功能指数与相对应的成本指数进行比较,得出该评价对象的价值指数,从而确定改进对象,并求出该对象的成本改进期望值。其表达式为

$$\text{第 } i \text{ 个评价对象的价值指数 } V_i = \frac{\text{第 } i \text{ 个评价对象的功能指数 } F_i}{\text{第 } i \text{ 个评价对象的成本指数 } C_i}$$

功能指数法的特点是用归一化数值来表达功能程度的大小,以便使系统内部的功能与成本具有可比性,由于评价对象的功能水平和成本水平都用它们在总体中所占的比重来表示,这样就可以方便地应用上式定量地表达评价对象价值的大小。因此,在功能指数法中,价值指数可作为评定对象功能价值的指标。

根据功能指数和成本指数计算价值指数,价值指数的计算结果有以下三种情况:

$V_i=1$,此时评价对象的功能比重与成本比重大致平衡,可以认为功能的现实成本是比较合理的。

$V_i<1$,评价对象的成本比重大于其功能比重,表明相对于系统内的其他对象而言,目前所占的成本偏高,从而会导致该对象的功能过剩。应将评价对象列为改进对象,改善方向主要是降低成本。

$V_i>1$,此时评价对象的成本比重小于其功能比重。出现这种情况的原因可能有三种:第一,由于现实成本偏低,不能满足评价对象实现其应具有的功能的要求,致使对象功能偏低,这种情况应列为改进对象,改善方向是增加成本;第二,对象目前具有的功能已经超过其应该具有的水平,即存在过剩功能,这种情况也应列为改进对象,改善方向是降低功能水平;第三,对象在技术、经济等方面具有某些特征,在客观上存在着功能很重要而消耗的成本却很少的情况,这种情况一般不列为改进对象。

(4)确定 *VE* 对象的改进范围

对产品部件进行价值分析,就是使每个部件的价值系数(或价值指数)尽可能趋近于1,根据此标准,就明确了改进的方向、目标和具体范围。确定对象改进范围的原则如下:

①F/C 值低的功能区域:计算出来的 $V<1$ 的功能区域,基本上都应进行改进,特别是 V 值比 1 小得多的功能区域,应力求使 $V=1$。

②$C-F$ 值大的功能区域:通过核算和确定对象的实际成本和功能评价值,分析、测算成本改善期望值,从而排列出改进对象的重点及优先次序。成本改善期望值的表达式为

$$\Delta C = C - F$$

式中　ΔC——成本改善期望值,即成本降低幅度。

当 n 个功能区域的价值系数同样低时,就要优先选择 ΔC 数值大的功能区域作为重点对象。一般情况下,当 ΔC 大于零时,ΔC 大者为优先改进对象。

③复杂的功能区域:说明其功能是通过采用很多零件来实现的。一般地,复杂的功能区域其价值系数(或价值指数)也较低。

6. 方案创造及评价

(1)方案创造

方案创造是从提高对象的功能价值出发,在正确的功能分析和评价的基础上,针对应改进的具体目标,通过创造性的思维活动,提出能够可靠地实现必要功能的新方案。从价值工程实践来看,方案创造是

决定价值工程成败的关键。

方案创造可采用的方法有：头脑风暴法、哥顿法、专家意见法、专家检查法。

(2)方案评价

在方案创造阶段提出的设想和方案是多种多样的，能否付诸实施，就必须对各个方案的优缺点和可行性进行分析、比较、论证和评价，并在评价过程中进一步完善有希望的方案。方案评价包括概略评价和详细评价两个阶段。其评价内容都包括技术评价、经济评价、社会评价以及综合评价。

在对方案进行评价时，无论是概略评价还是详细评价，一般可先进行技术评价，再分别进行经济评价和社会评价，最后进行综合评价。

①概略评价：概略评价是对方案创新阶段提出的各个方案设想进行初步评价，目的是淘汰不可行的方案，筛选出少数几个价值较高的方案，以供详细评价作进一步分析。

概略评价的内容包括以下几个方面：

• 技术可行性方面，应分析和研究创新方案能否满足所要求的功能及其本身在技术上能否实现。

• 经济可行性方面，应分析和研究产品成本能否降低和降低的幅度，以及实现目标成本的可能性。

• 社会评价方面，应分析研究创新方案对社会利害影响的大小。

• 综合评价方面，应分析和研究创新方案能否使价值工程活动对象的功能和价值有所提高。

②详细评价：详细评价是在掌握大量数据资料的基础上，对通过概略评价的少数方案，从技术、经济、社会三个方面进行详尽的评价分析，为提案的编写和审批提供依据。

详细评价的内容应包括以下几个方面：

• 技术可行性方面，主要以用户需要的功能为依据，对创新方案的必要功能条件实现的程度做出分析评价，特别对产品或零部件，一般要对功能的实现程度(包括性能、质量、寿命等)、可靠性、维修性、操作性、安全性以及系统的协调性等进行评价。

• 经济可行性方面，主要考虑成本、利润、企业经营的要求；创新方案的适用期限与数量；实施方案所需费用、节约额与投资回收期以及实现方案所需的生产条件等。

• 社会评价方面，主要研究和分析创新方案给国家和社会带来的影响(如环境污染、生态平衡、国民经济效益等)。

• 综合评价方面，是在上述三种评价的基础上，对整个创新方案的诸因素做出全面系统的评价。为此，首先要明确评价项目，即确定评价所需的各种指标和因素；然后分析各个方案对每一评价项目的满足程度；最后根据方案对各评价项目的满足程度来权衡利弊，判断各方案的总体价值，从而选出总体价值最大的方案，即技术上先进、经济上合理和社会上有利的最优方案。

(3)方案综合评价法

用于方案综合评价的方法有很多，常用的定性方法有德尔菲法、优缺点列举法等；常用的定量方法有直接评分法、加权评分法、比较价值评分法、环比评分法、强制评分法、几何平均值评分法等。

7. 方案实施与评价

在方案实施过程中，应该对方案的实施情况进行检查，发现问题及时解决。方案实施完成后，要进行总结评价和验收。

(三)推广标准化设计，优化设计方案

1. 标准化设计的概念

标准化设计又称定型设计、通用设计，是工程建设标准化、建筑工业化的组成部分。标准化的定义是：在经济、技术、科学及管理等社会实践中，对重复性事物和概念，通过制定、发布和实施标准，达到统一，以获得最佳秩序和社会效益。标准化的实质是通过制定、发布和实施标准，达到统一。标准化的目的是获得最佳秩序和社会效益。

2. 标准化的原理

标准化的基本原理通常是指统一原理、简化原理、协调原理和最优化原理。

（1）统一原理

统一原理是为了保证事物发展所必需的秩序和效率，对事物的形成、功能或其他特性，确定适合于一定时期和一定条件的一致规范，并使这种一致规范与被取代的对象在功能上达到等效。

统一原理包含以下要点：统一是为了确定一组对象的一致规范，其目的是保证事物所必需的秩序和效率；统一的原则是功能等效，从一组对象中选择确定一致规范，应包含被取代对象所具有的必要功能；统一是相对的，确定的一致规范，只适用于一定时期和一定条件，随着时间的推移和条件的改变，旧的统一就要由新的统一所代替。

（2）简化原理

简化原理就是为了经济有效地满足需要，对标准化对象的结构、形式、规格或其他性能进行筛选提炼，剔除其中多余的、低效能的、可替换的环节，精练并确定出满足全面需要所必要的高效能的环节，保持整体构成精简合理，使之功能效率最高。

简化原理包含以下几个要点：简化是为了经济，使之更有效地满足需要；简化的原则是从全面满足需要出发，保持整体构成精简合理，使之功能效率最高，所谓功能效率，是指功能满足全面需要的能力。简化的实质不是简单化而是精练化，其结果不是以少替多，而是以少胜多。

（3）协调原理

协调原理就是为了使标准的整体功能达到最佳，并产生实际效果，必须通过有效的方式协调好系统内外相关因素之间的关系，确定为建立和保持相互一致，适应或平衡关系所必须具备的条件。

协调原理包含以下要点：协调的目的在于使标准系统的整体功能达到最佳并产生实际效果；协调对象是系统内相关因素的关系以及系统与外部相关因素的关系；相关因素之间需要建立相互一致关系（连接尺寸）、相互适应关系（供需交换条件）、相互平衡关系（技术经济招标平衡、有关各方利益矛盾的平衡），为此必须确立条件。

协调的有效方式有：有关各方面协商一致、多因素的综合效果最优化、多因素矛盾综合平衡等。

（4）最优化原理

最优化原理是指按照特定的目标，在一定的限制条件下，对标准系统的构成因素及其关系进行选择、设计或调整，使之达到最理想的效果。

3. 标准化设计的优点

①设计质量有保证，有利于提高工程质量。

②可以减少重复劳动，加快设计速度。

③有利于采用和推广新技术。

④便于实行构配件生产工厂化、装配化和施工机械化，提高劳动生产率，加快建设进度。

⑤有利于节约建设材料，降低工程造价，提高经济效益。

（四）实施限额设计，优化设计方案

限额设计是在资金一定的情况下，尽可能提高工程功能水平的一种设计方法，也是优化设计方案的一个重要手段。

1. 限额设计的概念

按照设计任务书批准的投资估算额进行初步设计，按照初步设计概算造价限额进行施工图设计，按施工图预算造价对施工图设计的各个专业设计文件作出决策。

项目投资额的大小在一定程度上取决于设计方案和设计选材，所以要控制项目费用，首先要使设计方案经济、设计选材适当。将项目控制基准费用作为“限额”，下达给项目组和各专业设计人员，在项目的设计过程中，要求设计人员在保证质量的前提下合理选择设计方案、经济选材，使投资费用控制在项目控制基准费用下，从而达到设计阶段控制项目投资费用的效果。

限额设计是按上阶段批准的费用控制下一阶段的设计，而且在设计中以控制工程量为主要内容，这是控制的核心。若设计工程量超过“限额”，可通过一套审批程序进行审批，这样设计经理、项目经理和公司

经理就可掌握项目大宗费用的发生情况，从而达到费用控制的目的。限额设计有利于强化设计人员的费用意识，增强设计人员通过优化设计节约投资的自觉性。

2. 限额设计的实施程序

限额设计强调技术与经济的统一，需要工程设计人员和工程造价管理专业人员密切合作。工程设计人员进行设计时，应基于建设工程全寿命期，充分考虑工程造价的影响因素，对方案进行比较，优化设计；工程造价管理专业人员要及时进行投资估算，在设计过程中协助工程设计人员进行技术经济分析和论证，从而达到有效控制工程造价的目的。

限额设计的实施是建设工程造价目标的动态反馈和管理过程，可分为目标制订、目标分解、目标推进和成果评价四个阶段。

(1) 目标制订

限额设计的目标包括：造价目标、质量目标、进度目标、安全目标及环境目标。工程项目各目标之间既相互关联又相互制约，因此，在分析论证限额设计目标时，应统筹兼顾，全面考虑，追求技术经济合理的最佳整体目标。

(2) 目标分解

分解工程造价目标是实行限额设计的一个有效途径和主要方法。首先，将上一阶段确定的投资额分解到建筑、结构、电气、给排水和暖通等设计部门的各个专业。其次，将投资限额再分解到各个单项工程、单位工程、分部工程及分项工程。在目标分解过程中，要对设计方案进行综合分析与评价。最后，将各细化的目标明确到相应的设计人员，制订明确的限额设计方案。通过层层目标分解和限额设计，实现对投资限额的有效控制。

(3) 目标推进

目标推进通常包括限额初步设计和限额施工图设计两个阶段。

①限额初步设计阶段。应严格按照分配的工程造价控制目标进行方案的规划和设计。在初步设计方案完成后，由工程造价管理专业人员及时编制初步设计概算，并进行初步设计方案的技术经济分析，直至满足限额要求。初步设计只有在满足各项功能要求并符合限额设计目标的情况下，才能作为下一阶段的限额目标给予批准。

②限额施工图设计阶段。遵循各目标协调并进的原则，做到各目标之间的有机结合和统一，防止偏废其中任何一个。在施工图设计完成后，进行施工图设计的技术经济论证，分析施工图预算是否满足设计限额要求，以供设计决策者参考。

(4) 成果评价

成果评价是目标管理的总结阶段。通过对设计成果的评价，总结经验和教训，作为指导和开展后续工作的重要依据。

值得指出的是，当考虑建设工程全寿命期成本时，按照限额要求设计出的方案可能不一定具有最佳的经济性，此时亦可考虑突破原有限额，重新选择设计方案。

忆一忆

运用价值工程优化设计方案时，提高价值的途径有哪些？

自学自测

一、单选题(只有1个正确答案,每题6分,共12题)

1. 下列关于住宅建筑设计中的结构面积系数的说法中正确的是(　　)。

A. 结构面积系数越大,设计方案越经济

B. 房间平均面积越大,结构面积系数越小

C. 结构面积系数与房间户型组成有关,与房屋长度、宽度无关

D. 结构面积系数与房屋结构有关,与房屋外形无关

2. 下列关于建筑设计对民用住宅项目工程造价影响的说法中正确的是(　　)。

A. 加大住宅宽度,不利于降低单方造价　　B. 降低住宅层高,有利于降低单方造价

C. 结构面积系数越大,越有利于降低单方造价　　D. 住宅层数越多,越有利于降低单方造价

3. 下列建筑设计影响工程造价的选项中,属于影响工业建筑但一般不影响民用建筑的因素是(　　)。

A. 建筑物平面形状　　B. 项目利益相关者　　C. 柱网布置　　D. 风险因素

4. 限额设计需要在投资额度不变的情况下,实现(　　)的目标。

A. 设计方案和施工组织最优化　　B. 总体布局和设计方案最优化

C. 建设规模和投资效益最大化　　D. 使用功能和建设规模最大化

5. 应用价值工程评价设计方案的首要步骤是进行(　　)。

A. 功能分析　　B. 功能评价　　C. 成本分析　　D. 价值分析

6. 限额设计方式中,采用综合费用法评价设计方案的不足是没有考虑(　　)。

A. 投资方案全寿命期费用　　B. 建设周期对投资效益的影响

C. 投资方案投产后的使用费　　D. 资金的时间价值

7. 工程设计中运用价值工程的目标是(　　)。

A. 降低建设工程全寿命期成本　　B. 提高建设工程价值

C. 增强建设工程功能　　D. 降低建设工程造价

8. 工程建设实施过程中,应用价值工程的重点应在(　　)阶段。

A. 勘察　　B. 设计　　C. 招标　　D. 施工

9. 价值工程活动中,功能整理的主要任务是(　　)。

A. 建立功能系统图　　B. 分析产品功能特性

C. 编制功能关联表　　D. 确定产品功能名称

10. 某工程有甲、乙、丙、丁四个设计方案,各方案的功能系数和单方造价见下表,按价值系数应优选设计方案(　　)。

设计方案	甲	乙	丙	丁
功能系数	0.26	0.25	0.20	0.29
单方造价/(元/m)	3 200	2 960	2 680	3 140

A. 甲　　B. 乙　　C. 丙　　D. 丁

11. 应用价值工程时,应选择(　　)的零部件作为改进对象。

A. 结构复杂　　B. 价值较低　　C. 功能较弱　　D. 成本较高

12. 通过应用价值工程优化设计,使某房屋建筑主体结构工程达到了缩小结构构件几何尺寸,增加使用面积,降低单方造价的效果。该提高价值的途径是(　　)。

A. 功能不变的情况下降低成本　　B. 成本略有提高的同时大幅提高功能

C. 成本不变的条件下提高功能　　D. 提高功能的同时降低成本

二、多选题(至少有2个正确答案,每题6分,共3题)

1. 价值工程活动中,用来确定产品功能评价值的方法有(　　)。

A. 环比评分法　　B. 替代评分法　　C. 强制评分法　　D. 逻辑评分法

E. 循环评分法

2. 多指标法就是采用多个指标,将各个对比方案的相应指标值逐一进行分析比较,按照各种指标数值的高低对其做出评价。其评价指标包括(　　)。

A. 工程造价指标　　B. 主要材料消耗指标

C. 劳动消耗指标　　D. 利润指标

E. 工期指标

3. 下列关于价值工程的说法正确的有(　　)。

A. 价值工程的核心是对产品进行功能分析

B. 价值工程的应用重点是在产品生产阶段

C. 价值工程将产品的价值、功能和成本作为一个整体考虑

D. 价值工程需要将产品的功能定量化

E. 价值工程可用来寻找产品价值的提高途径

三、判断题(对的划"√",错的划"×",每题5分,共2题)

1. 投资决策阶段是限额设计的关键。(　　)

2. 设计方案评价指标体系可按指标的重要程度设置主要指标和辅助指标,并选择主要指标进行分析比较。(　　)

文本

任务3【自学自测】答案

任务实施指导

根据某市高新技术开发区拟开发建设集科研和办公于一体的综合大楼设计方案主体土建工程结构形式对比数据，应用价值工程方法选择最优设计方案以及采用限额设计方法对方案进行优化的工作程序基本包括如下步骤。

一、应用价值工程方法选择最优设计方案

分别计算各方案的功能指数、成本指数和价值指数，并根据价值指数选择最优方案。

$$价值\ V=\frac{功能\ F}{成本\ C}$$

价值指数最高的方案为最优方案。

二、优化设计方案

限额设计按照设计任务书批准的投资估算额进行初步设计，按照初步设计概算造价限额进行施工图设计，按施工图预算造价对施工图设计的各个专业设计文件作出决策。限额设计是控制设计阶段项目费用预算的一种重要手段。

为控制工程造价和进一步降低费用，拟针对所选的最优设计方案的土建工程部分，以分部分项工程费用为对象开展价值工程分析。将土建工程划分为四个功能项目，计算各功能项目得分值及其目前成本，按限额和优化设计要求，分析各功能项目的目标成本及其可能降低的额度，并确定功能改进顺序。

评价与优化设计方案工作单

计 划 单

<table>
<tr><td>学习情境2</td><td colspan="3">设计阶段造价管理与控制</td><td>任务3</td><td>评价与优化设计方案</td></tr>
<tr><td>工作方式</td><td colspan="3">组内讨论、团结协作共同制订计划：
小组成员进行工作讨论，确定工作步骤</td><td>计划学时</td><td>0.5学时</td></tr>
<tr><td>完成人</td><td colspan="5">1.　　2.　　3.　　4.　　5.　　6.</td></tr>
<tr><td colspan="6">计划依据：老师给定的拟建项目建设信息</td></tr>
<tr><td>序号</td><td>计划步骤</td><td colspan="4">具体工作内容描述</td></tr>
<tr><td>1</td><td>准备工作
（整理建设项目方案信息，谁去做？）</td><td colspan="4"></td></tr>
<tr><td>2</td><td>组织分工
（成立组织，人员具体都完成什么？）</td><td colspan="4"></td></tr>
<tr><td>3</td><td>制订两套方案对建设项目
进行评价与优化设计</td><td colspan="4"></td></tr>
<tr><td>4</td><td>计算拟建项目各方案的功能指数、
成本指数和价值指数，评价设计方案</td><td colspan="4"></td></tr>
<tr><td>5</td><td>整理评价与优化设计方案过程
（谁负责？整理什么？）</td><td colspan="4"></td></tr>
<tr><td>6</td><td>制作评价与优化设计方案成果表
（谁负责？要素是什么）</td><td colspan="4"></td></tr>
<tr><td>制订计划
说明</td><td colspan="5">（写出制订计划中人员为完成任务的主要建议或可以借鉴的建议、需要解释的某一方面）</td></tr>
</table>

决 策 单

<table>
<tr><td>学习情境 2</td><td colspan="2">设计阶段造价管理与控制</td><td>任务 3</td><td>评价与优化设计方案</td></tr>
<tr><td colspan="3">决策学时</td><td colspan="2">1 学时</td></tr>
<tr><td colspan="5">决策目的:确定本小组认为最优的评价与优化设计方案</td></tr>
<tr><td rowspan="7">方案
优劣比对</td><td colspan="2">方案特点</td><td rowspan="2">比对项目</td><td rowspan="2">确定最优方案
（划√）</td></tr>
<tr><td>方案名称 1：</td><td>方案名称 2：</td></tr>
<tr><td></td><td></td><td>评价与优化设计方案的精度是否达到需求</td><td rowspan="6">方案 1 优□

方案 2 优□</td></tr>
<tr><td></td><td></td><td>计算过程是否得当</td></tr>
<tr><td></td><td></td><td>计算公式是否准确</td></tr>
<tr><td></td><td></td><td>评价及优化方案方法的掌握程度</td></tr>
<tr><td></td><td></td><td>工作效率的高低</td></tr>
<tr><td colspan="2">方案 1 评价与优化设计方案
计算过程思维导图</td><td colspan="2">方案 2 评价与优化设计方案
计算过程思维导图</td></tr>
</table>

作 业 单

<table>
<tr><td>学习情境2</td><td>设计阶段造价管理与控制</td><td>任务3</td><td>评价与优化设计方案</td></tr>
<tr><td rowspan="2">参加人员</td><td colspan="2">第________组</td><td>开始时间：</td></tr>
<tr><td colspan="2">签名：</td><td>结束时间：</td></tr>
<tr><td>序号</td><td colspan="2">工作内容记录
（根据实施的具体工作记录，包括存在的问题及解决方法）</td><td>分工
（负责人）</td></tr>
<tr><td>1</td><td colspan="2"></td><td></td></tr>
<tr><td>2</td><td colspan="2"></td><td></td></tr>
<tr><td>3</td><td colspan="2"></td><td></td></tr>
<tr><td>4</td><td colspan="2"></td><td></td></tr>
<tr><td>5</td><td colspan="2"></td><td></td></tr>
<tr><td>6</td><td colspan="2"></td><td></td></tr>
<tr><td>7</td><td colspan="2"></td><td></td></tr>
<tr><td>8</td><td colspan="2"></td><td></td></tr>
<tr><td>9</td><td colspan="2"></td><td></td></tr>
<tr><td>10</td><td colspan="2"></td><td></td></tr>
<tr><td>11</td><td colspan="2"></td><td></td></tr>
<tr><td>12</td><td colspan="2"></td><td></td></tr>
<tr><td rowspan="2">小结</td><td colspan="2">主要描述完成的成果及是否达到目标</td><td>存在的问题</td></tr>
<tr><td colspan="3"></td></tr>
</table>

检 查 单

<table>
<tr><td>学习情境 2</td><td colspan="2">设计阶段造价管理与控制</td><td colspan="2">任务 3</td><td colspan="3">评价与优化设计方案</td></tr>
<tr><td>检查学时</td><td colspan="5">课内 0.5 学时</td><td colspan="2">第______组</td></tr>
<tr><td>检查目的及方式</td><td colspan="7">教师过程监控小组的工作情况，如检查等级为不及格，小组需要整改，并拿出整改说明</td></tr>
<tr><td rowspan="2">序号</td><td rowspan="2">检查项目</td><td rowspan="2">检查标准</td><td colspan="5">检查结果分级
（在检查相应的分级框内划“√”）</td></tr>
<tr><td>优秀</td><td>良好</td><td>中等</td><td>及格</td><td>不及格</td></tr>
<tr><td>1</td><td>准备工作</td><td>整理建设项目方案信息材料是否准备完整</td><td></td><td></td><td></td><td></td><td></td></tr>
<tr><td>2</td><td>分工情况</td><td>安排是否合理、全面，分工是否明确</td><td></td><td></td><td></td><td></td><td></td></tr>
<tr><td>3</td><td>工作态度</td><td>小组工作是否积极主动、全员参与</td><td></td><td></td><td></td><td></td><td></td></tr>
<tr><td>4</td><td>纪律出勤</td><td>是否按时完成负责的工作内容、遵守工作纪律</td><td></td><td></td><td></td><td></td><td></td></tr>
<tr><td>5</td><td>团队合作</td><td>是否相互协作、互相帮助、成员是否听从指挥</td><td></td><td></td><td></td><td></td><td></td></tr>
<tr><td>6</td><td>创新意识</td><td>任务完成不照搬照抄，看问题具有独到见解创新思维</td><td></td><td></td><td></td><td></td><td></td></tr>
<tr><td>7</td><td>完成效率</td><td>工作单是否记录完整，是否按照计划完成任务</td><td></td><td></td><td></td><td></td><td></td></tr>
<tr><td>8</td><td>完成质量</td><td>工作单填写是否准确</td><td></td><td></td><td></td><td></td><td></td></tr>
<tr><td>检查评语</td><td colspan="5"></td><td colspan="2">教师签字：</td></tr>
</table>

任务评价单

1. 工作评价单

<table>
<tr><td>学习情境2</td><td colspan="3">设计阶段造价管理与控制</td><td>任务3</td><td>评价与优化设计方案</td></tr>
<tr><td colspan="3">评价学时</td><td colspan="3">0.5学时</td></tr>
<tr><td>评价类别</td><td>项目</td><td>个人评价</td><td>组内互评</td><td>组间互评</td><td>教师评价</td></tr>
<tr><td rowspan="6">专业能力</td><td>资讯
（10%）</td><td></td><td></td><td></td><td></td></tr>
<tr><td>计划
（5%）</td><td></td><td></td><td></td><td></td></tr>
<tr><td>实施
（20%）</td><td></td><td></td><td></td><td></td></tr>
<tr><td>检查
（10%）</td><td></td><td></td><td></td><td></td></tr>
<tr><td>过程
（5%）</td><td></td><td></td><td></td><td></td></tr>
<tr><td>结果
（10%）</td><td></td><td></td><td></td><td></td></tr>
<tr><td rowspan="2">社会能力</td><td>团结协作
（10%）</td><td></td><td></td><td></td><td></td></tr>
<tr><td>敬业精神
（10%）</td><td></td><td></td><td></td><td></td></tr>
<tr><td rowspan="2">方法能力</td><td>计划能力
（10%）</td><td></td><td></td><td></td><td></td></tr>
<tr><td>决策能力
（10%）</td><td></td><td></td><td></td><td></td></tr>
<tr><td rowspan="3">评价评语</td><td>班级</td><td></td><td>姓名</td><td></td><td>学号</td><td></td><td>总评</td><td></td></tr>
<tr><td>教师签字</td><td></td><td>第　组</td><td>组长签字</td><td colspan="2"></td><td>日期</td><td></td></tr>
<tr><td colspan="8">评语：</td></tr>
</table>

2. 小组成员素质评价单

学习情境2	设计阶段造价管理与控制	任务3	评价与优化设计方案
评价学时		0.5学时	
班级	第__________组	成员姓名	
评分说明	每个小组成员评价分为自评和小组其他成员评两部分，取平均值计算，作为该小组成员的任务评价个人分数。评价项目共设计五个，依据评分标准给予合理量化打分。小组成员自评分后，要找小组其他成员不记名方式打分，成员互评分为其他小组成员的平均分		
对象	评分项目	评分标准	评分
自评（100分）	核心价值观（20分）	思想及行动是否符合社会主义核心价值观	
	工作态度（20分）	是否按时完成负责的工作内容、遵守纪律，是否积极主动参与小组工作，是否全过程参与，是否吃苦耐劳，是否具有工匠精神	
	交流沟通（20分）	是否能良好地表达自己的观点，是否能倾听他人的观点	
	团队合作（20分）	是否与小组成员合作完成，做到相互协助、相互帮助、听从指挥	
	创新意识（20分）	是否能独立思考，提出独到见解，是否能够运用创新思维解决遇到的问题	
成员互评（100分）	核心价值观（20分）	思想及行动是否符合社会主义核心价值观	
	工作态度（20分）	是否按时完成负责的工作内容、遵守纪律，是否积极主动参与小组工作，是否全过程参与，是否吃苦耐劳，是否具有工匠精神	
	交流沟通（20分）	是否能良好地表达自己的观点，是否能倾听他人的观点	
	团队合作（20分）	是否与小组成员合作完成，做到相互协助、相互帮助、听从指挥	
	创新意识（20分）	是否能独立思考，提出独到见解，是否能够运用创新思维解决遇到的问题	
最终小组成员得分			
小组成员签字		评价时间	

教学反馈单

学习领域	工程造价控制				
学习情境2	设计阶段造价管理与控制		任务3	评价与优化设计方案	
学时			5学时		
序号	调查内容	是	否	理由陈述	
1	你是否喜欢这种上课方式?				
2	与传统教学方式比较你认为哪种方式学到的知识更适用?				
3	针对每个学习任务你是否学会如何进行资讯?				
4	计划和决策感到困难吗?				
5	你认为学习任务对你将来的工作有帮助吗?				
6	通过本任务的学习,你学会如何运用0~4评分法计算各功能的权重这项工作了吗?今后遇到实际的问题你可以解决吗?				
7	你能够对实际工程建设项目应用价值工程方法选择最优设计方案吗?				
8	你学会按限额和优化设计要求,优化设计方案了吗?				
9	通过几天来的学习,你对自己的表现是否满意?				
10	你对小组成员之间的合作是否满意?				
11	你认为本情境还应学习哪些方面的内容?(请在下面空白处填写)				
你的意见对改进教学非常重要,请写出你的建议和意见:					
被调查人签名		调查时间			

任务 4　编制概预算文件

任　务　单

<table>
<tr><td>学习领域</td><td colspan="4">工程造价控制</td></tr>
<tr><td>学习情境 2</td><td>设计阶段造价管理与控制</td><td>任务 4</td><td colspan="2">编制概预算文件</td></tr>
<tr><td colspan="2">任务学时</td><td colspan="3">6 学时</td></tr>
<tr><td colspan="5">布置任务</td></tr>
<tr><td>工作目标</td><td colspan="4">1. 能够说出设计概算的编制和审查方法；
2. 能够比较施工图预算的编制和审查方法；
3. 能够编制拟建工程的土建单位工程概算造价，编制单项工程综合概算书；
4. 能够编制施工图预算；
5. 能够在完成任务过程中，培养学生爱岗敬业、能吃苦耐劳，能团结协作、互相帮助，做事钻研奋进、精益求精，培育工匠精神、大庆精神、铁人精神，工作中严谨、审慎、负责，培育客观、公正、科学的求实精神。</td></tr>
<tr><td>任务描述</td><td colspan="4">文本
任务4：编制概预算文件
【扫描二维码获取工作任务】
设计概算是用科学的方法计算和确定建筑安装工程全部建设费用的经济文件，它是设计文件的重要组成部分，是编制基本建设计划、控制基本建设拨款和贷款的依据，也是考核设计方案和建设成本是否经济合理的依据。施工图预算是在施工图阶段，依据各专业设计的施工图和文字说明而编制的全部工程造价预算。
根据某拟建砖混结构住宅工程背景资料，编制工程概预算文件。</td></tr>
</table>

学时安排	资讯	计划	决策或分工	实施	检查	评价
	0.5 学时	0.5 学时	2 学时	2 学时	0.5 学时	0.5 学时

<table>
<tr><td>对学生学习及成果的要求</td><td>1. 每名同学均能按照自学资讯思维导图自主学习，并完成课前自学的问题训练和自学自测；
2. 严格遵守课堂纪律，不迟到、不早退；学习态度认真、端正，能够正确评价自己和同学在本任务中的素质表现；
3. 每位同学必须积极动手并参与小组讨论，分析单位工程设计概算和施工图预算的编制方法，根据不同类型的工程项目选用不同的编制方法，能够与小组成员合作完成工作任务；
4. 每位同学都可以讲解任务完成过程，接受教师与同学的点评，同时参与小组自评与互评；
5. 每组必须完成全部“编制概预算文件”工作的报告工单，并提请教师进行小组评价，小组成员分享小组评价分数或等级；
6. 每名同学均完成任务反思，以小组为单位提交</td></tr>
</table>

资讯思维导图

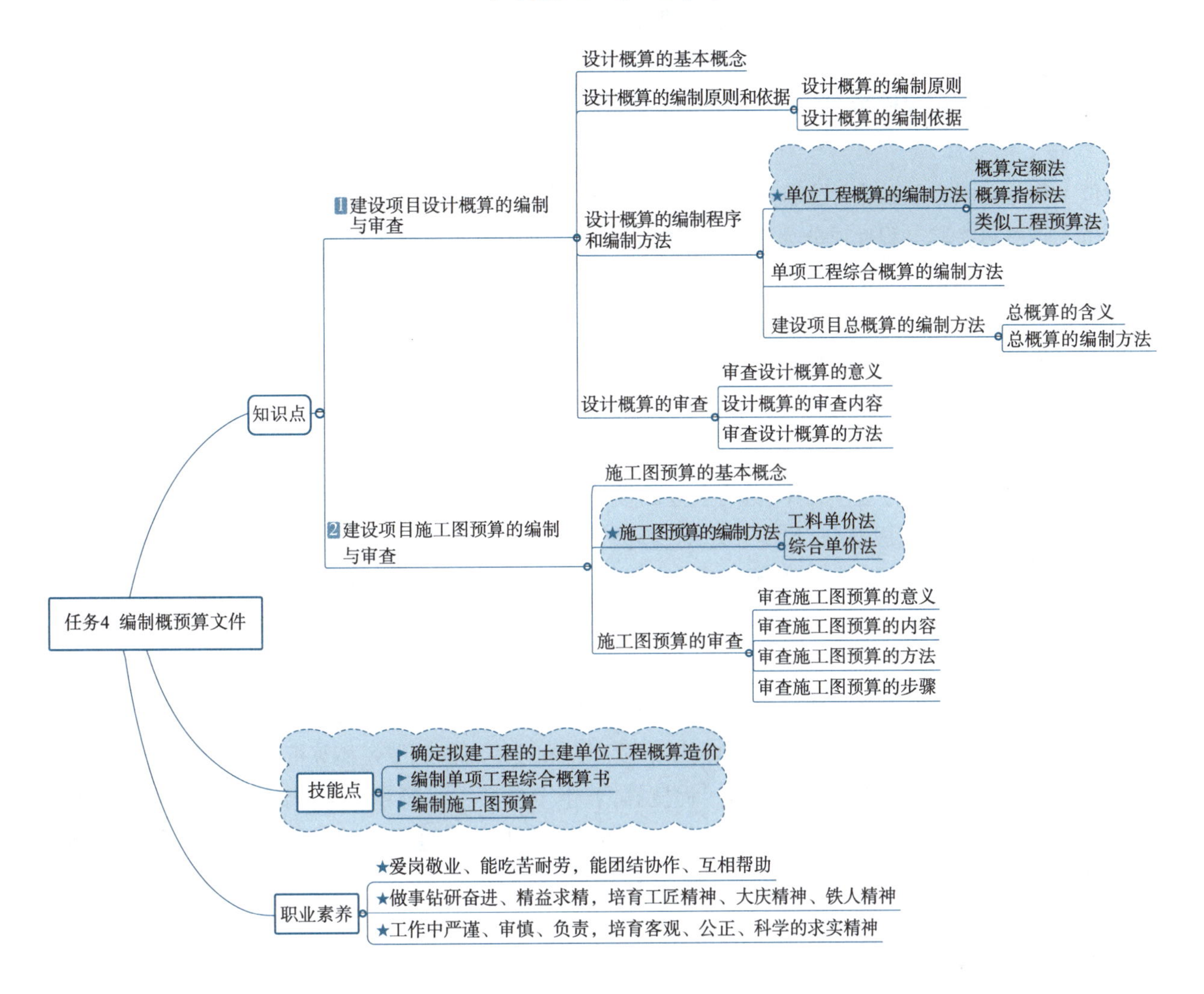

课前自学

知识模块1　建设项目设计概算的编制与审查

一、设计概算的基本概念

（一）设计概算的含义

建设项目设计概算是初步设计文件的重要组成部分，它是在投资估算的控制下由设计单位根据初步设计或扩大初步设计的图纸及说明，利用国家或地区颁发的概算指标、概算定额或综合指标预算定额、设备材料预算价格等资料，按照设计要求，概略地计算建筑物或构筑物造价的文件。其特点是编制工作相对简略，无须达到施工图预算的准确程度。

（二）设计概算的作用

①设计概算是编制建设项目投资计划、确定和控制建设项目投资的依据。设计概算一经批准，将作为控制建设项目控制的最高限额。竣工结算不能突破施工图预算，施工图预算不能突破设计概算。如果超支，必须重新审查。

②设计概算是签订建设工程合同和贷款合同的依据。建设工程合同价款是以设计概、预算价为依据，且总承包合同不得超过设计总概算的投资额。银行贷款或各单项工程的拨款累计总额不能超过设计概算。

③设计概算是控制施工图设计和施工预算的依据。如果突破,需按规定程序审批。

④设计概算是衡量设计方案技术经济合理性和选择最佳设计方案的依据。

⑤设计概算是考核建设项目投资效果的依据。

(三)设计概算的内容

设计概算分单位工程概算、单项工程概算和建设项目总概算三级。

1. 单位工程概算

单位工程是指具有单独设计文件、能够独立组织施工的工程,是单项工程的组成部分。

单位工程概算按其工程性质分为建筑工程概算和设备及安装工程概算两大类。

建筑工程概算包括土建工程概算,给排水、采暖工程概算,通风、空调工程概算,电气照明工程概算,弱电工程概算,特殊构筑物工程概算等;

设备及安装工程概算包括机械设备及安装工程概算,电气设备及安装工程概算,热力设备及安装工程概算,工具、器具及生产家具购置费概算等。

2. 单项工程概算

单项工程是指在一个建设项目中,具有独立的设计文件,建成后可以独立发挥生产能力或工程效益的项目。它是建设项目的组成部分,如生产车间、办公楼、食堂、图书馆、学生宿舍、住宅楼、一个配水厂等。单项工程是一个复杂的综合体,是具有独立存在意义的一个完整工程,如输水工程、净水厂工程、配水工程等。它是由单项工程中各单位工程概算汇总编制而成的,是建设项目总概算的组成部分。

3. 建设项目总概算

建设项目总概算是确定整个建设项目从筹建到竣工验收所需全部费用的文件,它是由各单项工程综合概算,工程建设其他费用概算、预备费、建设期贷款利息和投资方向调节税概算汇总编制而成的。

若干个单位工程概算汇总后成为单项工程概算,若干个单项工程概算和工程建设其他费用、预备费、建设期利息等概算文件汇总成为建设项目总概算。单项工程概算和建设项目总概算仅是一种归纳、汇总性文件,因此,最基本的计算文件是单位工程概算书。

二、设计概算的编制原则和依据

1. 设计概算的编制原则

①严格执行国家的建设方针和经济政策。

②完整、准确地反映设计内容。

③坚持结合拟建工程的实际,反映工程所在地当时价格水平。

2. 设计概算的编制依据

①国家、行业和地方政府有关建设和造价管理的法律、法规、规定。

②批准的建设项目设计任务书(或批准的可行性研究文件)和主管部门的有关规定。

③初步设计项目一览表。

④能满足编制设计概算的各专业设计图纸、文字说明和主要设备表。

⑤正常的施工组织设计。

⑥当地和主管部门现行建筑工程和专业安装工程的概算定额、预算定额、工程费用定额和有关费用规定的文件等资料。

⑦现行的有关设备原价及运杂费率。

⑧现行的有关其他费用定额、指标和价格。

⑨资金筹措方式。

⑩建设场地的自然条件和施工条件。

⑪类似工程的概、预算及技术经济指标。

⑫建设单位提供的有关工程造价的其他资料。

⑬有关合同、协议等其他资料。

三、设计概算的编制程序和编制方法

【扫描二维码获取实际工程设计概算文件】

文本

××高架桥体系设计概算

(一)编制程序

准备工作,单位工程概算编制,单项工程综合概算,工程建设其他费用和预备费概算的编制,总概算的编制,编制说明。

(二)编制方法

建设项目设计概算的编制,一般首先编制单位工程的设计概算,然后再逐级汇总,形成单项工程综合概算及建设项目总概算。

(1)单位工程概算的内容

建筑工程概算的编制方法:概算定额法、概算指标法、类似工程预算法。

设备及安装工程概算的编制方法:预算单价法、扩大单价法、设备价值百分比法和综合吨位指标法。

单位工程概算投资由直接费、间接费、利润和税金组成。

(2)单位建筑工程概算的编制方法

①概算定额法。概算定额法又称扩大单价法或扩大结构定额法。它是采用概算定额编制建筑工程概算的方法。是根据初步设计图纸资料和概算定额的项目划分计算出工程量,然后套用概算定额单价(基价),计算汇总后,再计取有关费用,便可得出单位工程概算造价。

概算定额法编制设计概算的步骤:列出单位工程中分项工程或扩大分项工程的项目名称,并计算其工程量;确定各分部分项工程项目的概算定额单价;计算分部分项工程的直接工程费,合计得到单位工程直接工程费总和;按照有关规定标准计算措施费,合计得到单位工程直接费;按照一定的取费标准和计算基础计算间接费和利税;计算单位工程概算造价;计算单位建筑工程经济技术指标。

②概算指标法。是用拟建的厂房、住宅的建筑面积(或体积)乘以技术条件相同或基本相同工程的概算指标,得出直接工程费,然后按规定计算出措施费、间接费、利润和税金等,编制出单位工程概算的方法。

适用于:当初步设计深度不够,不能准确地计算出工程量,而工程技术比较成熟且又有类似工程概算指标可以利用时,可采用此方法。如果技术条件不同,价格变化等因素存在,则需进行修正或调整。

③类似工程预算法。是利用技术条件与设计对象类似的已完工程或在建工程的工程造价资料来编制拟建工程设计概算的方法。适用于没有可用的概算指标可参考,但必须对建筑结构差异和价差进行调整。

(3)设备及安装单位工程概算的编制方法

包括设备购置费概算和设备安装工程费概算两大部分。

①设备购置费概算:根据初步设计的设备清单计算出设备原价,并汇总求出设备总原价,然后按有关规定的设备运杂费率乘以设备总原价,两项相加即为设备购置费概算。

②设备安装工程费概算的编制方法:

预算单价法:直接按安装工程预算定额单价编制安装工程概算,准确性较高。

扩大单价法:采用主体设备、成套设备的综合扩大安装单价来编制概算。

设备价值百分比法:当只有设备出厂价,而没有规格、质量时,安装费可按占设备费的百分比计算。

$$设备安装费=设备原价\times安装费率(\%)$$

综合吨位指标:常用于设备价格波动较大的非标准设备和引进设备的安装工程概算。

$$设备安装费=设备吨重\times每吨设备安装费指标(元/t)$$

2. 单项工程综合概算的编制方法

(1)单项工程综合概算的含义

单项工程综合概算是根据单项工程内各专业单位工程概算和工器具及生产家具购置费汇总而成的,

是确定单项工程建设费用的综合性文件，是建设项目总概算的组成部分。如果建设项目只含有一个单项工程，则单项工程的综合概算造价中，还应包括建造工程的其他工程和费用的概算造价。

(2)单项工程综合概算的编制

单项工程综合概算是以单项工程为编制对象，确定建成后可独立发挥作用的建筑物或构筑物所需全部建设费用的文件，由该单项工程内各单位工程概算书汇总而成。

综合概算书是工程项目总概算书的组成部分，是编制总概算书的基础文件，一般由编制说明和综合概算表两部分组成。

①编制说明。编制说明应列在综合概算表的前面，编制说明的内容包括以下几个方面。

编制依据：包括国家和有关部门的规定、设计文件、现行概算定额或概算指标、设备材料的预算价格和费用指标等。

编制方法：说明设计概算是采用哪种方法编制的。

主要设备、材料(钢材、木材、水泥)的数量。

其他需要说明的有关问题。

②综合概算表。综合概算表是根据单项工程所辖范围内的各单位工程概算等基础资料，按照国家或部委所规定的统一表格进行编制的。

综合概算表项目的组成。工业建设项目综合概算表由建筑工程和设备及安装工程两大部分组成；民用工程项目综合概算表仅有建筑工程一项。

综合概算表费用的组成。一般由建筑工程费用、安装工程费用、设备购置及工器具和生产家具购置费所组成。当不编制总概算表时，还应包括工程建设其他费用、建设期利息、预备费和固定资产投资方向调节税等费用项目。

3. 建设项目总概算的编制方法

(1)总概算的含义

建设项目总概算是设计文件的重要组成部分，是确定整个建设项目从筹建到竣工交付使用所预计花费的全部费用的文件。它是由各单项工程综合概算、工程建设其他费用、建设期贷款利息、预备费、固定资产投资方向调节税和经营性项目的铺底流动资金概算所组成，按照主管部门规定的统一表格进行编制而成的。

(2)总概算的编制方法

①准备工作：从设计、建设、施工三个方面着手。

调查研究：了解建设项目的性质、产品、规模、生产路线、设计范围、总图布置、建设工期、设计主项表、自控水平、关键设备。

现场调查：了解项目所在地的自然条件(地形、地质)、交通运输情况，当地建筑标准和造价水平，施工装备水平，收集当地的概(预)算定额，单位估价表，费用定额，定额站发布的工程造价信息，相关的规定和调整文件规定等。了解项目资金来源，建设单位生产准备和培训方案，施工用水、电、气的供应条件，厂外工程情况，可能的承包方式等

前期策划：编制“概算编制技术统一规定”，确定价格水平，选定使用的定额，统一取费标准、价差调整等。

接收各专业提供的“概算专业接口条件”，核对其工程量的完整性和准确性。

②编制概算文件。

概算文件内容：封面、签署页、目录、编制说明、总概算表、工程建设其他费用计算表、引进设备材料及从属费用计算表、单项工程综合概算表，单位工程概算表(设备及安装工程概算表、建筑工程概算表)及附表(综合取费表、价差调整表等)。

编制说明：项目性质、规模、建设地点、建设周期、资金来源；建设项目的范围及设计分工。

编制原则和依据：文件依据如设计文件、可研报告批文、概算编制办法、与基本建设相关的文件和法规等；定额依据如建筑工程和安装工程分别选用的定额和取费标准；价格依据如设备、材料的价格来源(询

价、报价、订货价)。

引进工程内容及说明:引进设备材料的报价、汇率计算标准、减免税依据。

概算与可研投资估算的对比分析:对比表。

其他需要说明的问题及处理意见:其他费用的计算说明。

③编制概算表。

总概算表是根据建设项目内各单项工程综合概算及其他费用概算,考虑各种动态变化因素,按国家有关规定编制的。

总概算表各栏填写以下内容:

按总体设计项目组成表,依次填入工程和费用名称栏,并将各单项工程概算及其他费用概算按其费用性质分别填入有关栏内。

按栏分别汇总,依次求出各工程和费用的小计、合计、总计和投资比例。

计算技术经济指标。总概算表内的技术经济指标是根据单项工程综合概算上所列的技术经济指标填入的。至于整个建设项目的技术经济指标,应选择建设项目中最有代表性和最能说明投资效果的指标填列。如工业建设工程根据年产量每吨多少元投资填列,民用建设工程中住宅根据建筑面积每平方米多少元填列,医院根据每个床位多少元填列。

总概算表末尾还应列出"回收金额"项目。回收金额是在施工过程中或施工完毕所获的各种收入,如拆除房屋建筑物、旧机器设备的回收价值、试车的产品收入、建设过程中得到的副产品等。

四、设计概算的审查

1. 审查设计概算的意义

①有利于合理分配投资资金、加强投资计划管理,有助于合理确定和有效控制工程造价。

②有利于促进概算编制单位严格执行国家有关概算的编制规定和费用标准,从而提高概算的编制质量。

③有利于促进设计的技术先进性和经济合理性。概算中的技术经济指标是概算的综合反映,与同类工程对比,便可看出它的先进与合理程度。

④有利于核定建设项目的投资规模,可以使建设项目总投资力求做到准确、完整、防止任意扩大投资规模或出现漏项。

⑤有利于为建设项目投资的落实提供可靠的依据。

2. 设计概算的审查内容

(1)审查设计概算的编制依据

审查编制依据的合法性;审查编制依据的时效性;审查编制依据的适用范围。

(2)审查概算编制深度

审查编制说明;审查概算编制的完整性;审查概算的编制范围。

(3)审查工程概算的内容

①审查概算的编制是否符合相关政策,是否根据工程所在地的自然条件进行编制。

②审查建设规模、建设标准、配套工程、设计定员等是否符合原批准可研报告或立项批文的标准。

③审查编制方法、计价依据和程序是否符合现行规定,包括定额或指标的适用范围和调整方法是否正确。

④审查工程量是否正确。

⑤审查材料用量和价格。

⑥审查设备规格、数量和配置是否符合设计要求,是否与设备清单相一致,设备预算价格是否真实,设备原价和运杂费的计算是否正确,非标准设备原价的计价方法是否符合规定,进口设备的各项费用的组成及其计算程序、方法是否符合国家或地方有关部门的规定。

⑦审查建筑安装工程的各项费用的计取是否符合国家或地方有关部门的现行规定，计算程序和取费标准是否正确。

⑧审查综合概算、总概算的编制内容、方法是否符合现行规定和设计文件的要求。

⑨审查总概算文件的组成内容，是否完整地包括了建设项目从筹建到竣工投产为止的全部费用组成。

⑩审查工程建设其他费用、审查项目的三废治理、审查技术经济指标、审查投资经济效果。

3. 审查设计概算的方法

①对比分析法。

②查询核实法。

③联合会审法。

说一说

单位工程概算的编制方法有哪些？

知识模块2　建设项目施工图预算的编制与审查

一、施工图预算的基本概念

（一）施工图预算的含义

施工图预算是在施工图设计完成后，工程开工前，根据已批准的施工图纸、现行的预算定额、费用定额的地区人工、材料、设备与机械台班等资源价格，在施工方案或施工组织设计已大致确定的前提下，按照规定的计算程序计算直接工程费、措施费，并计取间接费、利润、税金等费用，确定单位工程造价的技术经济文件。

（二）施工图预算编制的两种模式

1. 传统定额计价模式

（1）定额概念

指在正常的生产条件下，完成单位合格建筑产品所必须消耗的人工、材料、机械台班及费用的数量标准。它与一定时期的工人操作水平，机械化程度，新材料、新技术的应用，企业生产经营管理水平等有关，是随着生产力的发展而变化的，但在一定时期内是相对稳定的。

（2）建设工程定额的性质

①科学性。定额是用科学的方法确定的，它利用现代科学管理的科学理论、方法和手段，对工程的建筑过程进行严密的测定、统计与分析而制定的。考虑客观施工生产技术和管理方面的条件，表现在其内容、范围、体系和水平都是经过了科学的测定、统计和分析。

②系统性。工程建设定额是相对独立的系统。它是由多种定额结合而成的有机的整体。它的结构复杂、层次鲜明、目标明确。

③统一性。工程建设定额的统一性主要是由国家对经济发展的有计划的宏观调控职能决定的。为了使国民经济按照既定的目标发展，就需要借助于某些标准、定额、参数等，对工程建设进行规划、组织、调节、控制。

工程建设定额的统一性按照其影响力和执行范围来看，有全国统一定额、地区统一定额和行业统一定额等；按照定额的制定、颁布和贯彻使用来看，有统一的程序、统一的原则、统一的要求和统一的用途。

④指导性。随着我国建设市场的不断成熟和规范，工程建设定额尤其是统一定额原具备的法令性特点逐渐弱化，转而成为对整个建设市场和具体建设产品交易的指导作用。

⑤先进合理性。正常施工条件下大多数生产者能够达到、部分生产者能超过、少数生产者能够接近的定额水平。若定额偏高，所有人都达不到，则挫伤积极性。若定额偏低，不能促进生产发展。

⑥稳定性与时效性。工程建设定额中的任何一种都是一定时期技术发展和管理水平的反映，因而在

一段时间内表现出稳定状态。由于社会水平的变化，定额随之而变化。

（3）建设工程定额的作用

①编制计划的基础。在组织管理施工中，需要编制进度与作业计划，其中应考虑施工过程中的人力、材料、机械的需用量，这些是以定额为依据计算的。

②确定建设工程造价的依据。根据设计规定的工程标准、数量及其相应的定额确定人工、材料、机械的消耗数量及单位预算价值和各种费用标准确定工程造价。

③定额是推行经济责任制的重要依据。建筑企业在全面推行投资包干制和以招投标为核心的经济责任制中，签订投资包干的协议，计算招标标底和投标报价，签订总包和分包合同协议等，都以建设工程定额为编制依据。

④企业降低工程成本的重要依据。以定额为标准，分析比较成本的消耗。通过比较分析找出薄弱环节，提出改革措施，降低人工、材料、机械等费用在建筑产品中的消耗，从而降低工程成本，取得更好的经济效益。

⑤提高劳动生产率，总结先进生产方法的重要手段。企业根据定额把提高劳动生产率的指标和措施，具体落实到每个工人或班组；工人为完成或超额完成定额，将努力提高技术水平，使用新方法、新工艺改善劳动组织、降低消耗、提高劳动生产率。同时定额又是在一定条件下，通过对生产过程的调查、观测和分析等过程制定的。它科学地反映了生产技术和劳动组织的先进合理程度。因此，我们以定额标定的方法为手段，对同一建筑产品在同一施工操作条件下的不同生产方式进行观察、分析和总结，从而得到一套比较完整的先进生产方法，在施工生产中推广应用。

（4）编制原则

应遵循平均先进性原则；简明适用性原则；以专家为主编制定额的原则；独立自主的原则；保密原则；时效性原则。

（5）建设工程定额的分类

①按生产要素分，生产的三要素为劳动者、劳动对象和劳动工具。所以相应定额分别为劳动定额、材料消耗定额和机械台班消耗定额。

劳动消耗定额，简称劳动定额（又称人工定额），是指完成一定数量的合格产品（工程实体或劳务）规定的劳动消耗的数量标准。为了便于综合和核算，劳动定额采用工作时消耗量来计算劳动消耗数量。劳动定额的主要表现形式是时间定额；但同时也表现为产量定额。时间定额与产量定额互为倒数。

材料消耗定额，简称材料定额，是指完成一定数量的合格产品所需消耗材料的数量标准。材料是工程建设中使用的原材料、成品、半成品、构配件、燃料以及水、电等动力资源的统称。材料作为劳动对象构成工程的实体，需用数量很大、种类很多。所以材料消耗多少、消耗是否合理，不仅关系到资源的有效利用、影响市场供求状况，而且对建设的项目投资、建筑产品的成本控制都起着决定性的影响。

机械消耗定额，机械消耗定额是以一台机械、一个工作班为计量单位，所以又称机械台班定额。机械消耗定额是指为完成一定数量的合格产品（工程实体或劳务）所规定的施工机械消耗的数量标准。机械消耗定额的主要表现形式是机械时间定额，同时也以产量定额表现。

②按编制程序和用途分类，可以把工程建设定额分为施工定额、预算定额、概算定额、概算指标、投资估算指标。

施工定额，是以同一性质的施工过程即工序作为研究对象，表示生产产品数量与时间消耗综合关系编制的定额。施工定额是施工企业（建筑安装企业）组织生产和加强管理，在企业内部使用的一种定额，属于企业定额的性质。为了适应组织生产和管理的需要，施工定额的项目划分很细是工程建设定额中分项最细、定额子目最多的一种定额，也是工程建设定额中的基础性定额。

施工定额本身由劳动定额、材料定额和机械定额三个相对独立的部分组成，主要用于工程的直接施工管理，以及作为编制工程施工设计、施工预算、施工作业计划、签发施工任务单、限额领料及结算计件工资或计量奖励工资的依据，它同时是编制预算定额的基础。

预算定额，是以分部分项工程和结构构件为对象编制的定额。其内容包括劳动定额、材料消耗定额、机械台班定额三个基本部分，是一种计价性定额。从编制程序上看，预算定额是以施工定额为基础综合扩大编制的，同时也是编制概算定额的基础。

预算定额是在编制施工图预算阶段，计算工程造价和计算工程中的劳动、机械台班、材料需要量时使用，它是调整工程预算和工程造价的重要基础，也可以作为编制施工组织设计、施工技术财务计划的参考。

概算定额，是以扩大分项工程或扩大结构构件为对象编制的，计算和确定劳动、机械台班、材料消耗量所使用的定额；也是一种计价性定额，概算定额是编制扩大初步设计概算、确定建设项目投资额的依据。概算定额的项目划分粗细，与扩大初步设计的深度相适应，一般是在预算定额的基础上综合扩大而成的，每一综合分项概算定额都包含了数项预算定额。

概算指标，是概算定额的扩大与合并，它是以整个建筑物和构筑物为对象，以更为扩大的计量单位来编制的。概算指标的内容包括劳动、机械台班、材料定额三个基本部分；同时还列出了各结构分部的工程量及单位建筑工程（以体积计和面积计）的造价，是一种计价定额；为了增加概算指标的适用性，也以房屋或构筑物的扩大的分部工程或结构构件为对象编制，称为扩大结构定额。

概算指标的设定和初步设计的深度相适应，一般是在概算定额和预算定额的基础上编制，比概算定额更加综合扩大。它是设计单位编制工程概算或建设单位编制年度任务计划、施工准备期间编制材料和机械设备供应计划的依据，也可供国家编制年度建设计划参考。

投资估算指标，是在项目建议书和可行性研究阶段编制投资估算、计算投资需要量时使用的一种定额。它非常概略，往往以独立的单项工程或完整的工程项目为计算对象，编制内容是所有项目费用之和。它的概略程度与可行性研究阶段相适应。投资估算指标往往根据历史的预、决算资料和价格变动等资料编制，但其编制基础仍然离不开预算定额、概算定额。上述各种定额的相互联系见表2-4。

表2-4　各种定额间的关系比较

定额分类	施工定额	预算定额	概算定额	概算指标	投资估算指标
对象	工序	分项工程	扩大的分项工程	整个建筑物或构筑物	独立的单项工程
用途	编制施工预算	编制施工图预算	编制设计概算	编制初步设计概算	编制投资估算
项目划分	最细	细	较粗	粗	很粗
定额水平	平均先进	平均	平均	平均	平均
定额性质	生产性定额	计价性定额			

③按专业性质划分。工程建设定额分为全国通用定额、行业通用定额和专业专用定额三种。全国通用定额是指在部门间和地区间都可以使用的定额；行业通用定额是指具有专业特点在行业部门内可以通用的定额；专业专用定额是特殊专业的定额，只能在指定的范围内使用。

④按主编单位和管理权限分类。工程建设定额可以分为全国统一定额、行业统一定额、地区统一定额、企业定额、补充定额五种。

全国统一定额，是由国家建设行政主管部门综合全国工程建设中技术和施工组织管理的情况编制，并在全国范围内执行的定额。

行业统一定额，是考虑到各行业部门专业工程技术特点，以及施工生产和管理水平编制的。一般是只在本行业和相同专业性质的范围内使用。

地区统一定额，包括省、自治区、直辖市定额。地区统一定额主要是考虑地区性特点和全国统一定额水平作适当调整和补充编制的。

企业定额，是由施工企业考虑本企业具体情况，参照国家、部门或地区定额的水平制定的定额。企业定额只在企业内部使用，是企业素质的一个标志。企业定额水平一般应高于国家现行定额，才能满足生产技术发展、企业管理和市场竞争的需要。在工程量清单方式下，企业定额正发挥着越来越大的作用。

补充定额，是指随着设计、施工技术的发展，现行定额不能满足需要的情况下，为了补充缺陷所编制的

定额。补充定额只能在指定的范围内使用，可以作为以后修订定额的基础。

上述各种定额虽然适用于不同的情况和用途，但是它们是一个互相联系的、有机的整体，在实际工作中配合使用。

2. 工程量清单计价模式

(1)建设工程计价计量规范概述

2012年12月25日，住房城乡建设部发布第1567、1568、571、1569、1576、1575、1570、1572、1573、1574号公告，批准《建设工程工程量清单计价规范》GB 50500—2013以及《房屋建筑与装饰工程工程量计算规范》GB 50854—2013、《仿古建筑工程工程量计算规范》GB 50855—2013、《通用安装工程工程量计算规范》GB 50856—2013、《市政工程工程量计算规范》GB 50857—2013、《园林绿化工程工程量计算规范》GB 50858—2013、《矿山工程工程量计算规范》GB 50859—2013、《构筑物工程工程量计算规范》GB 50860—2013、《城市轨道交通工程工程量计算规范》GB 50861—2013、《爆破工程工程量计算规范》GB 50862—2013(以下简称"13规范")为国家标准，自2013年7月1日起实施。

"13规范"是以《建设工程工程量清单计价规范》GB 50500—2008为基础，通过认真总结我国推行工程量清单计价，实施"03规范""08规范"的实践经验，广泛深入征求意见，反复讨论修改而形成。与"03规范""08规范"不同，"13规范"是以《建设工程工程量清单计价规范》GB 50500—2013为母规范，各专业工程工程量计算规范与其配套使用的工程计价、计量标准体系。该标准体系将为深入推行工程量清单计价，建立市场形成工程造价机制奠定坚实基础，并对维护建设市场秩序，规范建设工程发承包双方的计价行为，促进建设市场健康发展发挥重要作用。

(2)工程量清单计价规范的特点

①强制性，按照计价规范规定，全部使用国有资金投资或国有资金投资为主的大中型建设工程必须采用工程量清单计价方式；其他依法招标的建设工程，应采用工程量清单计价方式。

②统一性，五统一，即项目编码统一、项目名称统一、项目特征统一、计量单位统一、工程量计算规则统一。

③竞争性，工程量清单中的人工、材料、机械的消耗量和单价由企业根据企业定额和市场价格信息，参照建设主管部门发布的社会平均消耗量定额进行报价。

④实用性，计价规范中，项目名称明确清晰，工程量计算规则简洁明了，列有项目特征与工程内容，便于确定工程造价。

⑤通用性，与国际惯例接轨，符合工程量计算方法标准化、工程量计算规则统一化、工程造价确定市场化的要求。

(3)工程量清单计价规范编制的指导思想

政府宏观调控，企业自主报价，市场竞争形成价格；与现行预算定额既有机结合又有所区别的原则；既考虑我国工程造价管理的现状，又尽可能与国际惯例接轨的原则。

(4)工程量清单计价规范编制的依据和原则

工程量清单计价规范是根据《中华人民共和国建筑法》《中华人民共和国合同法》[①]《中华人民共和国招标投标法》，按照我国工程造价管理改革的需要，本着国家宏观调控、市场竞争形成价格的原则制定的。

(5)工程量清单计价规范的作用

①编制工程量清单的依据。

②编制招标标的、招标限价、投标报价的依据。

③签订工程合同，进行工程管理的依据。

④工程拨款、工程结算的依据。

---

① 2020年5月28日，十三届全国人大三次会议表决通过了《中华人民共和国民法典》，自2021年1月1日起施行。《中华人民共和国合同法》同时废止。

3. 工程量清单编制的规定

工程量清单是指建设工程的分部分项项目、措施项目、其他项目、规费项目和税金项目的名称和相应数量等的明细清单。工程量清单应由具有编制能力的招标人或受其委托具有相应资质的工程造价咨询人依据《建设工程工程量清单计价规范》(GB 50500—2013)系列(以下简称“13 规范”),国家或省级、行业建设主管部门颁发的计价依据和办法,招标文件的有关要求,设计文件,与建设工程项目有关的标准、规范、技术资料和施工现场实际情况等进行编制。采用工程量清单方式招标,工程量清单必须作为招标文件的组成部分,其准确性和完整性由招标人负责。工程量清单是工程量清单计价的基础,应作为编制招标控制价、投标报价、计算工程量、支付工程款、调整合同价款、办理竣工结算以及工程索赔等的依据之一。

工程量清单应由分部分项工程量清单,措施项目清单,其他项目清单,规费、税金项目清单组成。

(1)分部分项工程量清单

①分部分项工程量清单包括的内容。分部分项工程量清单应包括项目编码、项目名称、项目特征、计量单位和工程量。

项目编码:分部分项工程量清单项目编码以五级编码设置,用十二位阿拉伯数字表示。一、二、三、四级编码为全国统一,第五级编码应根据拟建工程的工程量清单项目名称设置。各级编码代表的含义如下:

第一级表示工程分类顺序码(分二位),房屋建筑与装饰工程为 01、仿古工程为 02、通用安装工程为 03、市政工程为 04、园林绿化工程为 05、矿山工程 06、构筑物工程为 07、城市轨道交通工程为 08、爆破工程为 09。

第二级表示专业工程顺序码(分二位)。

第三级表示分部工程顺序码(分二位)。

第四级表示分项工程项目名称顺序码(分三位)。

第五级表示工程量清单项目名称顺序码(分三位)。项目编码结构如图 2-4 所示。

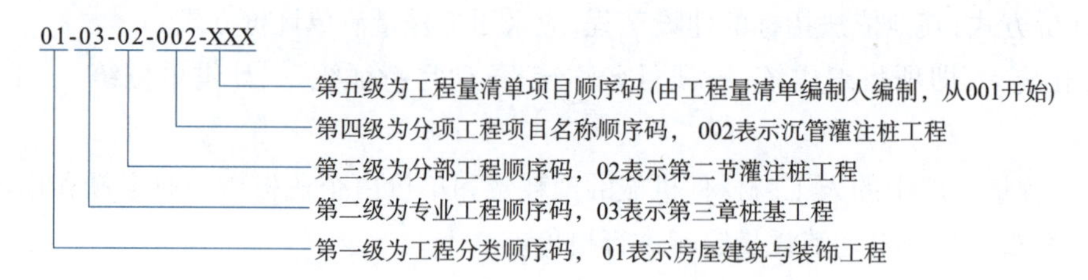

图 2-4　工程量清单项目编码结构

当同一标段(或合同段)的一份工程量清单中含有多个单位工程且工程量清单是以单一工程为编制对象时,应特别注意对项目编码十至十二位的设置不得有重号的规定。

项目名称:分部分项工程量清单的项目名称应按计价规范附录的项目名称结合拟建工程的实际确定。计价规范附录表中的“项目名称”为分项工程项目名称,是形成分部分项工程量清单项目名称的基础,在编制分部分项工程量清单时可予以适当调整或细化,例如“墙面一般抹灰”这一分项工程在形成工程量清单项目名称时可以细化为“外墙面抹灰”“内墙面抹灰”等。清单项目名称应表述详细、准确。计价规范中的分项工程项目名称如有缺陷,招标人可作补充,并报当地工程造价管理机构(省级)备案。

项目特征:项目特征是对项目的准确描述,是确定一个清单项目综合单价不可缺少的重要依据,是区分清单项目的依据,是履行合同义务的基础。分部分项工程量清单的项目特征应按清单计价规范“附录”中规定的项目特征,结合技术规范、标准图集、施工图纸,按照工程结构、使用材质及规格或安装位置等,予以详细而准确的表述和说明。凡项目特征中未描述到的其他独有特征,由清单编制人视项目具体情况确定,以准确描述清单项目为准。

在计价规范附录中还有关于各清单项目“工程内容”的描述。工程内容是指完成清单项目可能发生的具体工作和操作程序,但应注意的是,在编制分部分项工程量清单时,工程内容通常无须描述,因为在计价规范中,工程量清单项目与工程量计算规则、工程内容有一一对应关系,当采用计价规范这一标准时,工程内容均有规定。例如,计价规范在“实心砖墙”的“项目特征”及“工程内容”栏内均包含“勾缝”,但两者的

性质完全不同。“项目特征”栏的勾缝体现的是实心砖墙的实体特征，是个名词，体现的是用什么材料勾缝。而“工程内容”栏内的勾缝表述的是操作工序或称操作行为，在此处是个动词，体现的是怎么做。因此，如果需要勾缝，就必须在项目特征中描述，而不能以工程内容中有而不描述，否则，将视为清单项目漏项，而可能在施工中引起索赔。

计量单位：计量单位应采用基本单位，除各专业另有特殊规定外均按以下单位计量。

以质量计算的项目——吨或千克（t 或 kg）；以体积计算的项目——立方米（m^3）；以面积计算的项目——平方米（m^2）；以长度计算的项目——米（m）；以自然计量单位计算的项目——个、套、块、樘、组、台；没有具体数量的项目——宗、项……各专业有特殊计量单位的，另外加以说明，当计量单位有两个或两个以上时，应根据所编工程量清单项目的特征要求，选择最适宜表现该项目特征并方便计量的单位。

工程数量的计算：工程数量主要通过工程量计算规则计算得到。工程量计算规则是指对清单项目工程量的计算规定。除另有说明外，所有清单项目的工程量应以实体工程量为准，并以完成后的净值计算；投标人投标报价时，应在单价中考虑施工中的各种损耗和需要增加的工程量。

②分部分项工程量清单的标准格式。分部分项工程量清单是指表示拟建工程分项实体工程项目名称和相应数量的明细清单，应包括项目编码、项目名称、项目特征、计量单位和工程量五部分的要件。其格式见表 2-5，在分部分项工程量清单的编制过程中，由招标人负责前六项内容填列，金额部分在编制招标控制价或投标报价时填列。

表 2-5　分部分项工程量清单与计价表

工程名称：　　　　　　　　　　　　　　标段：　　　　　　　　　　　　　　第　页共　页

序号	项目编码	项目名称	项目特征描述	计量单位	工程量	金额/元		
						综合单价	合价	其中：暂估价

分部分项工程量清单的编制应注意以下问题：分部分项工程量清单应根据附录规定的项目编码、项目名称、项目特征、计量单位和工程量计算规则进行编制；分部分项工程量清单的项目编码，应采用十二位阿拉伯数字表示，一至九位应按附录的规定设置，十至十二位为清单项目编码，应根据拟建工程的工程量清单项目名称设置，不得有重号，这三位清单项目编码由招标人针对招标工程项目具体编制，并应自 001 起顺序编制；分部分项工程量清单的项目名称应按附录的项目名称结合拟建工程的项目实际确定，分部分项工程量清单编制时，以附录中的分项工程项目名称为基础，考虑该项目的规格、型号、材质等特征要求，结合拟建工程的实际情况，使其工程量清单项目名称具体、细化，能够反映影响工程造价的主要因素；分部分项工程量清单中所列工程量应按附录中规定的工程量计算规则计算。

分部分项工程量清单的计量单位的有效位数应遵守下列规定：以“吨”为单位，应保留三位小数，第四位小数四舍五入；以“立方米”“平方米”“米”“千克”为单位，应保留两位小数，第三位小数四舍五入；以“个”“项”等为单位，应取整数。附录中有两个或两个以上计量单位的，应结合拟建工程项目的实际选择其中一个确定。

分部分项工程量清单项目特征应按附录中规定的项目特征，结合拟建工程项目的实际予以描述，满足确定综合单价的需要。在进行项目特征描述时，可掌握以下要点：

必须描述的内容：

涉及正确计量的内容：如门窗洞口尺寸或框外围尺寸。

涉及结构要求的内容：如混凝土构件的混凝土的强度等级。

涉及材质要求的内容：如油漆的品种、管材的材质等。

涉及安装方式的内容：如管道工程中的钢管的连接方式。

可不描述的内容：

对计量计价没有实质影响的内容：如对现浇混凝土柱的高度、断面大小等特征可以不描述。

应由投标人根据施工方案确定的内容：如对石方的预裂爆破的单孔深度及装药量特征规定。

应由投标人根据当地材料和施工要求确定的内容:如对混凝土构件中的混凝土拌合料使用的石子种类及粒径、砂的种类的特征规定。

应由施工措施解决的内容:如对现浇混凝土板、梁的标高的特征规定。

可不详细描述的内容:

无法准确描述的内容:如土壤类别,可考虑将土壤类别描述为综合,注明由投标人根据地勘资料自行确定土壤类别,决定报价。

施工图纸、标准图集标注明确的:对这些项目可描述为见××图集××页号及节点大样等。

清单编制人在项目特征描述中应注明由投标人自定的:如土方工程中的"取土运距""弃土运距"等。

编制工程量清单出现附录中未包括的项目,编制人应作补充,并报省级或行业工程造价管理机构备案,省级或行业工程造价管理机构应汇总报住房和城乡建设部标准定额研究所。补充项目的编码由附录的顺序码与B和三位阿拉伯数字组成,并应从B001起顺序编制,不得重号。工程量清单中需附有补充项目的名称、项目特征、计量单位、工程量计算规则、工作内容。

(2)措施项目清单

①措施项目清单的标准格式。措施项目费用的发生与使用时间、施工方法或者两个以上的工序相关,并大都与实际完成的实体工程量的大小关系不大,如大中型机械进出场及安拆、安全文明施工和安全防护、临时设施等,但是有些非实体项目则是可以计算工程量的项目,典型的是混凝土浇筑的模板工程,与完成的工程实体具有直接关系,并且是可以精确计量的项目,用分部分项工程量清单的方式采用综合单价,更有利于措施费的确定和调整。措施项目中可以计算工程量的项目清单宜采用分部分项工程量清单的方式编制,列出项目编码、项目名称、项目特征、计量单位和工程量计算规则,见表2-6;不能计算工程量的项目清单,以"项"为计量单位进行编制,见表2-7。

表2-6　措施项目清单与计价表(一)

工程名称:　　　　　　　　　　　　　　　　标段:　　　　　　　　　　　　　　　　第　页共　页

序号	项目编码	项目名称	项目特征描述	计量单位	工程量	金额/元		
						综合单价	合价	其中:暂估价

注:本表适用于以综合单价形式计价的措施项目。

表2-7　总价措施项目清单与计价表(二)

工程名称:　　　　　　　　　　　　　　　　标段:　　　　　　　　　　　　　　　　第　页共　页

序号	项目编码	项目名称	计算基础	费率/%	金额/元	调整费率	调整后金额	备　注
		安全文明施工费						
		夜间施工增加费						
		二次搬运费						
		冬雨季施工增加费						
		已完工程及设备保护费						

注:本表适用于以"项"计价的措施项目;"计算基础"中安全文明施工费可以为"定额基价""定额人工费""定额人工费+定额机械费",其他项目可为"定额人工费"或"定额人工费+定额机械费"。

②措施项目清单的编制。措施项目清单的编制需考虑多种因素,除工程本身的因素外,还涉及水文、气象、环境、安全等因素。措施项目清单应根据拟建工程的实际情况列项。若出现清单计价规范中未列的项目,可根据工程实际情况补充。

措施项目清单的编制依据包括:拟建工程的施工组织设计、拟建工程的施工技术方案、与拟建工程相关的工程施工规范和工程验收规范、招标文件、设计文件。

措施项目清单设置时应注意的问题:参考拟建工程的施工组织设计,以确定环境保护、安全文明施工、材料的二次搬运等项目;参阅施工技术方案,以确定夜间施工、大型机械设备进出场及安拆、混凝土模板与

支架、脚手架、施工排水、施工降水、垂直运输机械等项目;参阅相关的施工规范与工程验收规范,以确定施工技术方案没有表述,但是为了实现施工规范与工程验收规范要求而必须发生的技术措施;确定招标文件中提出的某些必须通过一定的技术措施才能实现的要求;确定设计文件中一些不足以写进技术方案,但是要通过一定的技术措施才能实现的内容。

(3)其他项目清单

其他项目清单是指分部分项工程量清单、措施项目清单所包含的内容以外,因招标人的特殊要求而发生的与拟建工程有关的其他费用项目和相应数量的清单。工程建设标准的高低、工程的复杂程度、工程的工期长短、工程的组成内容、发包人对工程管理要求等都直接影响其他项目清单的具体内容,其他项目清单宜按照表2-8的格式编制,出现未包含在表格中内容的项目,可根据工程实际情况补充。

表2-8 其他项目清单与计价汇总表

序号	项目名称	计量单位	金额/元	备 注
1	暂列金额			
2	暂估价			
2.1	材料暂估价			
2.2	专业工程暂估价			
3	计日工			
4	总承包服务费			
合计				

注:材料暂估价进入清单项目综合单价,此处不汇总。

①暂列金额。是指招标人暂定并包括在合同中的一笔款项。不管采用何种合同形式,其理想的标准是,一份合同的价格就是其最终的竣工结算价格,或者至少两者应尽可能接近。我国规定对政府投资工程实行概算管理,经项目审批部门批复的设计概算是工程投资控制的刚性指标,即使商业性开发项目也有成本的预先控制问题,否则,无法相对准确预测投资的收益和科学合理地进行投资控制。但工程建设自身的特性决定了工程的设计需要根据工程进展不断地进行优化和调整,业主需求可能会随工程建设进展出现变化,工程建设过程还会存在一些不能预见、不能确定的因素。消化这些因素必然会影响合同价格的调整,暂列金额正是因这类不可避免的价格调整而设立,以便达到合理确定和有效控制工程造价的目标。设立暂列金额并不能保证合同结算价格就不会再出现超过合同价格的情况,是否超出合同价格完全取决于工程量清单编制人对暂列金额预测的准确性,以及工程建设过程是否出现了其他事先未预测到的事件。暂列金额可按照表2-9的格式列示。

表2-9 暂列金额明细表

工程名称: 标段: 第 页共 页

序号	项目名称	计量单位	暂定金额/元	备 注
合计				

注:此表由招标人填写,如不能详列,也可只列暂定金额总额,投标人应将上述暂列金额计入投标总价中。

②暂估价。是指招标阶段直至签订合同协议时,招标人在招标文件中提供的用于支付必然要发生但暂时不能确定价格的材料以及专业工程的金额,包括材料暂估单价、专业工程暂估价;暂估价是在招标阶段预见肯定要发生,只是因为标准不明确或者需要由专业承包人完成,暂时无法确定价格。暂估价数量和拟用项目应当结合工程量清单中的“暂估价表”予以补充说明。为方便合同管理,需要纳入分部分项工程量清单项目综合单价中的暂估价应只是材料费,以方便投标人组价。专业工程的暂估价一般应是综合暂估价,应当包括除规费和税金以外的管理费、利润等取费。总承包招标时,专业工程设计深度往往是不够的,一般需要交由专业设计人设计。国际上,出于提高可建造性考虑,一般由专业承包人负责设计,以发挥

其专业技能和专业施工经验的优势。这类专业工程交由专业分包人完成是国际工程的良好实践,目前在我国工程建设领域也已经比较普遍。公开透明地合理确定这类暂估价的实际开支金额的最佳途径就是通过施工总承包人与工程建设项目招标人共同组织的招标。暂估价可按照表2-10、表2-11的格式列示。

表2-10 材料(工程设备)暂估单价及调整表

工程名称: 标段: 第 页共 页

序号	材料(工程设备)名称、规格、型号	计量单位	数量		暂估/元		确认/元		差额(±)/元		备注
			暂估	确认	单价	合价	单价	合价	单价	合价	
1											
2											

注:此表由招标人填写"暂估单价",并在备注栏说明暂估价的材料、工程设备拟用在哪些清单项目上,投标人应将上述材料、工程设备暂估单价计入工程量清单综合单价报价中。

表2-11 专业工程暂估价及结算价表

工程名称: 标段: 第 页共 页

序号	工程名称	工程内容	暂估金额/元	结算金额/元	差额±/元	备注
1						
2						
合计						

③计日工。是为了解决现场发生的零星工作的计价而设立的。国际上常见的标准合同条款中,大多数都设立了计日工(daywork)计价机制。计日工对完成零星工作所消耗的人工工时、材料数量、施工机械台班进行计量,并按照计日工表中填报的适用项目的单价进行计价支付。计日工适用的所谓零星工作一般是指合同约定之外的或者因变更而产生的、工程量清单中没有相应项目的额外工作,尤其是那些难以事先商定价格的额外工作。计日工可按照表2-12的格式列示。

表2-12 计日工表

工程名称: 标段: 第 页共 页

序号	项目名称	单位	暂定数量	实际数量	综合单价	合价/元	
						暂定	实际
一	人工						
1							
人工小计							
二	材料						
1							
材料小计							
三	施工机械						
1							
施工机械小计							
四、企业管理费和利润							
总计							

注:此表项目名称、暂定数量由招标人填写,编制招标控制价时,单价由招标人按有关计价规定确定;投标时,单价由投标人自主报价,按暂定数量计算合价计入投标总价中。结算时,按发承包双方确认的实际数量计算合价。

④总承包服务费。是为了解决招标人在法律、法规允许的条件下进行专业工程发包以及自行供应材料、设备,并需要总承包人对发包的专业工程提供协调和配合服务,对供应的材料、设备提供收发和保管服务以及进行施工现场管理时发生并向总承包人支付的费用。招标人应预计该项费用并按投标人的投标报价向投标人支付该项费用。总承包服务费按照表2-13的格式列示。

表 2-13　总承包服务费计价表

工程名称：　　　　　　　　　　　　　　　　标段：　　　　　　　　　　　　　　　第　页共　页

序号	项目名称	项目价值/元	服务内容	计算基础	费率/%	金额/元
1	发包人发包专业工程					
2	发包人供应材料					
合　计						

注：此表项目名称、服务内容由招标人填写，编制招标控制价时，费率及金额由招标人按有关计价规定确定；投标时，费率及金额由投标人自主报价，计入投标总价中。

(4)规费、税金项目清单

规费项目清单应按照下列内容列项：工程排污费；社会保险费，包括养老保险费、失业保险金、医疗保险费、工伤保险费、生育保险费；住房公积金；工程排污费。出现未包含在上述规范中的项目，应根据省级政府或省级有关权力部门的规定列项。

税金项目清单应包括以下内容：营业税、城市维护建设税、教育费附加。如国家税法发生变化，税务部门依据职权增加了税种，应对税金项目清单进行补充。规费、税金项目清单与计价表见表 2-14。

表 2-14　规费、税金项目计价表

工程名称：　　　　　　　　　　　　　　　　标段：　　　　　　　　　　　　　　　第　页共　页

序号	项目名称	计算基础	费率/%	金额/元
1	规费	定额人工费		
1.1	社会保险费	定额人工费		
(1)	养老保险费	定额人工费		
(2)	失业保险费	定额人工费		
(3)	医疗保险费	定额人工费		
(4)	工伤保险费	定额人工费		
(5)	生育保险费	定额人工费		
1.2	住房公积金	定额人工费		
1.3	工程排污费	按工程所在地环境保护部门收取标准，按时计入		
2	税金	分部分项工程费＋措施项目费＋其他项目费＋规费－按规定不计税的工程设备金额		
合计				

(三)施工图预算的作用

1. 施工图预算对投资方的作用

①是控制造价及资金合理使用的依据。

②是确定工程招标控制价的依据。

③是拨付工程款及办理工程结算的依据。

2. 施工图预算对施工企业的作用

①是建筑施工企业投标时“报价”的参考依据。

②是建筑工程预算包干的依据和签订施工合同的主要内容。

③是施工企业安排调配施工力量，组织材料供应的依据。

④是施工企业控制工程成本的依据。

⑤是进行施工图预算和施工预算对比的依据。

(四)施工图预算的内容

施工图预算有单位工程预算、单项工程预算和建设项目总预算。

（五）施工图预算的编制依据

施工图预算的编制依据一般包括以下内容：现行的建筑工程预算定额，据以确定按分部分项工程划分的单位产品的人工、机械、材料消耗量；现行的地区单位估价表，据以确定本地区的基价水平。

二、施工图预算的编制方法

《建筑工程施工发包与承包计价管理办法》（建设部令第107号）规定，施工图预算、招标标底（招标控制价）、投标报价由成本、利润和税金构成。其编制可以采用工料单价法和综合单价法两种计价方法，工料单价法是传统的定额计价模式下的施工图预算编制方法，而综合单价法是适应市场经济条件的工程量清单计价模式下的施工图预算编制方法。

1. 工料单价法

工料单价法是指根据招标文件，按照省级建设行政主管部门发布的建设工程计价定额中的工程量计算规则，同时参照省级建设行政主管部门发布的人工工日单价、机械台班单价、材料和设备价格信息及同期市场价格，计算出直接工程费。按《××省建设工程措施项目计价办法》规定的计算方法计算措施项目费，再按《××省建设工程造价计价规则》计算出其他项目费、管理费、利润、规费和税金，汇总确定建筑安装工程造价的计价方法，是我国传统的工程造价计价方法，也是相对于工程量清单计价的一种工程造价计价模式。

2. 综合单价法

综合单价法分为全费用综合单价法和清单综合单价法。

三、施工图预算的审查

1. 审查施工图预算的意义

①有利于控制工程造价，克服和防止预算超概算。

②有利于加强固定资产投资管理，节约建设资金。

③有利于施工承包合同价的合理确定和控制。

④有利于积累和分析各项技术经济指标，不断提高设计水平。

2. 审查施工图预算的内容

①审查工程量。

②审查设备、材料的预算价格。

③审查预算单价的套用。

④审查有关费用项目及其计取。

3. 审查施工图预算的方法

①全面审查法。

②标准预算审查法。

③分组计算审查法。

④对比审查法。

⑤筛选审查法。

⑥重点审查法。

⑦利用手册审查法。

⑧分解对比审查法。

4. 审查施工图预算的步骤

①做好审查前的准备工作。

②选择合适的审查方式和方法，按相应内容审查。

③调整预算。

说一说

分部分项工程量清单中项目编码的含义？

自学自测

一、单选题(只有1个正确答案,每题8分,共6题)

1. 下列关于施工图预算的含义正确的是(　　)。

A. 是设计阶段对工程建设所需资金的粗略计算

B. 其成果文件一般不属于设计文件的组成部分

C. 可以由施工企业根据企业定额考虑自身实力计算

D. 其价格性质为预期,不具有市场性质

2. 某单项工程的单位建筑工程预算为1 000万元,单位安装工程预算为500万元,设备购置预算为600万元,未达到固定资产标准的工器具购置预算为60万元,若预备费费率为5%,则该单项工程施工图预算为(　　)万元。

A. 1 500　　B. 2 100　　C. 2 160　　D. 2 268

3. 下列关于各级施工图预算的构成说法中正确的是(　　)。

A. 建设项目总预算反映施工图设计阶段建设项目的预算总投资

B. 建设项目总预算由组成该项目的各个单项工程综合预算费用相加而成

C. 单项工程综合预算由单项工程的建筑工程费和设备及工器具购置费组成

D. 单位工程预算由单位建筑工程预算和单位安装工程预算费用组成

4. 关于建设工程预算,符合组合与分解层次关系的是(　　)。

A. 单位工程预算、单项工程综合预算、类似工程预算

B. 单位工程预算、类似工程预算、建设项目总预算

C. 单位工程预算、单项工程综合预算、建设项目总预算

D. 单位工程综合预算、类似工程预算、建设项目总预算

5. 未达到固定资产标准的工器具购置费的计算基数一般为(　　)。

A. 工程建设其他费　　B. 建筑安装工程费

C. 设备购置费　　D. 设备及安装工程费

6. 建设工程预算编制中的总预算由(　　)组成。

A. 综合预算和工程建设其他费、预备费

B. 预备费、建设期利息及铺底流动资金

C. 综合预算和工程建设其他费、铺底流动资金

D. 综合预算和工程建设其他费、预备费、建设期利息及铺底流动资金

二、多选题(至少有2个正确答案,每题8分,共5题)

1. 施工图预算对投资方、施工企业都具有十分重要的作用。下列选项中仅属于施工企业作用的有(　　)。

A. 确定合同价款的依据　　B. 控制资金合理使用的依据

C. 控制工程施工成本的依据　　D. 调配施工力量的依据

E. 办理工程结算的依据

2. 下列关于施工图预算对投资方的作用说法中正确的有(　　)。

A. 是控制施工图设计不突破设计概算的重要措施

B. 是控制造价及资金合理使用的依据

C. 是投标报价的基础

D. 是与施工预算进行"两算"对比的依据

E. 是调配施工力量、组织材料供应的依据

3. 下列文件中,包括在建设项目总概算文件中的有(　　)。

A. 总概算表　　B. 单项工程综合概算表
C. 工程建设其他费用概算表　　D. 主要建筑安装材料汇总表
E. 分年投资计划表

4. 直接套用概算指标编制单位建筑工程设计概算时,拟建工程应符合的条件包括(　　)。

A. 建设地点与概算指标中的工程建设地点相同
B. 工程特征与概算指标中的工程特征基本相同
C. 建筑面积与概算指标中的工程建筑面积相差不大
D. 建造时间与概算指标中工程建造时间相近
E. 物价水平与概算指标中工程的物价水平基本相同

5. 建筑工程概算的编制方法主要有(　　)。

A. 设备价值百分比法　　B. 概算定额法
C. 综合吨位指标法　　D. 概算指标法
E. 类似工程预算法

三、判断题(对的划"√",错的划"×",每题6分,共2题)

1. 设计无详图或初步设计深度不够时,可采用概算指标法编制单位建筑工程概算。(　　)
2. 施工图预算的编制方法有工料单价法和全费用综合单价法。(　　)

文本

任务4【自学自测】答案

任务实施指导

根据某拟建砖混结构住宅工程背景资料，编制工程概预算文件的工作程序基本包括如下步骤。

一、利用两种方法计算土建单位工程概算造价

1. 应用类似工程预算法确定拟建工程的土建单位工程概算造价

①计算综合差异系数 k。

②计算结构差异额。

③计算拟建工程概算指标。

④计算修正概算指标。

⑤计算拟建工程概算造价＝拟建工程建筑面积×修正概算指标。

2. 应用概算指标法确定拟建工程的土建单位工程概算造价

①计算拟建项目单位平方米建筑面积的人工费、材料费和机械费。

②计算拟建工程概算指标、修正概算指标、概算造价。

二、计算电气照明、给排水、暖气单位工程概算造价

根据类似工程预算中，其他专业单位工程预算造价占单项工程造价比例，计算该住宅工程的电气照明、给排水、暖气单位工程概算造价，计算该住宅工程的单项工程造价，编制单项工程综合概算书。

三、计算拟建项目总投资

汇总计算出拟建建设项目总投资。

四、编制施工图预算

1. 收集编制依据，熟悉施工图等基础资料，了解施工现场情况。
2. 列项并计算工程量，套用定额预算单价，计算直接费。
3. 编制工料分析表，计算主材费并调整直接费。
4. 计取其他费用，并汇总造价，复核，填写封面、编制说明。

编制概预算文件工作单

计 划 单

<table>
<tr><td>学习情境 2</td><td colspan="3">设计阶段造价管理与控制</td><td>任务 4</td><td>编制概预算文件</td></tr>
<tr><td>工作方式</td><td colspan="3">组内讨论、团结协作共同制订计划：小组成员进行工作讨论，确定工作步骤</td><td>计划学时</td><td>0.5 学时</td></tr>
<tr><td>完成人</td><td colspan="5">1.　　2.　　3.　　4.　　5.　　6.</td></tr>
<tr><td colspan="6">计划依据：老师给定的拟建项目建设信息</td></tr>
<tr><td>序号</td><td colspan="2">计划步骤</td><td colspan="3">具体工作内容描述</td></tr>
<tr><td>1</td><td colspan="2">准备工作
（整理建设项目信息，谁去做?）</td><td colspan="3"></td></tr>
<tr><td>2</td><td colspan="2">组织分工
（成立组织，人员具体都完成什么?）</td><td colspan="3"></td></tr>
<tr><td>3</td><td colspan="2">制订两套编制概预算文件方案
（特点是什么?）</td><td colspan="3"></td></tr>
<tr><td>4</td><td colspan="2">计算拟建项目修正概算指标
（都涉及哪些影响因素?）</td><td colspan="3"></td></tr>
<tr><td>5</td><td colspan="2">编制概预算文件过程
（谁负责？整理什么?）</td><td colspan="3"></td></tr>
<tr><td>6</td><td colspan="2">制作编制概预算文件成果表
（谁负责？要素是什么）</td><td colspan="3"></td></tr>
<tr><td>制订计划说明</td><td colspan="5">（写出制订计划中人员为完成任务的主要建议或可以借鉴的建议、需要解释的某一方面）</td></tr>
</table>

决策单

<table>
<tr><td>学习情境2</td><td colspan="2">设计阶段造价管理与控制</td><td>任务4</td><td>编制概预算文件</td></tr>
<tr><td colspan="3">决策学时</td><td colspan="2">1学时</td></tr>
<tr><td colspan="5">决策目的：确定本小组认为最优的编制概预算文件方案。</td></tr>
<tr><td rowspan="7">方案
优劣比对</td><td colspan="2">方案特点</td><td rowspan="2">比对
项目</td><td rowspan="2">确定最优方案
（划√）</td></tr>
<tr><td>方案名称1：</td><td>方案名称2：</td></tr>
<tr><td></td><td></td><td>编制概预算文件的
精度是否达到需求</td><td rowspan="6">方案1优□

方案2优□</td></tr>
<tr><td></td><td></td><td>计算过程
是否得当</td></tr>
<tr><td></td><td></td><td>计算公式
是否准确</td></tr>
<tr><td></td><td></td><td>编制概预算文件的
掌握程度</td></tr>
<tr><td></td><td></td><td>工作效率的
高低</td></tr>
<tr><td colspan="2">方案1编制概预算文件
计算过程思维导图</td><td colspan="2">方案2编制概预算文件
计算过程思维导图</td></tr>
</table>

作 业 单

<table>
<tr><td>学习情境 2</td><td>设计阶段造价管理与控制</td><td>任务 4</td><td>编制概预算文件</td></tr>
<tr><td rowspan="2">参加人员</td><td colspan="2">第________组</td><td>开始时间：</td></tr>
<tr><td colspan="2">签名：</td><td>结束时间：</td></tr>
<tr><td>序号</td><td colspan="2">工作内容记录
（根据实施的具体工作记录，包括存在的问题及解决方法）</td><td>分工
（负责人）</td></tr>
<tr><td>1</td><td colspan="2"></td><td></td></tr>
<tr><td>2</td><td colspan="2"></td><td></td></tr>
<tr><td>3</td><td colspan="2"></td><td></td></tr>
<tr><td>4</td><td colspan="2"></td><td></td></tr>
<tr><td>5</td><td colspan="2"></td><td></td></tr>
<tr><td>6</td><td colspan="2"></td><td></td></tr>
<tr><td>7</td><td colspan="2"></td><td></td></tr>
<tr><td>8</td><td colspan="2"></td><td></td></tr>
<tr><td>9</td><td colspan="2"></td><td></td></tr>
<tr><td>10</td><td colspan="2"></td><td></td></tr>
<tr><td>11</td><td colspan="2"></td><td></td></tr>
<tr><td>12</td><td colspan="2"></td><td></td></tr>
<tr><td rowspan="2">小结</td><td colspan="2">主要描述完成的成果及是否达到目标</td><td>存在的问题</td></tr>
<tr><td colspan="2"></td><td></td></tr>
</table>

检 查 单

<table>
<tr><td>学习情境 2</td><td colspan="3">设计阶段造价管理与控制</td><td colspan="2">任务 4</td><td colspan="3">编制概预算文件</td></tr>
<tr><td>检查学时</td><td colspan="5">课内 0.5 学时</td><td colspan="3">第＿＿＿＿＿组</td></tr>
<tr><td>检查目的及方式</td><td colspan="8">教师过程监控小组的工作情况，如检查等级为不及格，小组需要整改，并拿出整改说明</td></tr>
<tr><td rowspan="2">序号</td><td rowspan="2">检查项目</td><td rowspan="2">检查标准</td><td colspan="6">检查结果分级
（在检查相应的分级框内划“√”）</td></tr>
<tr><td>优秀</td><td>良好</td><td>中等</td><td colspan="2">及格</td><td>不及格</td></tr>
<tr><td>1</td><td>准备工作</td><td>整理建设项目信息材料是否准备完整</td><td></td><td></td><td></td><td colspan="2"></td><td></td></tr>
<tr><td>2</td><td>分工情况</td><td>安排是否合理、全面，分工是否明确</td><td></td><td></td><td></td><td colspan="2"></td><td></td></tr>
<tr><td>3</td><td>工作态度</td><td>小组工作是否积极主动、全员参与</td><td></td><td></td><td></td><td colspan="2"></td><td></td></tr>
<tr><td>4</td><td>纪律出勤</td><td>是否按时完成负责的工作内容、遵守工作纪律</td><td></td><td></td><td></td><td colspan="2"></td><td></td></tr>
<tr><td>5</td><td>团队合作</td><td>是否相互协作、互相帮助、成员是否听从指挥</td><td></td><td></td><td></td><td colspan="2"></td><td></td></tr>
<tr><td>6</td><td>创新意识</td><td>任务完成不照搬照抄，看问题具有独到见解创新思维</td><td></td><td></td><td></td><td colspan="2"></td><td></td></tr>
<tr><td>7</td><td>完成效率</td><td>工作单是否记录完整，是否按照计划完成任务</td><td></td><td></td><td></td><td colspan="2"></td><td></td></tr>
<tr><td>8</td><td>完成质量</td><td>工作单填写是否准确</td><td></td><td></td><td></td><td colspan="2"></td><td></td></tr>
<tr><td>检查评语</td><td colspan="5"></td><td colspan="3">教师签字：</td></tr>
</table>

任务评价单

1. 工作评价单

<table>
<tr><td>学习情境 2</td><td colspan="2">设计阶段造价管理与控制</td><td colspan="2">任务 4</td><td>编制概预算文件</td></tr>
<tr><td colspan="3">评价学时</td><td colspan="3">0.5 学时</td></tr>
<tr><td>评价类别</td><td>项目</td><td>个人评价</td><td>组内互评</td><td>组间互评</td><td>教师评价</td></tr>
<tr><td rowspan="6">专业能力</td><td>资讯
（10%）</td><td></td><td></td><td></td><td></td></tr>
<tr><td>计划
（5%）</td><td></td><td></td><td></td><td></td></tr>
<tr><td>实施
（20%）</td><td></td><td></td><td></td><td></td></tr>
<tr><td>检查
（10%）</td><td></td><td></td><td></td><td></td></tr>
<tr><td>过程
（5%）</td><td></td><td></td><td></td><td></td></tr>
<tr><td>结果
（10%）</td><td></td><td></td><td></td><td></td></tr>
<tr><td rowspan="2">社会能力</td><td>团结协作
（10%）</td><td></td><td></td><td></td><td></td></tr>
<tr><td>敬业精神
（10%）</td><td></td><td></td><td></td><td></td></tr>
<tr><td rowspan="2">方法能力</td><td>计划能力
（10%）</td><td></td><td></td><td></td><td></td></tr>
<tr><td>决策能力
（10%）</td><td></td><td></td><td></td><td></td></tr>
<tr><td rowspan="3">评价评语</td><td>班级</td><td></td><td>姓名</td><td></td><td>学号</td><td></td><td>总评</td><td></td></tr>
<tr><td>教师签字</td><td></td><td>第　　组</td><td>组长签字</td><td></td><td>日期</td><td></td></tr>
<tr><td colspan="8">评语：</td></tr>
</table>

2. 小组成员素质评价单

<table>
<tr><td>学习情境2</td><td colspan="2">设计阶段造价管理与控制</td><td>任务4</td><td colspan="2">编制概预算文件</td></tr>
<tr><td colspan="3">评价学时</td><td colspan="3">0.5 学时</td></tr>
<tr><td>班级</td><td></td><td>第______组</td><td>成员姓名</td><td colspan="2"></td></tr>
<tr><td>评分说明</td><td colspan="5">每个小组成员评价分为自评和小组其他成员评两部分，取平均值计算，作为该小组成员的任务评价个人分数。评价项目共设计五个，依据评分标准给予合理量化打分。小组成员自评分后，要找小组其他成员不记名方式打分，成员互评分为其他小组成员的平均分</td></tr>
<tr><td>对象</td><td>评分项目</td><td colspan="3">评分标准</td><td>评分</td></tr>
<tr><td rowspan="5">自评
(100 分)</td><td>核心价值观(20 分)</td><td colspan="3">思想及行动是否符合社会主义核心价值观</td><td></td></tr>
<tr><td>工作态度(20 分)</td><td colspan="3">是否按时完成负责的工作内容、遵守纪律，是否积极主动参与小组工作，是否全过程参与，是否吃苦耐劳，是否具有工匠精神</td><td></td></tr>
<tr><td>交流沟通(20 分)</td><td colspan="3">是否能良好地表达自己的观点，是否能倾听他人的观点</td><td></td></tr>
<tr><td>团队合作(20 分)</td><td colspan="3">是否与小组成员合作完成，做到相互协助、相互帮助、听从指挥</td><td></td></tr>
<tr><td>创新意识(20 分)</td><td colspan="3">是否能独立思考，提出独到见解，是否能够运用创新思维解决遇到的问题</td><td></td></tr>
<tr><td rowspan="5">成员互评
(100 分)</td><td>核心价值观(20 分)</td><td colspan="3">思想及行动是否符合社会主义核心价值观</td><td></td></tr>
<tr><td>工作态度(20 分)</td><td colspan="3">是否按时完成负责的工作内容、遵守纪律，是否积极主动参与小组工作，是否全过程参与，是否吃苦耐劳，是否具有工匠精神</td><td></td></tr>
<tr><td>交流沟通(20 分)</td><td colspan="3">是否能良好地表达自己的观点，是否能倾听他人的观点</td><td></td></tr>
<tr><td>团队合作(20 分)</td><td colspan="3">是否与小组成员合作完成，做到相互协助、相互帮助、听从指挥</td><td></td></tr>
<tr><td>创新意识(20 分)</td><td colspan="3">是否能独立思考，提出独到见解，是否能够运用创新思维解决遇到的问题</td><td></td></tr>
<tr><td colspan="2">最终小组成员得分</td><td colspan="4"></td></tr>
<tr><td colspan="2">小组成员签字</td><td colspan="2"></td><td>评价时间</td><td></td></tr>
</table>

教学反馈单

学习领域	工程造价控制			
学习情境 2	设计阶段造价管理与控制		任务 4	编制概预算文件
学时			6 学时	

序号	调查内容	是	否	理由陈述
1	你是否喜欢这种上课方式?			
2	与传统教学方式比较你认为哪种方式学到的知识更适用?			
3	针对每个学习任务你是否学会如何进行资讯?			
4	计划和决策感到困难吗?			
5	你认为学习任务对你将来的工作有帮助吗?			
6	通过本任务的学习,你学会如何确定拟建工程的土建单位工程概算造价这项工作了吗?今后遇到实际的问题你可以解决吗?			
7	你能够对实际工程建设项目编制单项工程综合概算书了吗?			
8	你学会编制施工图预算了吗?			
9	通过几天来的学习,你对自己的表现是否满意?			
10	你对小组成员之间的合作是否满意?			
11	你认为本情境还应学习哪些方面的内容?(请在下面空白处填写)			

你的意见对改进教学非常重要,请写出你的建议和意见:

被调查人签名		调查时间	

学习情境3

发承包阶段造价管理与控制

学习指南

情境导入

某高层商业办公综合楼工程建筑面积为90 000 m^2。根据计算，建筑工程造价为2 300元/m^2，安装工程造价为1 200元/m^2，装饰装修工程造价为1 000元/m^2，其中定额人工费占分部分项工程造价的15%。措施费以分部分项工程费为计费基础，其中安全文明施工费费率为1.5%，其他措施费费率合计1%。其他项目费合计800万元，规费费率为8%，增值税率为9%，按照《建设工程工程量清单计价规范》(GB 50500—2013)规定计算招标控制价。

文本

学习情境3：情境背景资料

高层商业办公综合楼采用公开招标方式进行项目施工招标。

【扫描二维码获取招标过程中的背景资料】

背景资料中的事件是否存在不妥之处，如果存在，请说明理由。

学习目标

1. 知识目标

(1)能说出招标的分类及内容、施工招标的程序、招标文件的构成；

(2)能说出招标控制价的编制步骤和方法；

(3)能说出投标策略的适用条件，完成施工评标定标，说出施工合同的主要条款及合同价款如何确定。

2. 能力目标

(1)能编制工程招标控制价；

(2)能解决建设项目施工招标过程中招标控制价的编制和公布、合同调价条款的设置、现场踏勘的组织、一些典型事件的处理；解决建设项目施工招标过程中评标委员会成员对评标结果有异议和中标通知书的发放、一些典型事件的处理；

(3)能按照建设项目施工投标的程序和投标报价的编制方法，运用投标报价策略编制投标报价，确定工程合同价款，解决合同条款签订中易发生争议的若干问题；

(4)通过完成工作任务，学生能够充实二级造价工程师必须应知应会的知识，能够独立完成完整的造价工作。

3. 素质目标

能够在完成任务过程中，培养学生爱岗敬业、能吃苦耐劳，能团结协作、互相帮助，工作中诚实劳动、信守承诺、诚恳待人，做事钻研奋进、精益求精，培育工匠精神、契约精神和诚信精神，必须严格按有关规范进行，并以高度的责任感和严格的科学态度认真对待，从招投标的角度理解中央推行的全面依法治国战略。

工作任务

1. 编制招标控制价　　参考学时:4学时
2. 运用投标报价策略编制投标报价　　参考学时:6学时

任务 5　编制招标控制价

任务单

<table>
<tr><td>学习领域</td><td colspan="6">工程造价控制</td></tr>
<tr><td>学习情境 3</td><td colspan="2">发承包阶段造价管理与控制</td><td colspan="2">任务 5</td><td colspan="2">编制招标控制价</td></tr>
<tr><td colspan="3">任务学时</td><td colspan="4">4 学时</td></tr>
<tr><td colspan="7">布置任务</td></tr>
<tr><td>工作目标</td><td colspan="6">1. 能够说出招标的分类及内容、陈述施工招标的程序、说出招标文件的构成及招标控制价的编制步骤和方法；
2. 能够编制工程招标控制价；
3. 能够解决建设项目施工招标过程中招标控制价的编制和公布、合同调价条款的设置、现场踏勘的组织、一些典型事件的处理；
4. 能够解决建设项目施工招标过程中评标委员会成员对评标结果有异议和中标通知书的发放、一些典型事件的处理；
5. 能够在完成任务过程中，培养学生爱岗敬业、能吃苦耐劳，能团结协作、互相帮助，做事钻研奋进、精益求精，培育工匠精神，必须严格按有关规范进行，并以高度的责任感和严格的科学态度认真对待，从招投标的角度理解中央推行的全面依法治国战略</td></tr>
<tr><td>任务描述</td><td colspan="6">文本
任务5：编制招标控制价
【扫描二维码获取工作任务】
招标控制价是指招标人根据国家或省级行业建设主管部门颁发的有关计价依据和办法，及拟定的招标文件和招标工程量清单，结合工程具体情况编制的招标工程的最高投标限价。国有资金投资的工程建设项目应实行工程量清单招标，并应编制招标控制价。根据某工程招标文件中的工程量清单及相关要求，计算分部分项工程费、措施项目费、其他项目费、规费、税金，完成招标控制价的编制</td></tr>
<tr><td rowspan="2">学时安排</td><td>资讯</td><td>计划</td><td>决策或分工</td><td>实施</td><td>检查</td><td>评价</td></tr>
<tr><td>0.5 学时</td><td>0.5 学时</td><td>1 学时</td><td>1 学时</td><td>0.5 学时</td><td>0.5 学时</td></tr>
<tr><td>对学生学习及成果的要求</td><td colspan="6">1. 每名同学均能按照自学资讯思维导图自主学习，并完成课前自学的问题训练和自学自测；
2. 严格遵守课堂纪律，不迟到、不早退；学习态度认真、端正，能够正确评价自己和同学在本任务中的素质表现；
3. 每位同学必须积极动手并参与小组讨论，分析编制招标控制价的依据，编制招标控制价，能够与小组成员合作完成工作任务；
4. 每位同学都可以讲解任务完成过程，接受教师与同学的点评，同时参与小组自评与互评；
5. 每组必须完成全部“编制招标控制价”工作的报告工单，并提请教师进行小组评价，小组成员分享小组评价分数或等级；
6. 每名同学均完成任务反思，以小组为单位提交</td></tr>
</table>

资讯思维导图

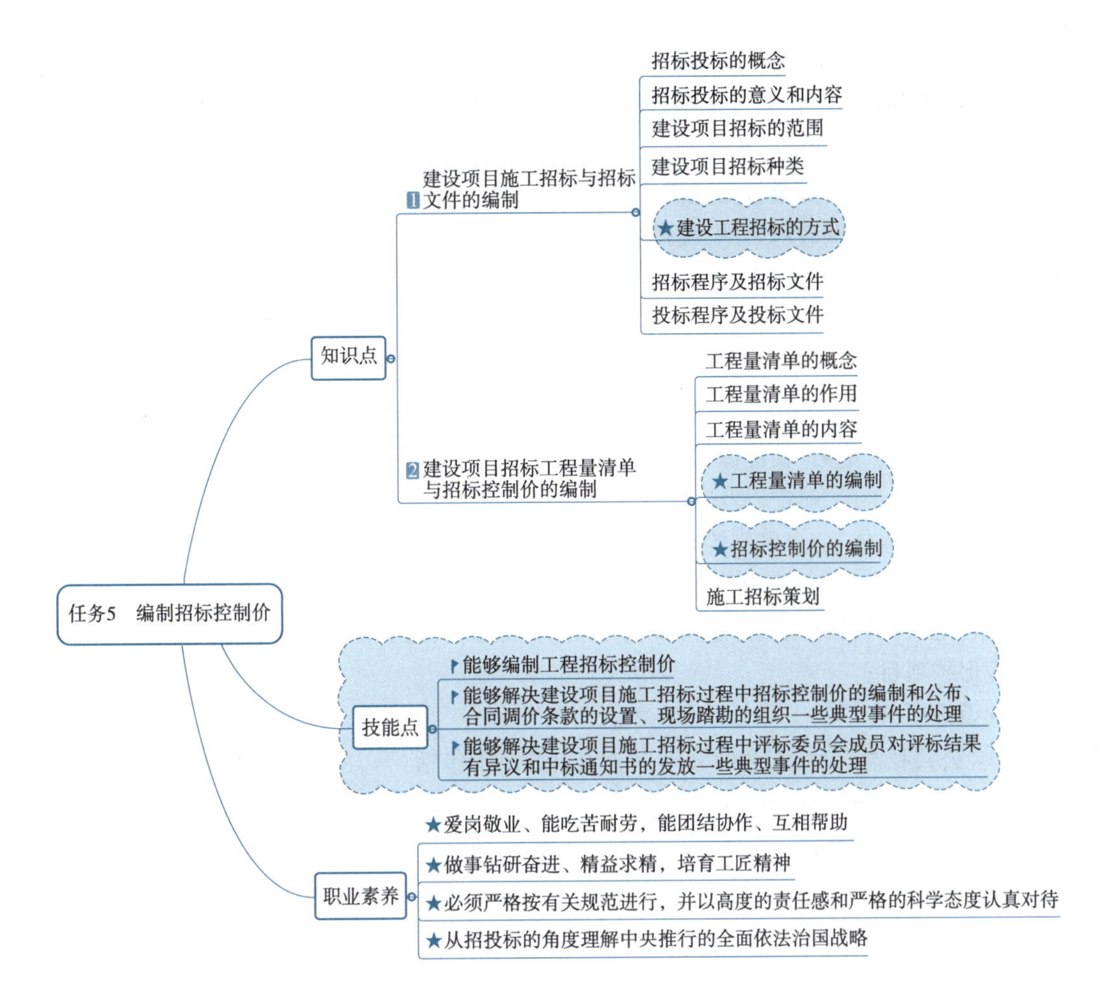

课前自学

知识模块1 建设项目施工招标与招标文件的编制

一、招标投标的概念

建设工程招标是指招标人在发包建设项目之前，公开招标或邀请投标人，根据招标人的意图和要求提出报价，择日当场开标，以便从中择优选定中标人的一种经济活动。

建设工程投标是工程招标的对称概念，指具有合法资格和能力的投标人根据招标条件，经过初步研究和估算，在指定期限内填写标书，提出报价，并等候开标，决定能否中标的经济活动。

二、招标投标的意义和内容

实行建设项目的招标投标基本形成了由市场定价的价格机制，使工程价格更加趋于合理；实行建设项目的招标投标能够不断降低社会平均劳动消耗水平，使工程价格受到有效控制；实行建设项目的招标投标便于供求双方更好地相互选择，使工程价格更加符合价值基础，进而更好地控制工程造价；实行建设项目的招标投标有利于规范价格行为，使公开、公平、公正的原则得以贯彻；实行建设项目的招标投标能够减少交易费用，节省人力、物力、财力，进而使工程造价有所降低。

三、建设项目招标的范围

1.《招标投标法》规定

我国《招标投标法》指出，凡在中华人民共和国境内进行下列工程建设项目，包括项目的勘察、设计、施工、监理以及与工程建设有关的重要设备、材料等的采购，必须进行招标。一般包括：

①大型基础设施、公用事业等关系社会公共利益、公共安全的项目。

②全部或者部分使用国有资金投资或国家融资的项目。

③使用国际组织或者外国政府贷款、援助资金的项目。

2.《工程建设项目招标范围和规模标准规定》规定

原国家计委《工程建设项目招标范围和规模标准规定》（2000 年 5 月 1 日国家发展计划委员会发布）对上述工程建设项目招标范围和规模标准又作出具体规定：

（1）关系社会公共利益、公众安全的基础设施项目的范围包括：

①煤炭、石油、天然气、电力、新能源等能源项目；

②铁路、公路、管道、水运、航空以及其他交通运输业等交通运输项目；

③邮政、电信枢纽、通信、信息网络等邮电通信项目；

④防洪、灌溉、排涝、引（供）水、滩涂治理、水土保持、水利枢纽等水利项目；

⑤道路、桥梁、地铁和轻轨交通、污水排放及处理、垃圾处理、地下管道、公共停车场等城市设施项目；

⑥生态环境保护项目；

⑦其他基础设施项目。

（2）关系社会公共利益、公众安全的公用事业项目的范围包括：

①供水、供电、供气、供热等市政工程项目；

②科技、教育、文化等项目；

③体育、旅游等项目；

④卫生、社会福利等项目；

⑤商品住宅，包括经济适用住房；

⑥其他公用事业项目。

（3）使用国有资金投资项目的范围包括：

①使用各级财政预算资金的项目；

②使用纳入财政管理的各种政府性专项建设基金的项目；

③使用国有企业事业单位自有资金，并且国有资产投资者实际拥有控制权的项目。

（4）国家融资项目的范围包括：

①使用国家发行债券所筹资金的项目；

②使用国家对外借款或者担保所筹资金的项目；

③使用国家政策性贷款的项目；

④国家授权投资主体融资的项目；

⑤国家特许的融资项目。

（5）使用国际组织或者外国政府资金项目的范围包括：

①使用世界银行、亚洲开发银行等国际组织贷款资金的项目；

②使用外国政府及其机构贷款资金的项目；

③使用国际组织或者外国政府援助资金的项目。

（6）以上第（1）条至第（5）条规定范围内的各类工程建设项目，包括项目的勘察、设计、施工、监理以及与工程建设有关的重要设备、材料等的采购，达到下列标准之一的，必须进行招标：

①施工单项合同估算价在 200 万元以上的；

②重要设备、材料等货物的采购，单项合同估算价在 100 万元以上的；

③勘察、设计、监理等服务的采购，单项合同估算价在50万元以上的；

④单项合同估算价低于第①、②、③项规定的标准，但项目总投资额在3 000万元以上的。

(7)建设项目的勘察、设计，采用特定专利或者专有技术的，或者其建筑艺术造型有特殊要求的，经项目主管部门批准，可以不进行招标。

(8)依法必须进行招标的项目，全部使用国有资金投资或者国有资金投资占控股或者主导地位的，应当公开招标。

3.《房屋建筑和市政基础设施工程施工招标投标管理办法》规定

中华人民共和国建设部第89号令《房屋建筑和市政基础设施工程施工招标投标管理办法》中的规定对于涉及国家安全、国家秘密、抢险救灾或者属于利用扶贫资金实行以工代赈、需要使用农民工等特殊情况，不适宜进行招标的项目，按照国家有关规定可以不进行招标。凡按照规定应该招标的工程不进行招标，应该公开招标的工程不公开招标的，招标单位所确定的承包单位一律无效。建设行政主管部门按照《建筑法》第八条的规定，不予颁发施工许可证；对于违反规定擅自施工的，依据《建筑法》第六十四条的规定，追究其法律责任。

四、建设项目招标种类

建设项目招标投标多种多样，按照不同的标准可以进行不同的分类。

(一)按照工程建设程序分类

按照工程建设程序，可以将建设项目招标投标分为：建设项目前期咨询招标投标；勘察设计招标；材料设备采购招标；工程施工招标；建设项目全过程工程造价跟踪审计招标；工程项目监理招标。

本书主要以工程施工招标为重点介绍招投标阶段的工程造价控制。

(二)按工程项目承包的范围分类

按工程承包的范围可将工程招标划分为：项目总承包招标、项目阶段性招标、设计施工招标、工程分承包招标及专项工程承包招标。

1. 项目总承包招标

项目总承包招标，即选择项目全过程总承包人招标，这种又可分为两种类型，其一是指工程项目实施阶段的全过程招标；其二是指工程项目建设全过程的招标。前者是在设计任务书完成后，从项目勘察、设计到施工交付使用进行一次性招标；后者则是从项目的可行性研究到交付使用进行一次性招标，业主只需提供项目投资和使用要求及竣工、交付使用期限，其可行性研究、勘察设计、材料和设备采购、土建施工设备安装及调试、生产准备和试运行、交付使用，均由一个总承包商负责承包，即所谓“交钥匙工程”。承揽“交钥匙工程”的承包商称为总承包商，绝大多数情况下，总承包商要将工程部分阶段的实施任务分包出去。

无论是项目实施的全过程还是某一阶段或程序，按照工程建设项目的构成，可以将建设项目招标投标分为全部工程招标投标、单项工程招标投标、单位工程招标投标、分部工程招标投标、分项工程招标投标。全部工程招标投标，是指对一个建设项目(如一所学校)的全部工程进行的招标。单项工程招标，是指对一个工程建设项目中所包含的单项工程(如一所学校的教学楼、图书馆、食堂等)进行的招标。单位工程招标是指对一个单项工程所包含的若干单位工程(如实验楼的土建工程)进行招标。分部工程招标是指对一项单位工包含的分部工程(如土石方工程、深基坑工程、楼地面工程、装饰工程等)进行招标。

应当强调指出的是，为了防止对将工程肢解后进行发包，我国一般不允许对分部工程招标，允许特殊专业工程招标，如深基础施工、大型土石方工程施工等。但是，国内工程招标中的所谓项目总承包招标往往是指对一个项目施工过程全部单项工程或单位工程进行的总招标，与国际惯例所指的总承包尚有相当大的差距，为与国际接轨，提高我国建筑企业在国际建筑市场的竞争能力，深化施工管理体制的改革，造就一批具有真正总包能力的智力密集型的龙头企业，是我国建筑业发展的重要战略目标。

2. 工程分包招标

工程分包招标是指中标的工程总承包人作为其中标范围内的工程任务的招标人，将其中标范围内的工程任务，通过招标投标的方式，分包给具有相应资质的分承包人，中标的分承包人只对招标的总承包人负责。

3. 专项工程承包招标

专项工程承包招标是指在工程承包招标中，对其中某项比较复杂或专业性强、施工和制作要求特殊的单项工程进行单独招标。

(三)按工程承发包模式分类

随着建筑市场运作模式与国际接轨进程的深入,我国承发包模式也逐渐呈现多样化,主要包括工程咨询承包、交钥匙工程承包模式、设计施工承包模式、设计管理承包模式、BOT 工程模式、CM 模式。

五、建设工程招标的方式

(一)公开招标

公开招标又称无限竞争招标,是由招标单位通过报刊、广播、电子网络、电视等方式发布招标广告,有投标意向的承包商均可参加投标资格审查,审查合格的承包商可购买或领取招标文件,参加投标的招标方式。

优点:投标的承包商多、竞争范围大,招标人可获得质优价廉的货物、工程或服务;可以引进先进的设备、技术和工程技术及管理经验;可保证所有合格的投标人都有参加投标、公平竞争的机会;有利于降低工程造价,提高工程质量和缩短工期。

缺点:由于投标的承包商多,招标工作量大,组织工作复杂,需投入较多的人力、物力,招标过程所需时间较长,因而此类招标方式主要适用于投资额度大、工艺、结构复杂的较大型工程建设项目。

公开招标是最具竞争性的招标方式;公开招标是程序最完整、最规范、最典型的招标方式;公开招标也是所需费用最高、花费时间最长的招标方式。

(二)邀请招标

邀请招标又称有限竞争性招标。这种方式不发布广告,业主根据自己的经验和所掌握的各种信息资料,向有承担该项工程施工能力的三个以上(含三个)承包商发出投标邀请书,收到邀请书的单位有权利选择是否参加投标。

邀请招标的特点:招标不使用公开的招标方式;接受邀请的单位才是合格的投标人;投标人的数量有限。

优点:参加竞争的投标商数目可由招标单位控制,目标集中,招标的组织工作较容易,工作量比较小。

缺点:由于参加的投标单位相对较少,竞争性范围较小,使招标单位对投标单位的选择余地较少,如果招标单位在选择被邀请的承包商前所掌握信息资料不足,则会失去发现最适合承担该项目的承包商的机会。

六、招标程序及招标文件

(一)招标程序

①招标活动的准备工作。

②招标公告和投标邀请书的编制与发布。

③资格预审。

④编制和发售招标文件。

⑤勘查现场与召开投标预备会。

⑥建设项目投标。

⑦开标、评标和定标。

(二)招标文件的编制、发售与修改

1. 招标文件的编制

①按照中华人民共和国建设部第 89 号令《房屋建筑和市政基础设施工程施工招标投标管理办法》,工程施工招标应当具备下列条件:

按照国家有关规定需要履行项目审批手续的,已经履行审批手续;工程资金或者资金来源已经落实;有满足施工招标需要的设计文件及其他技术资料;法律、法规、规章规定的其他条件。

②在中华人民共和国建设部第 89 号令中指出,招标人应当根据招标工程的特点和需要,自行或者委托工程招标代理机构编制招标文件。招标文件应当包括下列内容:

投标须知;招标工程的技术要求和设计文件;采用工程量清单招标的,应当提供工程量清单;投标用的格式及附录;拟签订合同的主要条款;要求投标人提交的其他材料。

2. 招标文件的发售与修改

①招标文件一般发售给通过资格预审、获得投标资格的投标人。投标人在收到招标文件后,应认真核对,核对无误后应以书面形式予以确认。招标文件的价格一般等于编制、印刷这些招标文件的成本,招标活动中的其他费用(如发布招标公告等)不应打入该成本。投标人购买招标文件的费用,不论中标与否都不予退还。其中的设计文件,招标人可以酌收押金。对于开标后将设计文件退还的,招标人应当退还押金。

②招标文件的修改。招标人对已发出的招标文件进行必要的澄清或者修改的,应当在招标文件要求提交投标文件截止时间至少15日前,以书面形式通知所有招标文件收受人。该澄清或者修改的内容为招标文件的组成部分。

七、投标程序及投标文件

(一)投标程序

①投标报价前期的调查研究,收集信息资料。

②对是否参加投标做出决策。

③研究招标文件并制定施工方案。

④投标文件及投标报价的编制。

⑤确定投标报价的策略。

⑥投标担保。

(二)投标文件及投标报价的编制

1. 投标文件的编制

(1)投标前的准备

①投标人及其资格要求。投标人是响应招标、参加投标竞争的法人或者其他组织。响应招标,是指投标人应当对招标人在招标文件中提出的实质性要求和条件作出响应。自然人不能作为建设工程项目的投标人。

②调查研究,收集投标信息和资料。

③建立投标机构。

④投标决策。

⑤准备相关的资料。

(2)投标文件的编制与递交

按照中华人民共和国建设部第89号令《房屋建筑和市政基础设施工程施工招标投标管理办法》,投标人应当按照招标文件的要求编制投标文件,对招标文件提出的实质性要求和条件做出响应。

投标文件的递交:投标人应在投标截止时间前,将密封的投标文件送达投标地点。招标人收到投标文件后,应当签收保存,不得开启。招标人拒收投标截止时间后送达的投标文件。

2. 投标报价的编制

(1)投标报价的编制方法

以定额计价模式投标报价。一般是采用预算定额来编制,即按照定额规定的分部分项工程子目逐项计算工程量,套用定额基价或根据市场价格确定直接费,然后按规定的费用定额计取各项费用,最后汇总形成报价。

以工程量清单计价模式投标报价。这是与市场经济相适应的投标报价方法,也是国际通用的竞争性招标方式所要求的。一般是由标底编制单位根据业主委托,将拟建招标工程全部项目和内容按相关的计算规则计算出工程量,列在清单上作为招标文件的组成部分,供投标人逐项填报单价,计算出总价,作为投标报价,然后通过评标竞争,最终确定合同价。工程量清单报价由招标人给出工程量清单,投标者填报单价,单价应完全依据企业技术、管理水平等企业实力而定,以满足市场竞争的需要。

(2)投标报价的编制程序

不论采用何种投标报价体系,一般计算过程是:复核或计算工程量、确定单价和计算合价、确定分包工程费、确定利润、确定风险费、确定投标价格。

思一思

公开招标和邀请招标方式的区别，每种招标方式的适用条件是什么？

知识模块2　建设项目招标工程量清单与招标控制价的编制

一、工程量清单的概念

工程量清单是表现拟建工程的分部分项工程项目、措施项目、其他项目名称和相应数量的明细清单。

工程量清单是招标文件的组成部分。是由招标人发出的一套注有拟建工程各实物工程名称、性质、特征、单位、数量及开办项目、税费等相关表格组成的文件。

二、工程量清单的作用

为投标者提供一个公开、公平、公正的竞争环境。工程量清单由招标人提供统一的工程量，避免了由于计算不准确、项目不一致等人为造成的不公正等因素。

是计价和询标、评标的基础。工程量清单由招标人提供，无论是标底的编制还是企业投标报价，都必须在清单的基础上进行。当然，如果发现清单有计算错误或是漏项，也可按招标文件的有关要求在中标后进行修正。

为施工过程中支付工程进度款提供依据。与合同结合，工程量清单为施工过程中的进度款支付提供了依据。

为办理工程结算、竣工结算及工程索赔提供了重要依据。

设有标底价格的招标工程，招标人利用工程量清单编制标底价格，供评标时参考。

三、工程量清单的内容

工程量清单的内容包括工程量清单说明和工程量清单表。

工程量清单表作为清单项目和工程数量的载体，是工程量清单的重要组成部分。合理的清单项目设置和准确的工程数量，是清单的前提和基础。对于招标人来讲，工程量清单表是进行投资控制的前提和基础，工程量清单表编制的质量直接关系和影响到工程建设的最终结果。

四、工程量清单的编制

工程量清单的项目设置规则是为了统一工程量清单项目名称、项目编码、计量单位和工程量计算而制定的，是编制工程量清单的依据。在《建设工程工程量清单计价规范》中，对工程量清单项目的设置作了明确的规定。

1. 项目编码

项目编码以五级编码设置，用十二位阿拉伯数字表示。一、二、三、四级编码统一；第五级编码由工程量清单编制人区分具体工程的清单项目特征而分别编码。

2. 项目名称

项目名称原则上以形成工程实体而命名。项目名称如有缺项，招标人可按相应的原则进行补充，并报当地工程造价管理部门备案。

3. 项目特征

项目特征是对项目的准确描述，是影响价格的因素，是设置具体清单项目的依据。项目特征按不同的工程部位、施工工艺或材料品种、规格等分别列项。凡项目特征中未描述到的其他独有特征，由清单编制人视项目具体情况确定，以准确描述清单项目为准。

4. 计量单位

计量单位应采用基本单位，除各专业另有特殊规定外，均按以下单位计量：

以质量计算的项目——吨或千克（t或kg）；

以体积计算的项目——立方米（m^3）；

以面积计算的项目——平方米（m^2）；

以长度计算的项目——米（m）；

以自然计量单位计算的项目——个、套、块、模、组、台……

没有具体数量的项目——系统、项……

各专业有特殊计量单位的，再另外加以说明。

5. 工程内容

工程内容是指完成该清单项目可能发生的具体工程，可供招标人确定清单项目和投标人投标报价参考。以建筑工程的砖墙为例，可能发生的具体工程有搭拆内墙脚手架、运输、砌砖、勾缝等。凡工程内容中未列全的其他具体工程，由投标人按招标文件或图纸要求编制，以完成清单项目为准，综合考虑到报价中。

6. 工程数量的计算

工程量的计算规则按主要专业划分，包括建筑工程、装饰装修工程、安装工程、市政工程和园林绿化工程五个专业部分。

五、招标控制价的编制

(一)招标控制价的编制依据

招标控制价的编制依据是指在编制招标控制价时需要进行工程量计价、价格确认、工程计价的有关参数、率值的确定等工作时所需的基础性资料，主要包括以下几方面：

现行国家标准《建设工程工程量清单计价规范》(GB 50500—2013)与专业工程计量规范；国家或省级、行业建设主管部门颁发的计价定额和计价办法；建设工程设计文件及相关资料；

拟定的招标文件及招标工程量清单；与建设项目相关的标准、规范、技术资料；施工现场情况、工程特点及常规施工方案；工程造价管理机构发布的工程造价信息；工程造价信息没有发布的，参照市场价。

招标控制价的作用决定了招标控制价不同于标底，无须保密。为体现招标的公平、公正，防止招标人有意抬高或压低工程造价，招标人应在招标文件中如实公布招标控制价，不得对所编制的招标控制价进行上浮或下调。招标人在招标文件中公布招标控制价时，应公布招标控制价各组成部分的详细内容，不得只公布招标控制价总价。同时，招标人应将招标控制价报工程所在地的工程造价管理机构备查。

投标人经复核认为招标人公布的招标控制价未按照《建设工程工程量清单计价规范》(GB 50500—2013)的规定进行编制的，应在开标前5天向招投标监督机构或(和)工程造价管理机构投诉。招投标监督机构应会同工程造价管理机构对投诉进行处理，当招标控制价误差 $> \pm3\%$ 的应责成招标人修改。招标人根据招标控制价复查结论，需要修改公布的招标控制价的，且最终招标控制价的发布时间至投标截止时间不足15天的，应当延长投标文件的截止时间。

(二)招标控制价的作用

我国对国有资金投资项目是控制实行的投资概算审批制度，国有资金投资的工程原则上不能超过批准的投资概算。因此，在工程招标发包时，当编制的招标控制价超过批准的概算，招标人应当将其报原概算审批部门重新审核。

国有资金投资的工程进行招标，根据《中华人民共和国招标投标法》的规定，招标人可以设标底。当招标人不设标底时，为有利于客观、合理地评审投标报价和避免哄抬标价，造成国有资产流失，根据《建设工程工程量清单计价规范》(GB 50500—2013)规定，国有资金投资时工程招标人必须编制招标控制价。

国有资金投资的工程，招标人编制并公布的招标控制价相当于招标人的采购预算，同时要求其不能超过批准的概算，因此，招标控制价是招标人在工程招标时能接受投标人报价的最高限价。

(三)编制招标控制价的规定

投标人的投标报价若超过招标控制价的，其投标作为废标处理；工程造价咨询人不得同时接受招标人和投标人对同一工程的招标控制价和投标报价的编制；招标控制价应在招标文件中公布，且在公布招标控制价时，除公布招标控制价的总价外，还应公布各单位工程的分部分项工程费、措施项目费、其他项目费、规费和税金；投标人经复核认为招标人公布的招标控制价未按规定进行编制的，应在招标控制价公布后5天内向招标投标监督机构和工程造价管理机构投诉。工程造价管理机构受理投诉后，应立即对招标控制价进行复查，组织投诉人、被投诉人或其委托的招标控制价编制人等单位人员对投诉问题逐一核对。当复查结论与原公布的招标控制价误差 > ±3% 时，应责成招标人改正。

（四）招标控制价的编制方式

工程施工招标控制价的编制多采用两种方式：一是以工程量清单计价法编制招标控制价；二是以定额计价法编制招标控制价。

1. 以工程量清单计价法编制招标控制价

采用工程量清单计价时，招标控制价的编制内容包括分部分项工程费、措施项目费、其他项目费、规费和税金。

（1）分部分项工程费

分部分项工程费应根据招标文件中的分部分项工程量清单项目的特征描述及有关要求，按《建设工程工程量清单计价规范》（GB 50500—2013）有关规定确定综合单价进行计算。

工程量依据招标文件中提供的分部分项工程量清单确定，确定综合单价进行计算。综合单价中应包括招标文件中要求投标人承担的风险费用。招标文件提供了暂估单价的材料，按暂估的单价计入综合单价。为使招标控制价与投标报价所包含的内容一致，综合单价中应包括招标文件中要求投标人所承担的风险内容及其范围（幅度）产生的风险费用。

综合单价的组价程序如下：

①依据工程量清单、施工图纸，工程所在地颁发的计价定额规定。

②确定所组价的定额项目名称，并计算相应的工程量。

③依据工程造价政策规定或工程造价信息确定其人工、材料、机械台班单价。

④考虑风险因素确定管理费率和利润率的基础上，按规定程序计算出所组价定额项目的合价。

定额项目合价 = 定额项目工程量 × ∑（定额人工消耗量 × 人工单价）+ ∑（定额材料消耗量 × 材料单价）+ ∑（定额机械台班消耗量 × 机械台班单价）+ 价差（基价或人工、材料、机械费用）+ 管理费 + 利润

工程量清单综合单价 =（∑定额项目合价 + 未计价材料）/工程量清单项目工程量

（2）措施项目费

措施项目费中的安全文明施工费应当按照国家或省级、行业建设主管部门的规定标准计价，该部分不得作为竞争性费用。措施项目费应按招标文件中提供的措施项目清单确定，措施项目分以“量”和以“项”计算两种。对于可精确计量的措施项目，以“量”计算即按其工程量用与分部分项工程工程量清单单价相同的方式确定综合单价；对于不可精确计量的措施项目，则以“项”为单位，采用费率法时需确定某项费用的计费基数及其费率，结果应是包括除规费、税金以外的全部费用。

计算公式为：以“项”计算的措施项目清单费 = 措施项目计费基数 × 费率

（3）其他项目费

其他项目费应按下列规定计价

①暂列金额。暂列金额可根据工程的复杂程度，设计深度、工程环境条件（包括地质、水文、气候条件等）进行估算，一般可按分部分项工程费的 10% ~15% 作为参考。

②暂估价。暂估价包括材料暂估价和专业工程暂估价。暂估价中的材料单价应按照工程造价管理机构发布的工程造价信息中的材料单价计算，工程造价信息未发布的材料单价，其单价参考市场价格估算；暂估价中的专业工程暂估价应分不同专业，按有关计价规定估算。

③计日工。计日工包括计日工人工、材料和施工机械。在编制招标控制价时，对计日工中的人工单价和施工机械台班单价应按省级行业建设主管部门或其授权的工程造价管理机构公布的单价计算；材料应按工程造价管理机构发布的工程造价信息中的材料单价计算，工程造价信息未发布材料单价的材料，其价格应按市场调查确定的单价计算。

④总承包服务费。总承包服务费是指总承包人为配合、协调建设单位进行的专业工程发包，对建设单位自行采购的材料、工程设备等进行保管以及施工现场管理、竣工资料汇总整理等服务所需的费用。招标人应根据招标文件中列出的内容和向总承包人提出的要求，参照下列标准计算。

招标人要求对分包的专业工程进行总承包管理和协调时，按分包的专业工程估算造价的 1.5% 计算。

招标人要求对分包的专业工程进行总承包管理和协调，并同时要求提供配合服务时，根据招标文件中列出的配合服务内容和提出的要求，按分包的专业工程估算造价的3% ~5% 计算。招标人自行供应材料的，按招标人供应材料价值的1% 计算。

(4)规费和税金

招标控制价的规费和税金必须按国家或省级行业建设主管部门的规定计算，为不可竞争费用。

2. 以定额计价法编制招标控制价

以定额计价法编制招标控制价是传统的编制招标控制价的方法。根据所选用的定额的形式，分为单位估价法和实物量法。

(1)单位估价法编制招标控制价

单位估价法编制招标控制价，选用的定额形式是各地区编制的单位估价表根据地区单位估价表中规定的工程量计算规则，进行分部分项工程量的计算。将工程量套用相应的单位估价表子目价格，求出工程的人工费、材料费、机械使用费，将其汇总求和，得到直接费。根据费用定额进行取费，求得间接费、利润及税金。

对上述各项费用按照当时当地的市场调价文件进行价差调整，最终得到招标控制价格。

(2)实物量法编制招标控制价

实物量法编制招标控制价，选用的定额形式是建设行政主管部门颁布的消耗量定额。根据定额中规定的工程量计算规则，计算分部分项工程量。

将工程量套用定额中各子目的工料机消耗量指标，求出整个工程所需的人工消耗量、材料消耗量、机械台班消耗量，根据当时当地的市场价格水平，计算整个工程的人工费、材料费、机械使用费，并将“三费”汇总求和，得到直接费。根据费用定额进行取费。将直接费、间接费、利润、税金汇总，得到招标控制价格。

六、施工招标策划

施工招标策划是指建设单位及其委托的招标代理机构在准备招标文件前，根据工程项目特点及潜在投标人情况等确定招标方案。招标策划的好坏，关系到招标的成败，直接影响投标人的投标报价乃至施工合同价。因此，招标策划对于施工招投标过程中的工程造价管理起着关键作用。施工招标策划主要包括施工标段划分、合同计价方式及合同类型选择等内容。

(一)施工标段划分

工程项目施工是一个复杂的系统工程，影响标段划分的因素有很多。应根据工程项目的内容、规模和专业复杂程度确定招标范围，合理划分标段。对于工程规模大、专业复杂的工程项目，建设单位的管理能力有限时，应考虑采用施工总承包的招标方式选择施工队伍。这样，有利于减少各专业之间因配合不当造成的窝工、返工、索赔风险。但采用这种承包方式，有可能使工程报价相对较高。对于工艺成熟的一般性项目，涉及专业不多时，可考虑采用平行承包的招标方式，分别选择各专业承包单位并签订施工合同。采用这种承包方式，建设单位一般可得到较为满意的报价，有利于控制工程造价。

划分施工标段时，应考虑的因素包括：工程特点、对工程造价的影响、承包单位专长的发挥、工地管理等。

1. 工程特点

如果工程场地集中、工程量不大、技术不太复杂，由一家承包单位总包易于管理，则一般不分标。但如果工地场面大、工程量大，有特殊技术要求，则应考虑划分为若干标段。

2. 对工程造价的影响

通常情况下，一项工程由一家施工单位总承包易于管理，同时便于劳动力、材料、设备的调配，因而可得到交底造价。但对于大型、复杂的工程项目，对承包单位的施工能力、施工经验、施工设备等有较高要求。在这种情况下，如果不划分标段，就可能使有资格参加投标的承包单位大大减少。竞争对手的减少，必然会导致工程报价的上涨，反而得不到较为合理的报价。

3. 承包单位专长的发挥

工程项目是由单项工程、单位工程或专业工程组成，在考虑划分施工标段时，既要考虑不会产生各承包单位施工的交叉干扰，又要注意各承包单位之间在空间和时间上的衔接。

4. 工地管理

从工地管理角度看,分标时应考虑两方面问题:一是工程进度的衔接;二是工地现场的布置和干扰。工程进度的衔接很重要,特别是工程网络计划中关键线路上的项目一定要选择施工水平高、能力强、信誉好的承包单位,以防止影响其他承包单位的进度。从现场布置的角度看,承包单位越少越好。分标时要对几个承包单位在现场的施工场地进行细致周密的安排。

5. 其他因素

除上述因素外,还有许多其他因素影响施工标段的划分,如建设资金、设计图纸供应等。资金不足、图纸分期供应时,可先进行部分招标。

总之,标段的划分是选择招标方式和编制招标文件前的一项非常重要的工作,需要考虑上述因素综合分析后确定。

(二)合同计价方式

施工合同中,计价方式可分为三种,即总价方式、单价方式和成本加酬金方式。相应的施工合同又称总价合同、单价合同和成本加酬金合同。其中,成本加酬金的计价方式又可根据酬金的计取方式不同,分为百分比酬金、固定酬金、浮动酬金和目标成本加奖罚四种计价方式。

不同计价方式的合同比较见表3-1。

表3-1　不同计价方式的合同比较

合同类型	总价合同	单价合同	成本加酬金合同			
			百分比酬金	固定酬金	浮动酬金	目标成本加奖罚
应用范围	广泛	广泛	有局限性			酌情
建设单位造价控制	易	较易	最难	难	不易	有可能
施工承包单位风险	大	小	基本没有		不大	有

(三)合同类型的选择

施工合同有多种类型。合同类型不同,合同双方的义务和责任不同,各自承担的风险也不尽相同。建设单位应综合考虑以下因素来选择适合的合同类型:

1. 工程项目复杂程度

建设规模大且技术复杂的工程项目,承包风险较大,各项费用不易准确估算,因而不宜采用固定总价合同。最好是对有把握的部分采用固定总价合同,估算不准的部分采用单价合同或成本加酬金合同。有时,在同一施工合同中采用不同的计价方式,是建设单位与施工承包单位合理分担施工风险的有效办法。

2. 工程项目设计深度

工程项目的设计深度是选择合同类型的重要因素。如果已完成工程项目的施工图设计,施工图纸和工程量清单详细而明确,则可选择总价合同;如果实际工程量与预计工程量可能有较大出入时,应优先选择单价合同;如果只完成工程项目的初步设计,工程量清单不够明确时,则可选择单价合同或成本加酬金合同。

3. 施工技术先进程度

如果在工程施工中有较大部分采用新技术、新工艺,建设单位和施工承包单位对此缺乏经验,又无国家标准时,为了避免投标单位盲目地提高承包价款,或由于对施工难度估计不足而导致承包亏损,不宜采用固定总价合同,而应选用成本加酬金合同。

4. 施工工期紧迫程度

对于一些紧急工程(如灾后恢复工程等),要求尽快开工且工期较紧时,可能仅有实施方案,还没有施工图纸,施工承包单位不可能报出合理的价格,选择成本加酬金合同较为合适。

总之,对于一个工程项目而言,究竟采用何种合同类型不是固定不变的。在同一个工程项目中不同的工程部分或不同阶段,可以采用不同类型的合同。在进行招标策划时,必须依据实际情况,权衡各种利弊,然后再做出最佳决策。

说一说

采用工程量清单计价时,招标控制价的编制内容包括哪些?

自学自测

一、单选题（只有1个正确答案，每题10分，共7题）

1. 公开招标与邀请招标比较其优点是（　　）。
   A. 缩短了招标时间　　B. 节约了招标费用
   C. 不进行资格预审　　D. 可以在较广的范围内选择承包商
2. 招标人在评标步骤中需要完成的工作是（　　）。
   A. 投标文件初评　　B. 确定中标人　　C. 发出中标通知书　　D. 进行合同谈判
3. 下列合同计价方式中，建设单位最容易控制造价的是（　　）。
   A. 成本加浮动酬金合同　　B. 单价合同
   C. 成本加百分比酬金合同　　D. 总价合同
4. 实际工程量与统计工程量可能有较大出入时，建设单位应采用的合同计价方式是（　　）。
   A. 单价合同　　B. 成本加固定酬金合同
   C. 总价合同　　D. 成本加浮动酬金合同
5. 对于大型复杂工程项目，施工标段划分较多时，对建设单位的影响是（　　）。
   A. 有利于工地现场的布置与协调　　B. 有利于得到较为合理的报价
   C. 不利于选择有专长的承包单位　　D. 不利于设计图纸的分期供应
6. 对施工承包单位而言，承担风险大的合同计价方式是（　　）方式。
   A. 总价　　B. 单价　　C. 成本加百分比酬金　　D. 成本加固定酬金
7. 下列不同计价方式的合同中，施工承包单位承担风险相对较大的是（　　）。
   A. 成本加固定酬金合同　　B. 成本加浮动酬金合同
   C. 单价合同　　D. 总价合同

二、多选题（至少有2个正确答案，每题10分，共2题）

1. 下列关于施工标段划分的说法中正确的有（　　）。
   A. 标段划分多，业主协调工作量小　　B. 承包单位管理能力强，标段划分宜多
   C. 业主管理能力有限，标段划分宜少　　D. 标段划分少，会减少投标者数量
   E. 标段划分多，有利于施工现场布置
2. 下列工程项目中，不宜采用固定总价合同的有（　　）。
   A. 建设规模大且技术复杂的工程项目
   B. 施工图纸和工程量清单详细而明确的项目
   C. 施工中有较大部分采用新技术，且施工单位缺乏经验的项目
   D. 施工工期紧的紧急工程项目
   E. 承包风险不大，各项费用易于准确估算的项目

三、判断题（对的划“√”，错的划“×”，每题5分，共2题）

1. 同一招标工程的项目编码不得有重码。（　　）
2. 安全文明施工费不得作为竞争性费用。（　　）

文本

任务5【自学自测】答案

任务实施指导

招标控制价招标可以防止在招标过程中恶性哄抬报价，避免了暗箱操作等违法活动的产生，投标人可以自主报价，不受标底的左右，既设置了控制上限又尽量地减少了业主依赖评标基准价的影响，招标人不得规定最低投标限价。根据某工程招标文件中的工程量清单及相关要求，编制招标控制价的工作程序基本包括如下步骤。

一、计算分部分项工程费

工程量清单综合单价 =（∑定额项目合价 + 未计价材料）/工程量清单项目工程量

综合单价中应包括招标文件中要求投标人所承担的风险内容及其范围（幅度）产生的风险费用。

二、计算措施项目费

区分可计算工程量的和不宜计算工程量的措施项目用两种不同方式计算，安全文明施工费应当按照国家或省级、行业建设主管部门的规定标准计价，该部分不得作为竞争性费用。

三、计算其他项目费

1. 暂列金额

根据工程特点、工期长短，按有关计价规定进行估算，可以分部分项工程费的 10% ~15% 为参考。

2. 暂估价

材料、工程设备单价应按照工程造价管理机构发布的工程造价信息单价计算，未公布单价的，参考市场价格估算；专业工程暂估价应分不同专业，按有关计价规定估算。

3. 计日工

人工单价和施工机械台班单价应按工程造价管理机构公布的单价计算；材料应按工程造价管理机构发布的信息价计算，未发布单价的材料，其价格应按市场调查确定的单价计算。

4. 总承包服务费

①仅要求对分包的专业工程进行总承包管理和协调时，按分包专业工程估算造价的 1.5% 计算。

②要求对分包的专业工程进行总承包管理和协调，并提供配合服务时，按分包的专业工程估算造价的 3% ~5% 计算。

③招标人自行供应材料的，按招标人供应材料价值的 1% 计算。

四、计算规费和税金

规费 = 社会保险费 + 住房公积金 + 工程排污费

税金 =（分部分项工程 + 措施项目 + 其他项目 + 规费）× 税率

五、汇总计算编制招标控制价

编制招标控制价工作单

计 划 单

<table>
<tr><td>学习情境3</td><td colspan="2">发承包阶段造价管理与控制</td><td>任务5</td><td>编制招标控制价</td></tr>
<tr><td>工作方式</td><td colspan="2">组内讨论、团结协作共同制订计划:小组成员进行工作讨论,确定工作步骤</td><td>计划学时</td><td>0.5学时</td></tr>
<tr><td>完成人</td><td colspan="4">1. 2. 3. 4. 5. 6.</td></tr>
<tr><td colspan="5">计划依据:老师给定的拟建项目建设信息</td></tr>
<tr><td>序号</td><td>计划步骤</td><td colspan="3">具体工作内容描述</td></tr>
<tr><td>1</td><td>准备工作
(整理建设项目信息,谁去做?)</td><td colspan="3"></td></tr>
<tr><td>2</td><td>组织分工
(成立组织,人员具体都完成什么?)</td><td colspan="3"></td></tr>
<tr><td>3</td><td>制订两套编制招标控制价方案
(特点是什么?)</td><td colspan="3"></td></tr>
<tr><td>4</td><td>计算拟建项目分部分项工程费、措施项目费、其他项目费、规费、税金
(都涉及哪些影响因素?)</td><td colspan="3"></td></tr>
<tr><td>5</td><td>整理编制招标控制价
(谁负责? 整理什么?)</td><td colspan="3"></td></tr>
<tr><td>6</td><td>制作编制招标控制价成果表
(谁负责? 要素是什么)</td><td colspan="3"></td></tr>
<tr><td>制订计划说明</td><td colspan="4">(写出制订计划中人员为完成任务的主要建议或可以借鉴的建议、需要解释的某一方面)</td></tr>
</table>

决 策 单

<table>
<tr><td>学习情境3</td><td colspan="2">发承包阶段造价管理与控制</td><td>任务5</td><td>编制招标控制价</td></tr>
<tr><td colspan="3">决策学时</td><td colspan="2">1学时</td></tr>
<tr><td colspan="5">决策目的：确定本小组认为最优的编制招标控制价方案</td></tr>
<tr><td rowspan="7">方案
优劣比对</td><td colspan="2">方案特点</td><td rowspan="2">比对
项目</td><td rowspan="2">确定最优方案
（划√）</td></tr>
<tr><td>方案名称1：</td><td>方案名称2：</td></tr>
<tr><td></td><td></td><td>编制精度是否
达到需求</td><td rowspan="6">方案1优□

方案2优□</td></tr>
<tr><td></td><td></td><td>计算过程是否得当</td></tr>
<tr><td></td><td></td><td>计算公式是否准确</td></tr>
<tr><td></td><td></td><td>编制方法的掌握程度</td></tr>
<tr><td></td><td></td><td>工作效率的高低</td></tr>
<tr><td colspan="2">方案1编制招标控制价方案
计算过程思维导图</td><td colspan="2">方案2编制招标控制价方案
计算过程思维导图</td></tr>
</table>

作 业 单

<table>
<tr><td>学习情境3</td><td colspan="2">发承包阶段造价管理与控制</td><td>任务5</td><td>编制招标控制价</td></tr>
<tr><td rowspan="2">参加人员</td><td colspan="2">第＿＿＿＿＿组</td><td colspan="2">开始时间：</td></tr>
<tr><td colspan="2">签名：</td><td colspan="2">结束时间：</td></tr>
<tr><td>序号</td><td colspan="2">工作内容记录
（根据实施的具体工作记录，包括存在的问题及解决方法）</td><td colspan="2">分工
（负责人）</td></tr>
<tr><td>1</td><td colspan="2"></td><td colspan="2"></td></tr>
<tr><td>2</td><td colspan="2"></td><td colspan="2"></td></tr>
<tr><td>3</td><td colspan="2"></td><td colspan="2"></td></tr>
<tr><td>4</td><td colspan="2"></td><td colspan="2"></td></tr>
<tr><td>5</td><td colspan="2"></td><td colspan="2"></td></tr>
<tr><td>6</td><td colspan="2"></td><td colspan="2"></td></tr>
<tr><td>7</td><td colspan="2"></td><td colspan="2"></td></tr>
<tr><td>8</td><td colspan="2"></td><td colspan="2"></td></tr>
<tr><td>9</td><td colspan="2"></td><td colspan="2"></td></tr>
<tr><td>10</td><td colspan="2"></td><td colspan="2"></td></tr>
<tr><td rowspan="2">小结</td><td colspan="2">主要描述完成的成果及是否达到目标</td><td colspan="2">存在的问题</td></tr>
<tr><td colspan="4"></td></tr>
</table>

检查单

<table>
<tr><td>学习情境3</td><td colspan="3">发承包阶段造价管理与控制</td><td colspan="2">任务5</td><td colspan="2">编制招标控制价</td></tr>
<tr><td>检查学时</td><td colspan="5">课内0.5学时</td><td colspan="2">第______组</td></tr>
<tr><td>检查目的及方式</td><td colspan="7">教师过程监控小组的工作情况，如检查等级为不及格，小组需要整改，并拿出整改说明</td></tr>
<tr><td rowspan="2">序号</td><td rowspan="2">检查项目</td><td rowspan="2">检查标准</td><td colspan="5">检查结果分级
（在检查相应的分级框内划“√”）</td></tr>
<tr><td>优秀</td><td>良好</td><td>中等</td><td>及格</td><td>不及格</td></tr>
<tr><td>1</td><td>准备工作</td><td>建设项目信息材料是否准备完整</td><td></td><td></td><td></td><td></td><td></td></tr>
<tr><td>2</td><td>分工情况</td><td>安排是否合理、全面，分工是否明确</td><td></td><td></td><td></td><td></td><td></td></tr>
<tr><td>3</td><td>工作态度</td><td>小组工作是否积极主动、全员参与</td><td></td><td></td><td></td><td></td><td></td></tr>
<tr><td>4</td><td>纪律出勤</td><td>是否按时完成负责的工作内容、遵守工作纪律</td><td></td><td></td><td></td><td></td><td></td></tr>
<tr><td>5</td><td>团队合作</td><td>是否相互协作、互相帮助、成员是否听从指挥</td><td></td><td></td><td></td><td></td><td></td></tr>
<tr><td>6</td><td>创新意识</td><td>任务完成不照搬照抄，看问题具有独到见解创新思维</td><td></td><td></td><td></td><td></td><td></td></tr>
<tr><td>7</td><td>完成效率</td><td>工作单是否记录完整，是否按照计划完成任务</td><td></td><td></td><td></td><td></td><td></td></tr>
<tr><td>8</td><td>完成质量</td><td>工作单填写是否准确</td><td></td><td></td><td></td><td></td><td></td></tr>
<tr><td>检查评语</td><td colspan="5"></td><td colspan="2">教师签字：</td></tr>
</table>

任务评价单

1. 工作评价单

<table>
<tr><td>学习情境3</td><td colspan="3">发承包阶段造价管理与控制</td><td>任务5</td><td>编制招标控制价</td></tr>
<tr><td colspan="4">评价学时</td><td colspan="2">0.5 学时</td></tr>
<tr><td>评价类别</td><td>项目</td><td>个人评价</td><td>组内互评</td><td>组间互评</td><td>教师评价</td></tr>
<tr><td rowspan="6">专业能力</td><td>资讯
（10%）</td><td></td><td></td><td></td><td></td></tr>
<tr><td>计划
（5%）</td><td></td><td></td><td></td><td></td></tr>
<tr><td>实施
（20%）</td><td></td><td></td><td></td><td></td></tr>
<tr><td>检查
（10%）</td><td></td><td></td><td></td><td></td></tr>
<tr><td>过程
（5%）</td><td></td><td></td><td></td><td></td></tr>
<tr><td>结果
（10%）</td><td></td><td></td><td></td><td></td></tr>
<tr><td rowspan="2">社会能力</td><td>团结协作
（10%）</td><td></td><td></td><td></td><td></td></tr>
<tr><td>敬业精神
（10%）</td><td></td><td></td><td></td><td></td></tr>
<tr><td rowspan="2">方法能力</td><td>计划能力
（10%）</td><td></td><td></td><td></td><td></td></tr>
<tr><td>决策能力
（10%）</td><td></td><td></td><td></td><td></td></tr>
<tr><td rowspan="3">评价评语</td><td>班级</td><td></td><td>姓名</td><td></td><td>学号</td><td></td><td>总评</td><td></td></tr>
<tr><td>教师签字</td><td></td><td>第　　组</td><td>组长签字</td><td colspan="2"></td><td>日期</td><td></td></tr>
<tr><td colspan="8">评语：</td></tr>
</table>

2. 小组成员素质评价单

<table>
<tr><td>学习情境3</td><td colspan="2">发承包阶段造价管理与控制</td><td>任务5</td><td colspan="2">编制招标控制价</td></tr>
<tr><td colspan="3">评价学时</td><td colspan="3">0.5学时</td></tr>
<tr><td>班级</td><td></td><td>第＿＿＿＿组</td><td>成员姓名</td><td colspan="2"></td></tr>
<tr><td>评分说明</td><td colspan="5">每个小组成员评价分为自评和小组其他成员评两部分,取平均值计算,作为该小组成员的任务评价个人分数。评价项目共设计五个,依据评分标准给予合理量化打分。小组成员自评分后,要找小组其他成员不记名方式打分,成员互评分为其他小组成员的平均分</td></tr>
<tr><td>对象</td><td>评分项目</td><td colspan="3">评分标准</td><td>评分</td></tr>
<tr><td rowspan="5">自评
(100分)</td><td>核心价值观(20分)</td><td colspan="3">思想及行动是否符合社会主义核心价值观</td><td></td></tr>
<tr><td>工作态度(20分)</td><td colspan="3">是否按时完成负责的工作内容、遵守纪律,是否积极主动参与小组工作,是否全过程参与,是否吃苦耐劳,是否具有工匠精神</td><td></td></tr>
<tr><td>交流沟通(20分)</td><td colspan="3">是否能良好地表达自己的观点,是否能倾听他人的观点</td><td></td></tr>
<tr><td>团队合作(20分)</td><td colspan="3">是否与小组成员合作完成,做到相互协助、相互帮助、听从指挥</td><td></td></tr>
<tr><td>创新意识(20分)</td><td colspan="3">是否能独立思考,提出独到见解,是否能够运用创新思维解决遇到的问题</td><td></td></tr>
<tr><td rowspan="5">成员互评
(100分)</td><td>核心价值观(20分)</td><td colspan="3">思想及行动是否符合社会主义核心价值观的</td><td></td></tr>
<tr><td>工作态度(20分)</td><td colspan="3">是否按时完成负责的工作内容、遵守纪律,是否积极主动参与小组工作,是否全过程参与,是否吃苦耐劳,是否具有工匠精神</td><td></td></tr>
<tr><td>交流沟通(20分)</td><td colspan="3">是否能良好地表达自己的观点,是否能倾听他人的观点</td><td></td></tr>
<tr><td>团队合作(20分)</td><td colspan="3">是否与小组成员合作完成,做到相互协助、相互帮助、听从指挥</td><td></td></tr>
<tr><td>创新意识(20分)</td><td colspan="3">是否能独立思考,提出独到见解,是否能够运用创新思维解决遇到的问题</td><td></td></tr>
<tr><td colspan="2">最终小组成员得分</td><td colspan="4"></td></tr>
<tr><td colspan="2">小组成员签字</td><td colspan="2"></td><td>评价时间</td><td></td></tr>
</table>

教学反馈单

<table>
<tr><td>学习领域</td><td colspan="5">工程造价控制</td></tr>
<tr><td>学习情境3</td><td colspan="2">发承包阶段造价管理与控制</td><td colspan="2">任务5</td><td>编制招标控制价</td></tr>
<tr><td colspan="3">学时</td><td colspan="3">4学时</td></tr>
<tr><td>序号</td><td>调查内容</td><td>是</td><td>否</td><td colspan="2">理由陈述</td></tr>
<tr><td>1</td><td>你是否喜欢这种上课方式?</td><td></td><td></td><td colspan="2"></td></tr>
<tr><td>2</td><td>与传统教学方式比较你认为哪种方式学到的知识更适用?</td><td></td><td></td><td colspan="2"></td></tr>
<tr><td>3</td><td>针对每个学习任务你是否学会如何进行资讯?</td><td></td><td></td><td colspan="2"></td></tr>
<tr><td>4</td><td>计划和决策感到困难吗?</td><td></td><td></td><td colspan="2"></td></tr>
<tr><td>5</td><td>你认为学习任务对你将来的工作有帮助吗?</td><td></td><td></td><td colspan="2"></td></tr>
<tr><td>6</td><td>通过本任务的学习,你学会如何编制工程招标控制价这项工作了吗?今后遇到实际的问题你可以解决吗?</td><td></td><td></td><td colspan="2"></td></tr>
<tr><td>7</td><td>你能够根据实际工程对招标控制价的编制和公布、合同调价条款的设置、现场踏勘情况进行处理吗?</td><td></td><td></td><td colspan="2"></td></tr>
<tr><td>8</td><td>你学会解决评标委员会成员对评标结果有异议和中标通知书的发放事件的处理了吗?</td><td></td><td></td><td colspan="2"></td></tr>
<tr><td>9</td><td>通过几天来的学习,你对自己的表现是否满意?</td><td></td><td></td><td colspan="2"></td></tr>
<tr><td>10</td><td>你对小组成员之间的合作是否满意?</td><td></td><td></td><td colspan="2"></td></tr>
<tr><td>11</td><td>你认为本情境还应学习哪些方面的内容?(请在下面空白处填写)</td><td></td><td></td><td colspan="2"></td></tr>
<tr><td colspan="6">你的意见对改进教学非常重要,请写出你的建议和意见:</td></tr>
<tr><td>被调查人签名</td><td></td><td colspan="2">调查时间</td><td colspan="2"></td></tr>
</table>

任务 6　运用投标报价策略编制投标报价

任 务 单

<table>
<tr><td>学习领域</td><td colspan="6">工程造价控制</td></tr>
<tr><td>学习情境 3</td><td colspan="2">发承包阶段造价管理与控制</td><td colspan="2">任务 6</td><td colspan="2">运用投标报价策略编制投标报价</td></tr>
<tr><td colspan="3">任务学时</td><td colspan="4">6 学时</td></tr>
<tr><td colspan="7">布置任务</td></tr>
<tr><td>工作目标</td><td colspan="6">1. 能够说出投标策略，完成施工评标定标，说出施工合同的主要条款及合同价款的确定；
2. 能够陈述施工投标程序；
3. 能够按照建设项目施工投标的程序和投标报价的编制方法，运用投标报价策略编制投标报价，确定工程合同价款，解决合同条款签订中易发生争议的若干问题；
4. 能够在完成任务过程中，培养学生爱岗敬业、能吃苦耐劳，能团结协作、互相帮助，做事钻研奋进、精益求精，培育契约精神和诚信精神，工作中诚实劳动、信守承诺、诚恳待人</td></tr>
<tr><td>任务描述</td><td colspan="6">文本

任务6：运用投标报价策略编制投标报价
【扫描二维码获取工作任务】
投标是竞争，竞争策略是承包单位投标成败的关键。在复杂的竞争环境中，投标报价要取得成功，要视招标项目特点以及招标单位意向等具体情况，运用投标报价策略和投标竞争艺术，在一定时机分别采取报价策略，从而获得中标。根据某项目招标文件，分析项目特点，投标过程中应用不平衡报价法、多方案报价法、突然降价法时结合价值工程分析、网络分析、资金时间价值分析进行方案评价、比较确定投标方案，完成投标报价的编制</td></tr>
<tr><td rowspan="2">学时安排</td><td>资讯</td><td>计划</td><td>决策或分工</td><td>实施</td><td>检查</td><td>评价</td></tr>
<tr><td>0.5 学时</td><td>0.5 学时</td><td>2 学时</td><td>2 学时</td><td>0.5 学时</td><td>0.5 学时</td></tr>
<tr><td>对学生学习及成果的要求</td><td colspan="6">1. 每名同学均能按照自学资讯思维导图自主学习，并完成课前自学的问题训练和自学自测；
2. 严格遵守课堂纪律，不迟到、不早退；学习态度认真、端正，能够正确评价自己和同学在本任务中的素质表现；
3. 每位同学必须积极动手并参与小组讨论，分析投标报价策略的依据，编制投标报价，能够与小组成员合作完成工作任务；
4. 每位同学都可以讲解任务完成过程，接受教师与同学的点评，同时参与小组自评与互评；
5. 每组必须完成全部“运用投标报价策略编制投标报价”工作的报告工单，并提请教师进行小组评价，小组成员分享小组评价分数或等级；
6. 每名同学均完成任务反思，以小组为单位提交</td></tr>
</table>

资讯思维导图

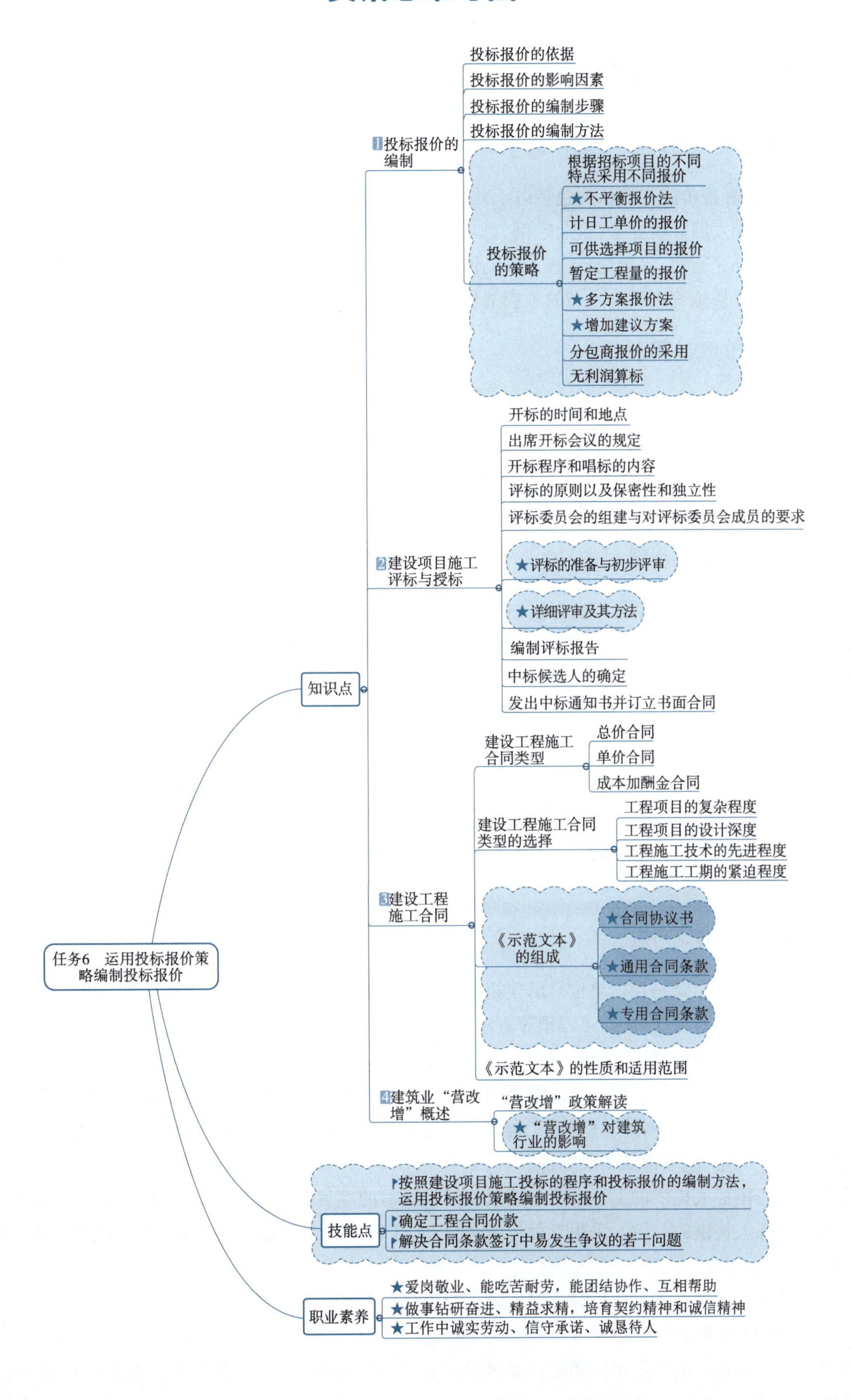
任务6　运用投标报价策略编制投标报价
知识点
1投标报价的编制
投标报价的依据
投标报价的影响因素
投标报价的编制步骤
投标报价的编制方法
投标报价的策略
根据招标项目的不同特点采用不同报价
★不平衡报价法
计日工单价的报价
可供选择项目的报价
暂定工程量的报价
★多方案报价法
★增加建议方案
分包商报价的采用
无利润算标
2建设项目施工评标与授标
开标的时间和地点
出席开标会议的规定
开标程序和唱标的内容
评标的原则以及保密性和独立性
评标委员会的组建与对评标委员会成员的要求
★评标的准备与初步评审
★详细评审及其方法
编制评标报告
中标候选人的确定
发出中标通知书并订立书面合同
3建设工程施工合同
建设工程施工合同类型
总价合同
单价合同
成本加酬金合同
建设工程施工合同类型的选择
工程项目的复杂程度
工程项目的设计深度
工程施工技术的先进程度
工程施工工期的紧迫程度
《示范文本》的组成
★合同协议书
★通用合同条款
★专用合同条款
《示范文本》的性质和适用范围
4建筑业“营改增”概述
“营改增”政策解读
★“营改增”对建筑行业的影响
技能点
按照建设项目施工投标的程序和投标报价的编制方法，运用投标报价策略编制投标报价
确定工程合同价款
解决合同条款签订中易发生争议的若干问题
职业素养
★爱岗敬业、能吃苦耐劳，能团结协作、互相帮助
★做事钻研奋进、精益求精，培育契约精神和诚信精神
★工作中诚实劳动、信守承诺、诚恳待人

课前自学

知识模块1　投标报价的编制

一、投标报价的依据

一般来说,投标报价的主要依据包括以下几方面内容:建设工程工程量清单计价规范;国家或省级、行业建设主管部门颁发的计价办法;企业定额,国家或省级、行业建设主管部门颁发的计价定额;招标文件、工程量清单及其补充通知、答疑纪要;施工现场情况、工程特点及拟定的投标施工组织设计或施工方案;市场价格信息或工程造价管理机构发布的工程造价信息。

二、投标报价的影响因素

投标前进行调查研究,找出影响工程投标报价的因素,进行分析,以利于正确投标。主要是对投标和中标后履行合同有影响的各种客观因素、业主和监理工程师的资信以及工程项目的具体情况等进行深入细致的了解和分析,具体包括以下内容:政治和法律方面;自然条件;市场状况;工程项目方面的情况;业主情况;投标人自身情况;竞争对手资料。

三、投标报价的编制步骤

做好投标报价工作,需充分了解招标文件的全部含义,采用已熟悉的投标报价程序和方法。应对招标文件有一个系统而完整的理解,从合同条件到技术规范、工程设计图纸,从工程量清单到具体投标书和报价单的要求,都要严肃认真对待。

熟悉招标文件,对工程项目进行调查与现场考察;结合工程项目的特点、竞争对手的实力和本企业的自身状况、经验、习惯,制定投标策略;核算招标项目实际工程量;编制施工组织设计;考虑工程承包市场的行情以及人工、机械及材料供应的费用,计算分项工程直接费;分摊项目费用,编制单价分析表,计算投标基础价;根据企业的施工管理水平、工程经验与信誉、技术能力与机械装备能力、财务应变能力、抵御风险的能力、降低工程成本增加经济效益的能力等,进行获胜分析、盈亏分析;提出备选投标报价方案,编制出合理的报价,以争取中标。

四、投标报价的编制方法

投标报价的编制主要是投标单位对承建招标工程所要发生的各种费用的计算。我国建设项目施工工程投标报价的方法主要有两种,即工程预算方法和工程量清单计价方式,由于目前大多采用工程量清单招投标,因此,投标报价的编制以工程量清单计价方式为主。从计价方法上讲,工程量清单计价方式下投标报价的编制方法与以工程量清单计价法编制招标控制价的方法相似,都是采用综合单价计价的方法。

在工程量清单报价法中,除了《建设工程工程量清单计价规范》(GB 50500—2013)强制性规定外,投标价由投标人自主确定,但不得低于成本价。

投标人应按招标人提供的工程量清单填报价格。填写的项目编码、项目名称、项目特征、计量单位、工程量必须与招标人提供的一致。采用工程量清单计价,工程总价由分部分项工程费、措施项目费、其他项目费、规费和税金组成。

分部分项工程和单价措施项目综合单价确定的步骤和方法如下:

(一)确定计算基础

计算基础主要包括消耗量指标和生产要素单价。计算时应采用企业定额,在没有企业定额或企业定额缺项时,可参照与本企业实际水平相近的国家、地区、行业定额,并通过调整来确定清单项目的人、材、机

单位用量。

(二)分析每一清单项目的工程内容

结合施工现场情况和拟定的施工方案确定完成各清单项目实际应发生的工程内容。必要时可参照《建设工程工程量清单计价规范》(GB 50500—2013)中提供的工程内容。

(三)计算工程内容的工程数量与清单单位含量

每一项工程内容都应根据所选定额的工程量计算规则计算其工程数量,当定额的工程量计算规则与清单的工程量计算规则相一致时,可直接以工程量清单中的工程量作为工程内容的工程数量。

清单单位含量是指每一计量单位的清单项目所分摊的工程内容的工程数量。

清单单位含量=某工程内容的定额工程量/清单工程量

(四)人工、材料、机具费计算

根据定额和预先确定的各种生产要素的单位价格计算人工费、材料费和施工机具使用费。

招标人提供的其他项目清单中列示了材料暂估价时,应根据招标人提供的价格计算材料费,并在分部分项工程量清单与计价表中表现出来。

(五)计算综合单价

企业管理费和利润的计算可按照规定的取费基数以及一定的费率取费计算。

(六)发承包双方对工程施工阶段的风险宜采用的分摊原则

①对于市场价格波动导致的风险,发承包双方应当在招标文件中或在合同中对此类风险的范围和幅度予以明确约定,进行合理分摊。

②对于法律、法规、规章或有关政策出台导致工程税金、规费、人工费发生变化,承包人不应承担此类风险,应按照有关调整规定执行。

③对于承包人根据自身技术水平、管理、经营状况能够自主控制的风险,如承包人的管理费、利润的风险,由承包人全部承担。

(七)措施项目

措施项目的内容应根据招标人提供的措施项目清单和投标人投标时拟定的施工组织设计或施工方案确定。

五、投标报价的策略

投标报价策略是指投标单位在投标竞争中的系统工作部署及参与投标竞争的方式和手段。对投标单位而言,投标报价策略是投标取胜的重要方式、手段和艺术,是保证投标人在满足招标文件中各项要求的条件下,获得预期效益的关键。

(一)根据招标项目的不同特点采用不同报价

①遇到如下情况报价可高一些:施工条件差的工程;专业要求高的技术密集型工程,而本公司在这方面又有专长,声望也较高;总价低的小工程,以及自己不愿做、又不方便不投标的工程;特殊的工程,如港口码头、地下开挖工程等;工期要求急的工程;投标对手少的工程;支付条件不理想的工程。

②遇到如下情况报价可低一些:施工条件好的工程,工作简单、工程量大而一般公司都可以做的工程;本公司目前急于打入某一市场、某一地区,或在该地区面临工程结束,机械设备等无工地转移时;本公司在附近有工程,而本项目又可利用该工程的设备、劳务,或有条件短期内突击完成的工程;投标对手多,竞争激烈的工程;非急需工程;支付条件好的工程。

(二)不平衡报价法

不平衡报价法是指在不影响工程总报价的前提下,通过调整内部各个项目的报价,以达到既不提高总报价、不影响中标,又能在结算时得到更理想的经济效益的报价方法。不平衡报价法适用于以下几种情况:

①能够早日结账收款的项目(如土方开挖、桩基等)可适当提高。

②预计今后工程量会增加的项目，单价适当提高，这样在最终结算时可多赚钱；将工程量可能减少的项目单价降低，工程结算时损失不大。

③设计图纸不明确，估计修改后工程量要增加的，可以提高单价；而工程内容解说不清楚的，则可适当降低一些单价，待澄清后可再要求提价。

④暂定项目，又称任意项目或选择项目，对这类项目要具体分析。因为这类项目要在开工后再由业主研究决定是否实施以及由哪家承包商实施。

采用不平衡报价一定要建立在对工程量表中工程量仔细核对分析的基础上，特别是对报低单价的项目，如工程量执行时增多将造成承包商的重大损失；不平衡报价过多和过于明显，可能会引起业主反对，甚至导致废标。

（三）计日工单价的报价

如果是单纯报计日工单价，而且不计入总价中，可以报高些，以便在业主额外用工或使用施工机械时可多盈利。但如果计日工单价要计入总报价时，则需具体分析是否报高价，以免抬高总报价。总之，要分析业主在开工后可能使用的计日工数量，再来确定报价方针。

（四）可供选择项目的报价

有些工程项目的分项工程，业主可能要求按某一方案报价，而后再提供几种可供选择方案的比较报价。

（五）暂定工程量的报价

暂定工程量有三种：第一种是业主规定了暂定工程量的分项内容和暂定总价款，并规定所有投标人都必须在总报价中加入这笔固定金额；第二种是业主列出了暂定工程量项目的数量，但并没有限制这些工程量的估价总价款，要求投标人既列出单价，也应按暂定项目的数量计算总价；第三种是只有暂定工程的一笔固定总金额，将来这笔金额做什么用，由业主确定。

（六）多方案报价法

对于一些招标文件，如果发现工程范围不很明确，条款不清楚或很不公正或技术规范要求过于苛刻时，则要在充分估计投标风险的基础上，按多方案报价法处理。即按原招标文件报一个价，然后再提出，如某某条款作某些变动，报价可降低多少，由此可报出一个较低的价。这样可以降低总价，吸引业主。

（七）增加建议方案

招标文件中有时规定，可提一个建议方案，即可以修改原设计方案，提出投标单位的方案。这时，投标单位应抓住机会，组织一批有经验的设计和施工工程师，仔细研究招标文件中的设计和施工方案，提出更为合理的方案以吸引建设单位，促成自己的方案中标。这种新建议方案可以降低总造价或缩短工期，或使工程实施方案更为合理。但要注意，对原招标方案一定也要报价。建议方案不要写得太具体，要保留方案的技术关键，防止招标单位将此方案交给其他投标单位。同时要强调的是，建议方案一定要比较成熟，具有较强的可操作性。

（八）分包商报价的采用

总承包商通常应在投标前先取得分包商的报价，并增加总承包商摊入的管理费，将其作为自己投标总价的一个组成部分一并列入报价单中。应当注意，分包商在投标前可能同意接受总承包商压低其报价的要求，但等总承包商中标后，他们常以种种理由要求提高分包价格，这将使总承包商处于十分被动的地位。为此，总承包商应在投标前找几家分包商分别报价，然后选择其中一家信誉较好、实力较强和报价合理的分包商签订协议，同意该分包商作为分包工程的唯一合作者，并将分包商的姓名列到投标文件中，但要求该分包商相应地提交投标保函。如果该分包商认为总承包商确实有可能中标，也许愿意接受这一条件。这种将分包商的利益与投标单位捆在一起的做法，不但可以防止分包商事后反悔和涨价，还可能迫使分包商报出较合理的价格，以便共同争取中标。

（九）无利润算标

缺乏竞争优势的承包商，在不得已的情况下，只好在算标中根本不考虑利润去夺标。这种办法一般是

处于以下条件时采用:

①有可能在得标后,将大部分工程分包给索价较低的一些分包商。

②对于分期建设的项目,先以低价获得首期工程,而后赢得机会创造第二期工程中的竞争优势,并在以后的实施中赚得利润。

③较长时期内,承包商没有在建的工程项目,如果再不得标,就难以维持生存。因此,虽然本工程无利可图,只要能有一定的管理费维持公司的日常运转,就可设法度过暂时的困难,以图将来东山再起。

练一练

如何根据招标项目的不同特点编制投标报价?

知识模块2 建设项目施工评标与授标

一、开标的时间和地点

我国《招标投标法》规定,开标应当在招标文件确定的提交投标文件截止时间的同一时间公开进行。这样的规定是为了避免投标中的舞弊行为。

在有些情况下可以暂缓或者推迟开标时间:招标文件发售后对原招标文件作了变更或者补充;开标前发现有影响招标公正性的不正当行为;出现突发事件等。

开标地点应当为招标文件中预先确定的地点,招标人应当在招标文件中对开标地点做出明确、具体的规定,以便投标人及有关方面按照招标文件规定的开标时间到达开标地点。

二、出席开标会议的规定

开标由招标人或者招标代理人主持,邀请所有投标人参加。投标单位法定代表人或授权代表未参加开标会议的视为自动弃权。

三、开标程序和唱标的内容

开标会议宣布开始后,应首先请各投标单位代表确认其投标文件的密封完整性,并签字予以确认。当众宣读评标原则、评标办法,由招标单位依据招标文件的要求,核查投标单位提交的证件和资料,并审查投标文件的完整性、文件的签署、投标担保等,但提交合格"撤回通知"和逾期送达的投标文件不予启封。

唱标顺序应按各投标单位报送投标文件时间先后的顺序进行。当众宣读有效标函的投标单位名称、投标价格、工期、质量、主要材料用量、修改或撤回通知、投标保证金、优惠条件以及招标单位认为有必要的内容。

开标过程应当记录,并存档备查。

四、评标的原则以及保密性和独立性

评标是招投标过程中的核心环节。我国《招标投标法》对评标做出了原则的规定。为了更为细致地规范整个评标过程,2001年7月5日,国家发改委、国家经贸委、建设部、铁道部、交通部、信息产业部、水利部联合发布了《评标委员会和评标方法暂行规定》。

评标活动应遵循公平、公正、科学、择优的原则,招标人应当采取必要的措施,保证评标在严格保密的情况下进行。评标是招标投标活动中一个十分重要的阶段,如果对评标过程不进行保密,则影响公正评标的不正当行为有可能发生。

五、评标委员会的组建与对评标委员会成员的要求

(一)评标委员会的组建

评标委员会由招标人负责组建,负责评标活动,向招标人推荐中标候选人或者根据招标人的授权直接

确定中标人。

评标委员会由招标人或其委托的招标代理机构熟悉相关业务的代表，以及有关技术、经济等方面的专家组成，成员人数为5人以上的单数，其中技术、经济等方面的专家不得少于成员总数的三分之二。评标委员会设负责人的，负责人由评标委员会成员推举产生或者由招标人确定，评标委员会负责人与评标委员会的其他成员有同等的表决权。

评标委员会的专家成员应当从省级以上人民政府有关部门提供的专家名册或者招标代理机构专家库内的相关专家名单中确定。确定评标专家，可以采取随机抽取或者直接确定的方式。

（二）对评标委员会成员的要求

评标委员会中的专家成员应符合下列条件：

①从事相关专业领域工作满8年并具有高级职称或者同等专业水平。

②熟悉有关招标投标的法律、法规，并具有与招标项目相关的实践经验。

③能够认真、公正、诚实、廉洁地履行职责。

（三）不得担任评标委员会成员的情形。

有下列情形之一的，不得担任评标委员会成员，应当回避：

①招标单位或投标单位主要负责人的近亲属。

②项目主管部门或者行政监督部门的人员。

③与投标单位有经济利益关系，可能影响对投标公正评审的。

④曾因在招标、评标以及其他与招标投标有关活动中从事违法行为而受过行政处罚或刑事处罚的。

（四）评标委员会成员的基本行为要求

评标委员会成员应当客观、公正地履行职责，遵守职业道德，对所提出的评审意见承担个人责任。

六、评标的准备与初步评审

（一）评标的准备

评标委员会成员应当认真研究招标文件，至少应了解和熟悉以下内容：招标的目标；

招标项目的范围和性质；招标文件中规定的主要技术要求、标准和商务条款；招标文件规定的评标标准、评标方法和在评标过程中考虑的相关因素。

招标单位或其委托的招标代理机构应当向评标委员会提供评标所需的重要信息和数据。

评标委员会应根据招标文件规定的评标标准和方法，对投标文件进行系统的评审和比较。招标文件没有规定的标准和方法不得作为评标的依据。因此，了解招标文件规定的评标标准和方法，也是评标委员会成员应完成的重要准备工作。

（二）初步评审

《标准施工招标文件》规定，初步评审属于对投标文件的合格性审查，包括以下几个方面：

1. 投标文件的形式审查

包括以下五个方面：

①提交的营业执照、资质证书、安全生产许可证是否与投标单位的名称一致。

②投标函是否经法定代表人或其委托代理人签字并加盖单位章。

③投标文件的格式是否符合招标文件的要求。

④联合体投标人是否提交了联合体协议书；联合体的成员组成与资格预审的成员组成有无变化；联合体协议书的内容是否与招标文件要求一致。

⑤报价的唯一性。不允许投标单位以优惠的方式，提出如果中标可将合同价降低多少的承诺。这种优惠属于一个投标两个报价。

2. 投标人的资格审查

对于未进行资格预审的，需要进行资格后审，资格审查的内容和方法与资格预审相同，包括：营业执

照、资质证书、安全生产许可证等资格证明文件的有效性；企业财务状况；类似项目业绩，信誉；项目经理；正在施工和承接的项目情况；近年发生的诉讼及仲裁情况；联合体投标的申请人提交联合体协议书的情况等。

3. 投标文件对招标文件的响应性审查

包括以下七个方面：

①投标内容是否与投标人须知中的工程或标段一致，不允许只投招标范围内的部分专业工程或单位工程的施工。

②投标工期应满足投标人须知中的要求，承诺的工期可以比招标工期短，但不得超过要求的时间。

③工程质量的承诺和质量管理体系应满足要求。

④提交的投标保证金形式和金额是否符合投标须知的规定。

⑤投标人是否完全接受招标文件中的合同条款，如果有修改建议的话，不得对双方的权利、义务有实质性背离且是否为招标单位所接受。

⑥核查已标价的工程量清单。如果有计算错误、单价金额小数点有明显错误的除外，总价金额与依据单价计算出的结果不一致时，以单价金额为准修正总价；若是书写错误，当投标文件中的大写金额与小写金额不一致时，以大写金额为准，评标委员会对投标报价的错误予以修正后，请投标单位书面确认，作为投标报价的金额。投标单位不接受修正价格的，其投标作废标处理。

⑦投标文件是否对招标文件中的技术标准和要求提出不同意见。

（三）投标文件的澄清和说明

评标委员会可以要求投标人对投标文件中含义不明确的内容作必要的澄清或者说明，但是澄清或者说明不得超出投标文件的范围或者改变投标文件的实质性内容。

投标人资格条件不符合国家有关规定和招标文件要求的，或者拒不按照要求对投标文件进行澄清、说明或者补正的，评标委员会可以否决其投标。

（四）投标偏差及其处理

评标委员会应当根据招标文件，审查并逐项列出投标文件的全部投标偏差。投标偏差分为重大偏差和细微偏差。

1. 重大偏差

下列情况属于重大偏差：

（1）没有按照招标文件要求提供投标担保或者所提供的投标担保有瑕疵。

（2）投标文件没有投标单位授权代表签字和加盖公章。

（3）投标文件载明的招标项目完成期限超过招标文件规定的期限。

（4）明显不符合技术规格、技术标准的要求。

（5）投标文件载明的货物包装方式、检验标准和方法等不符合招标文件的要求。

（6）投标文件附有招标单位不能接受的条件。

（7）不符合招标文件中规定的其他实质性要求。

投标文件有上述情形之一的，为未能对招标文件做出实质性响应，除招标文件对重大偏差另有规定外，应作废标处理。

2. 细微偏差

细微偏差是指投标文件在实质上响应招标文件要求，但在个别地方存在漏项或者提供了不完整的技术信息和数据等情况，并且补正这些遗漏或者不完整不会对其他投标单位造成不公平的结果。细微偏差不影响投标文件的有效性。

评标委员会应当书面要求存在细微偏差的投标单位在评标结束前予以补正。拒不补正的，在详细评审时可以对细微偏差做不利于该投标单位的量化，量化标准应在招标文作中规定。

七、详细评审及其方法

经初步评审合格的投标文件，评标委员会应当根据招标文件确定的评标标准和方法，对其技术部分和商务部分作进一步评审、比较。通常情况下，评标方法有两种，即经评审的最低投标价法和综合评估法。

（一）经评审的最低投标价法

经评审的最低投标价法一般适用于采用通用技术施工，项目的性能标准为规范中的一般水平，或者招标单位对施工没有特殊要求的招标项目。能够满足招标文件的实质性要求，并经评审的最低投标价的投标，应当推荐为中标候选人。

采用经评审的最低投标价法时，评标委员会应根据招标文件中规定的量化因素和标准进行价格折算，对所有投标单位的投标报价以及投标文件的商务部分做必要的价格调整。

根据《标准施工招标文件》，主要的量化因素包括单价遗漏和付款条件等，招标单位可根据工程项目的具体特点和实际需要，进一步删减、补充或细化量化因素和标准。例如，世界银行贷款项目，采用经评审的最低投标价法时，通常考虑的量化因素和标准包括：一定条件下的优惠（借款国国内投标单位有7.5%的评标优惠）；工期提前的效益对报价的修正；同时投多个标段的评标修正等，所有这些修正因素都应在招标文件中有明确规定。对同时投多个标段的评标修正，一般的做法是，如果投标单位在某一个标段已中标，则在其他标段的评标中按照招标文件规定的百分比（通常为4%）乘以总报价后，在评标价中扣减此值。

根据经评审的最低投标价法完成详细评审后，评标委员会应当拟定一份“价格比较一览表”，连同书面评标报告提交招标单位。“价格比较一览表”应当载明投标单位的投标报价、对商务偏差的价格调整和说明以及已评审的最终投标价。

评标委员会按照经评审的投标价由低到高的顺序推荐中标候选人，或根据招标单位授权直接确定中标单位。经评审的投标价相等时，投标报价低的优先；投标报价也相等的，由招标单位自行确定。

（二）综合评估法

不宜采用经评审的最低投标价法的招标项目，一般应当采用综合评估法进行评审。综合评估法适用于较复杂工程项目的评标，由于工程投资额大、工期长、技术复杂、涉及专业面广，施工过程中存在较多的不确定因素，因此，对投标文件评审比较的主导思想是选择价格功能比较好的投标单位，而不过分偏重于投标价格的高低。

综合评估法是指将各个评审因素（包括技术部分和商务部分）以折算为货币或打分的方法进行量化，并在招标文件中明确规定需量化的因素及其权重，然后由评标委员会计算出每一投标的综合评估价或综合评估分，并将最大限度地满足招标文件中规定的各项综合评价标准的投标，推荐为中标候选人。

采用打分法时，评标委员会按规定的评分标准进行打分，并按得分由高到低的顺序推荐中标候选人，或根据招标单位授权直接确定中标单位。综合评分相等时，以投标报价低的优先；投标报价也相等的，由招标单位自行确定。

根据综合评估法完成评标后，评标委员会应当拟定一份“综合评估比较表”，连同书面评标报告提交招标单位。“综合评估比较表”应当载明投标单位的投标报价、所做的任何修正、对商务偏差的调整、对技术偏差的调整、对各评审因素的评估以及对每一投标的最终评审结果。

（三）其他评标方法

在法律、行政法规允许的范围内，招标人也可以采用其他评标方法。

八、编制评标报告

除招标单位授权直接确定中标单位外，评标委员会完成评标后，应当向招标单位提交书面评标报告，并抄送有关行政监督部门。

评标报告应如实记载以下内容：基本情况和数据表；评标委员会成员名单；开标记录；符合要求的投标一览表；废标情况说明；评标标准、评标方法或者评标因素一览表；经评审的价格或者评分比较一览表；经

评审的投标单位排序；推荐的中标候选人名单与签订合同前要处理的事宜；澄清、说明、补正事项纪要。

评标报告应由评标委员会全体成员签字。对评标结果有不同意见的评标委员会成员应以书面形式说明其不同意见和理由，评标报告应注明该不同意见。评标委员会成员拒绝在评标报告上签字又不书面说明其不同意见和理由的，视为同意评标结果。

九、中标候选人的确定

经过评标后，就可确定出中标候选人（或中标单位）。评标委员会推荐的中标候选人应当限定在 1 – 3 人，并标明排列顺序。

对使用国有资金投资或者国家融资的项目，招标单位应确定排名第一的中标候选人为中标单位。排名第一的中标候选人放弃中标、因不可抗力提出不能履行合同，或者招标文件规定应当提交履约保证金而在规定的期限内未能提交的，招标单位可确定排名第二的中标候选人为中标单位。排名第二的中标候选人因上述同样原因不能签订合同的，招标单位可以确定排名第三的中标候选人为中标单位。招标单位也可授权评标委员会直接确定中标单位。

十、发出中标通知书并订立书面合同

（一）中标通知

中标单位确定后，招标单位应向中标单位发出中标通知书，并同时将中标结果通知所有未中标的投标单位。中标通知书对招标单位和中标单位具有法律效力。中标通知书发出后，招标单位改变中标结果，或者中标单位放弃中标项目的，应当依法承担法律责任。

（二）履约担保

在签订合同前，中标单位以及联合体中标人应按招标文件规定的金额、担保形式和履约担保格式，向招标单位提交履约担保。履约担保一般采用银行保函和履约担保书的形式，履约担保金额一般为中标价的 10% 。中标单位不能按要求提交履约担保的，视为放弃中标，其投标保证金不予退还，给招标单位造成的损失超过投标保证金数额的，中标单位还应对超过部分予以赔偿。中标后的承包商应保证其履约担保在建设单位颁发工程接收证书前一直有效。建设单位应在工程接收证书颁发后 28 天内将履约担保退还给承包商。

（三）签订合同

招标人和中标人应当自中标通知书发出之日起 30 日内，按照招标文件和中标人的投标文件订立书面合同。一般情况下，中标价就是合同价。招标人和中标人不得再行订立背离合同实质性内容的其他协议。

为了在施工合同履行过程中对工程造价实施有效管理，合同双方应在合同条款中对涉及工程价款结算的下列事项进行约定：预付工程款的数额、支付时限及抵扣方式；工程进度款的支付方式、数额及时限；工程施工中发生变更时，工程价款的调整方法、索赔方式、时限要求及金额支付方式；发生工程价款纠纷的解决方法；约定承担风险的范围和幅度，以及超出约定范围和幅度的调整办法；工程竣工价款的结算与支付方式、数额及时限；工程质量保证（保修）金的数额、预扣方式及时限；安全措施和意外伤害保险费用；工期及工期提前或延后的奖惩办法；与履行合同、支付价款相关的担保事项等。

建设部还规定，招标人无正当理由不与中标人签订合同，给中标人造成损失的，招标人应当给予赔偿。招标文件要求中标人提交履约保证金的，中标人应当提交。招标人应当同时向中标人提供工程款支付担保。中标人不与招标人订立合同的，投标保证金不予退还并取消其中标资格，给招标人造成的损失超过投标保证金数额的，应当对超过部分予以赔偿；没有提交投标保证金的，应当对招标人的损失承担赔偿责任。

订立书面合同后 7 日内，中标人应当将合同送县级以上工程所在地的建设行政主管部门备案。

招标人与中标人签订合同后 5 个工作日内，应当向中标人和未中标的投标人退还投标保证金。

中标人应当按照合同约定履行义务，完成中标项目。中标人不得向他人转让中标项目，也不得将中标项目肢解后分别向他人转让。中标人按照合同约定或者经招标人同意,可以将中标项目的部分非主体、非关键性工程分包给他人完成。接受分包的人应当具备相应的资格条件,并不能再次分包。中标人应当就分包项目向招标人负责,接受分包的人就分包项目承担连带责任。

说一说

建设项目施工评标与授标的过程?

知识模块3 建设工程施工合同

一、建设工程施工合同类型

按计价方式不同,建设工程施工合同可以划分为总价合同、单价合同和成本加酬金合同三大类。根据招标准备情况和建设工程项目的特点不同,建设工程施工合同可选用其中的任何一种。

(一)总价合同

总价合同又分为固定总价合同和可调总价合同。

1. 固定总价合同

承包商按投标时业主接受的合同价格一笔包死。在合同履行过程中,如果业主没有要求变更原定的承包内容,承包商在完成承包任务后,不论其实际成本如何,均应按合同价获得工程款的支付。

采用固定总价合同时,承包商要考虑承担合同履行过程中的全部风险,因此,投标报价较高。

固定总价合同的适用条件一般为:

①工程招标时的设计深度已达到施工图设计的深度,合同履行过程中不会出现较大的设计变更,以及承包商依据的报价工程量与实际完成的工程量不会有较大差异。

②工程规模较小,技术不太复杂的中小型工程或承包内容较为简单的工程部位。这样,可以使承包商在报价时能够合理地预见到实施过程中可能遇到的各种风险。

③工程合同期较短(一般为1年之内),双方可以不必考虑市场价格浮动可能对承包价格的影响。

2. 可调总价合同

这类合同与固定总价合同基本相同,但合同期较长(1年以上),只是在固定总价合同的基础上,增加合同履行过程因市场价格浮动对承包价格调整的条款。由于合同期较长,承包商不可能在投标报价时合理地预见1年后市场价格的浮动影响,因此,应在合同内明确约定合同价款的调整原则、方法和依据。常用的调价方法有:文件证明法、票据价格调整法和公式调价法。

(二)单价合同

单价合同是指承包商按工程量报价单内分项工作内容填报单价,以实际完成工程量乘以所报单价确定结算价款的合同。承包商所填报的单价应为计入各种摊销费用后的综合单价,而非直接费单价。

单价合同大多用于工期长、技术复杂、实施过程中发生各种不可预见因素较多的大型土建工程,以及业主为了缩短工程建设周期,初步设计完成后就进行施工招标的工程。单价合同的工程量清单内所开列的工程量一般为估计工程量,而非准确工程量。

(三)成本加酬金合同

成本加酬金合同是将工程项目的实际造价划分为直接成本费和承包商完成工作后应得酬金两部分。工程实施过程中发生的直接成本费由业主实报实销,另按合同约定的方式付给承包商相应报酬。

成本加酬金合同大多适用于边设计、边施工的紧急工程或灾后修复工程。

由于在签订合同时,业主还不可能为承包商提供用于准确报价的详细资料,因此,在合同中只能商定酬金的计算方法。在成本加酬金合同中,业主需承担工程项目实际发生的一切费用,因而也就承担了工程项目的全部。而承包商由于无风险,其报酬往往也较低。

按照酬金的计算方式不同,成本加酬金合同的形式有:成本加固定酬金合同、成本加固定百分比酬金

合同、成本加浮动酬金合同、目标成本加奖罚合同等。

二、建设工程施工合同类型的选择

建设工程施工合同的形式繁多、特点各异，业主应综合考虑以下因素选择不同计价模式的合同。

（一）工程项目的复杂程度

规模大且技术复杂的工程项目，承包风险较大，各项费用不易准确估算，因而不宜采用固定总价合同。最好是有把握的部分采用总价合同，估算不准的部分采用单价合同或成本加酬金合同。有时，在同一工程项目中采用不同的合同形式，是业主和承包商合理分担施工风险因素的有效办法。

（二）工程项目的设计深度

施工招标时所依据的工程项目设计深度，经常是选择合同类型的重要因素。招标图纸和工程量清单的详细程度能否使投标人进行合理报价，取决于已完成的设计深度。

（三）工程施工技术的先进程度

如果工程施工中有较大部分采用新技术和新工艺，当业主和承包商在这方面过去都没有经验，且在国家颁布的标准、规范、定额中又没有可作为依据时，为了避免投标人盲目地提高承包价款或由于对施工难度估计不足而导致承包亏损，不宜采用固定价合同，而应选用成本加酬金合同。

（四）工程施工工期的紧迫程度

有些紧急工程（如灾后恢复工程等）要求尽快开工且工期较紧时，可能仅有实施方案，还没有施工图纸，因此，承包商不可能报出合理的价格，宜采用成本加酬金合同。

对于一个建设工程项目而言，采用何种合同形式不是固定的。即使在同一个工程项目中，各个不同的工程部分或不同阶段，也可采用不同类型的合同。在划分标段、进行合同策划时，应根据实际情况，综合考虑各种因素后再作出决策。

一般而言，合同工期在1年以内且施工图设计文件已通过审查的建设工程，可选择总价合同；紧急抢修、救援、救灾等建设工程，可选择成本加酬金合同；其他情形的建设工程，均宜选择单价合同。

三、《建设工程施工合同（示范文本）》（GF—2017—0201）的组成

《建设工程施工合同（示范文本）》（GF—2017—0201），简称《示范文本》，由合同协议书、通用合同条款和专用合同条款三部分组成。

（一）合同协议书

《示范文本》合同协议书共计13条，主要包括：工程概况、合同工期、质量标准、签约合同价和合同价格形式、项目经理、合同文件构成、承诺以及合同生效条件等重要内容，集中约定了合同当事人基本的合同权利义务。

（二）通用合同条款

通用合同条款是合同当事人就工程建设的实施及相关事项，对合同当事人的权利义务作出的原则性约定。

通用合同条款共计20条，具体条款分别为：一般约定、发包人、承包人、监理人、工程质量、安全文明施工与环境保护、工期和进度、材料与设备、试验与检验、变更、价格调整、合同价格、计量与支付、验收和工程试车、竣工结算、缺陷责任与保修、违约、不可抗力、保险、索赔和争议解决。前述条款安排既考虑了现行法律法规对工程建设的有关要求，也考虑了建设工程施工管理的特殊需要。

（三）专用合同条款

专用合同条款是对通用合同条款原则性约定的细化、完善、补充、修改或另行约定的条款。合同当事人可以根据不同建设工程的特点及具体情况，通过双方的谈判、协商对相应的专用合同条款进行修改补充。在使用专用合同条款时，应注意以下事项：

①专用合同条款的编号应与相应的通用合同条款的编号一致。

②合同当事人可以通过对专用合同条款的修改，满足具体建设工程的特殊要求，避免直接修改通用合同条款。

③在专用合同条款中有横道线的地方，合同当事人可针对相应的通用合同条款进行细化、完善、补充、修改或另行约定；如无细化、完善、补充、修改或另行约定，则填写“无”或划“/”。

四、《示范文本》的性质和适用范围

《示范文本》为非强制性使用文本。《示范文本》适用于房屋建筑工程、土木工程、线路管道和设备安装工程、装修工程等建设工程的施工承发包活动，合同当事人可结合建设工程具体情况，根据《示范文本》订立合同，并按照法律法规规定和合同约定承担相应的法律责任及合同权利义务。

协议书与下列文件一起构成合同文件：中标通知书；投标函及其附录；专用合同条款及其附件；通用合同条款；技术标准和要求；图纸；已标价工程量清单或预算书；其他合同文件。

在合同订立及履行过程中形成的与合同有关的文件均构成合同文件组成部分。

上述各项合同文件包括合同当事人就该项合同文件所作出的补充和修改，属于同一类内容的文件，应以最新签署的为准。专用合同条款及其附件须经合同当事人签字或盖章。

思一思

《建设工程施工合同（示范文本）》（GF—2017—0201）由哪几部分组成？

知识模块4　建筑业“营改增”概述

一、“营改增”政策解读

“营改增”是指部分原缴纳营业税的应税劳务改为缴纳增值税。在“十二五”规划之“改革和完善税收制度”中提出，按照优化税制结构、公平税收负担、规范分配关系、完善税权配置的原则，健全税制体系，加强税收法治建设。扩大增值税征收范围，相应调减营业税等税收。“营改增”政策的出台不只是简单的税制转换，更重要的是有利于消除重复征税，平衡行业税负，促进工业转型、服务业发展和商业模式创新、解决分税制弊端、破解混合销售和兼营造成的征管困境。

二、“营改增”对建筑行业的影响

1.“营改增”对国家的影响

优化产业机构：“营改增”有利于第三产业规模扩大和比重提升，打破发展瓶颈，推动产业细分化、专业化。

推动制造业创新升级，加快现代服务业发展：“营改增”通过打通二三产业增值税抵扣链条，更大程度上促进工业领域中的专业化分工，会促进如研发、设计、营销等内部服务环节从主业剥离出来，成为效率更高的创新主体。

促进企业转变经营模式，再造业务流程：“营改增”后，对企业流程提出了更高的要求，鼓励企业实施流程再造，推进固定资产更新，加快技术改造。

扩大就业，加快城市化进程：“营改增”促进了服务业的发展，扩大了就业，加快了城市化进程。

2.“营改增”对地方政府的影响

地方政府调整产业结构的重要动力：地方政府原有依靠投资和出口拉动的经济发展方式及高污染、高能耗、高排放的增长方式已不可持续，而“营改增”全面推广有助于改变经济发展及增长方式、促进服务经济发展，进而促进产业结构调整。

改变地方政府财力增长模式的重要推动力：原属于地方政府第一大税种的营业税即将面临“消失”，因而产生了地方政府财政收入减少的预期。在“乱收费”“土地财政”等不可为继的情况下，地方政府需要寻

找地方财力持续增长的新模式。

重新开启中央与地方财力划分的谈判：为顺利推进“营改增”试点，中央和地方的财力划分未做变动，减收的部分同样按比例在中央与地方之间分摊，但这只是权宜之计，今后必将重新开启中央与地方财力划分谈判。

3. “营改增”对建筑企业涉税风险的影响

“营改增”后，会增加企业的涉税风险。增值税是唯一进入《中华人民共和国刑法》的税种。虚开虚收增值税专用发票，将面临刑法处置，最高量刑为无期徒刑。

4. “营改增”对建筑企业现金流的影响

建筑施工虽在国际上被列入服务贸易范畴，但在我国长期同工业一道被列为第二产业，并且是一个重“资金”的行业，在建筑业实际的交易中，由于项目的合同价款一般比较高，达到几亿几十亿，甚至几百亿。如果没有恰当合理的税务筹划，按照目前建筑业 9% 的税率计算，可能将导致企业增加几千万、几亿、几十亿的现金流出，影响十分重大。大多建筑企业为了尽早收到合同款，都是先将发票开具给业主，但业主往往并不是立马付款，会拖上一两个月，甚至几个月。这种情况在营业税环境下，不会对企业当期的税票业务产生影响，但在增值税下，发票开具的当期就需要缴纳增值税。虽然最终建筑企业总会获取这笔合同款，不影响企业利润，但会导致企业当期的税负加重，企业资金压力加重。

涉税风险影响、企业利润的影响和现金流的影响必然会对企业目前的经营模式、组织结构、管理制度带来巨大的挑战。经营模式的挑战主要表现在有些经营模式在增值税的模式下存在涉税风险，税负增加，影响利润。例如，联营模式、项目经理承包模式，都会存在大量的虚开虚收增值税发票、合同主体与施工主体不一致无法抵扣等情况，导致企业涉嫌偷逃税收风险，税负增加，利润减少；组织结构的挑战主要表现为建筑施工企业的组织层级多，管理链条长，在“营改增”后面临较多的增值税管理风险；管理制度的挑战主要表现为现有的管理制度无法覆盖“营改增”后企业新增加的业务活动或管理活动，或表现为现有的管理制度不能适应“营改增”后原有的业务活动或管理活动。

5. “营改增”对建筑企业利润的影响

“营改增”后，建筑企业推行增值税，按照增值税的设计原理，增值税是流转税，按理说不会增加企业税负，也就是说不会影响企业利润。

6. “营改增”对工程造价的影响

在造价环节，由于营业税属于价内税，增值税属于价外税，在营业税制下，我国的工程造价并没有实现价税分离，在营业税下，工程造价的费用项目以含税价款计算。改征增值税后，建设工程工程量清单计价、定额计价均采用“价税分离”原则，按照《财政部　税务总局　海关总署　关于深化增值税改革有关政策的公告》（财政部　税务总局　海关总署公告 2019 年第 39 号）最新规定，将《住房城乡建设部办公厅关于调整建设工程计价依据增值税税率的通知》（建办标〔2018〕20 号）规定的工程造价计价依据中增值税税率由 10% 调整为 9%。

工程造价的计算公式为

$$工程造价 = 税前工程造价 \times (1 + 9\%)$$

其中，9% 为建筑业增值税税率，税前工程造价为人工费、材料费、施工机具使用费、企业管理费、利润和规费之和，各费用项目均以不包含增值税可抵扣进项税额的价格计算。

7. “营改增”对建筑业会计核算的影响

（1）对财务人员会计核算水平提出更高要求

“营改增”后，建筑业会计核算方式将发生革命性的变化，需要分别确认收入与销项税额、成本费用与进项税额，同时还需要面临混业经营、视同销售、进项税额转出等多种情况，核算内容及方式都将变得复杂，对建筑业会计核算提出更高要求。

（2）对建筑业应交税费核算的影响

建筑企业在执行营业税制时，只需设置“应交营业税”一个级科目，并且只是在计提和缴纳的环节才进

行会计核算。而改征增值税后，则需在二级科目“应交增值税”下设置若干三级科目，进项税额、销项税额、预缴税款、进项税额转出等有关增值税的核算，在日常经营过程中涉及采购、销售、申报缴纳等环节。

(3)对收入核算的影响

“营改增”后，工程收入将按照价税分离的原则分别确认“价款”和“税款”，以不含税价款确认收入，按照11%税率计算分析，不含税收入=含税收入/(1+11%)，收入下降幅度为9.91%。

(4)对成本核算的影响

与收入确认一样，工程成本也将按照不含税成本计量。在材料、设备、应税服务等购进过程中，均需按照价税分离的原则进行核算，资产、成本费用等都将由于增值税的分离而有所下降，下降的幅度主要取决于其适用的税率和抵扣凭证的取得情况。

(5)对现金流量的影响

建筑工程回款普遍存在滞后性，而增值税的缴纳却是刚性要求，加上建筑企业在“营改增”初期可能面对的营业税清理的形势，将导致建筑企业的经营性现金流量支出增加，造成资金紧张的局面。

(6)对利润的影响

建筑企业改征增值税后，由于增值税税负的高低与企业管理水平密切相关，且增值税的抵扣情况也会直接影响到企业成本的高低，因此增值税的管理情况成为对企业利润水平高低的一个重要影响因素。改征增值税后，建筑企业利润的变化主要取决于建筑业报价市场水平、建筑企业市场环境、自身管理水平以及价税分离情况等。

8.“营改增”对建筑业税务管理的影响

(1)税务管理成本加大

增值税的征管相对营业税要严格很多，工作量也将发生剧增，毫无疑问，建筑企业必须加大人力、设备方面的投入，以满足增值税征管要求，因此企业的税务管理成本将大幅增加。

(2)税务管理范围更广

实施增值税后，建筑企业的税务管理范围更为宽泛，企业的投标报价、组织机构、施工生产模式、合同签订、采购方式等都将成为企业税务管理工作的一部分，需要企业在各项工作中贯穿纳税筹划意识，使企业各项涉税行为符合增值税要求，规避税收风险，提高进项抵扣，降低实际税负。

(3)流转税税务管理指标重要性凸显

在营业税制下，税款支出基本属于固定支出，缺少筹划空间，而在增值税制下，税负的高低与企业的管理水平存在直接关系，因此，预计企业税务管理的各项指标在企业内部考核、评价中的地位将逐渐凸显。

(4)须建立完善的税务管理体系

营业税制下，施工项目在项目所在地缴纳税款，工程项目的税款缴纳较为独立，管理也相对松散，在流转税的管理上，缺少完整的管理系统。实行增值税制后，建筑企业必须建立完整的税务管理系统，从汇总纳税主体到各项目部建立高效的信息传递机制，执行企业统一的管理标准，确保企业整体税负、风险受控。

忆一忆

“营改增”对工程造价有哪些影响？

自学自测

一、单选题（只有1个正确答案，每题9分，共6题）

1. 招标人在施工招标文件中规定了暂定金额的分项内容和暂定总价款时，投标人可采用的报价策略是（　　）。

A. 适当提高暂定金额分项内容的单价　　B. 适当减少暂定金额中的分项工程量

C. 适当降低暂定金额分项内容的单价　　D. 适当增加暂定金额中的分项工程量

2. 下列关于不平衡报价的说法中错误的是（　　）。

A. 能够早日结算的项目可以适当提高报价

B. 工程内容说明不清楚的，尽可能提高报价

C. 如果工程分标，该暂定项目也可能由其他承包单位施工时，则不宜报高价

D. 设计图纸不明确、估计修改后工程量要增加的，可以提高单价

3. 下列工程，不适宜无利润报价法的情形是（　　）。

A. 有可能在中标后，将大部分工程分包给索价较低的一些分包商

B. 较长时期内，投标单位没有在建工程项目

C. 先以低价获得首期工程，而后赢得机会创造第二期工程中的竞争优势

D. 迷惑对手，提高中标概率

4. 根据《评标委员会和评标方法暂行规定》（七部委令第12号），下列关于评标委员会的说法中正确的是（　　）。

A. 评标委员会由建设主管部门负责组建

B. 评标委员会由招标单位负责组建

C. 评标委员会成员名单一般应于投标截止日前确定

D. 评标委员会成员名单应在投标有效期前保密

5. 有下列情形之一的，不得担任评标委员会成员，应当回避的是指（　　）。

A. 招标单位的主要负责人

B. 招标代理机构相关业务的代表

C. 与招标单位有经济利益关系，可能影响对投标公正评审的

D. 项目主管部门或者行政监督部门的人员

6. 核查已标价的工程量清单时，如果有计算错误，正确的处理方法是（　　）。

A. 总价金额与依据单价计算出的结果不一致时，以总价金额为准修正单价

B. 大写金额与小写金额不一致时，以大写金额为准

C. 评标委员会对投标报价的错误要求投标单位书面修正，作为投标报价的金额

D. 投标单位不接受修正价格的，可以继续参加投标，但会影响中标

二、多选题（至少有2个正确答案，每题10分，共4题）

1. 投标单位报价可高一些的情形包括（　　）。

A. 施工条件差的工程

B. 专业要求高的技术密集型工程且投标单位在这方面有专长

C. 附近有工程而本项目可利用该工程的设备

D. 投标对手多，竞争激烈的工程

E. 支付条件不理想的工程

2. 采用多方案报价法，可降低投标风险，但投标工作量较大。通常适用的情形是（　　）。

A. 招标文件中的工程范围不很明确

B. 单价与包干混合制合同中，招标人要求有些项目采用包干报价时

C. 项目在完成后全部按报价结算

D. 条款不很清楚或很不公正

E. 技术规范要求过于苛刻的工程

3. 在评标时，未能对招标文件做出实质性响应，应作废标处理的情形有（　　）。

A. 投标文件没有投标单位授权代表签字和加盖公章

B. 大写金额与小写金额不一致

C. 明显不符合技术规格、技术标准的要求

D. 投标文件载明的招标项目完成期限超过招标文件规定的期限

E. 投标文件附有招标单位不能接受的条件

4. 根据我国现行规定，下列关于中标和签订合同的说法中正确的是（　　）。

A. 中标单位无正当理由拒签合同的，招标单位取消其中标资格

B. 中标单位无正当理由拒签合同的，给招标单位造成的损失超过投标保证金数额的

C. 发出中标通知书后，招标单位无正当理由拒签合同的，招标单位向中标单位退还投标保证金

D. 发出中标通知书后，给中标单位造成损失的，还应当赔偿损失

E. 招标单位与中标单位签订合同后 5 个工作日内，应当退还投标保证金

三、判断题（对的划“√”，错的划“×”，每题 3 分，共 2 题）

1. 企业管理费和利润的计算可按照规定的取费基数以及一定的费率取费计算。（　　）

2. 投标保证金除现金外，可以是银行出具的银行保函、保兑支票、银行汇票或现金支票。（　　）

文本

任务6【自学自测】答案

任务实施指导

根据某项目招标文件，分析项目特点，投标过程中应用投标报价策略编制投标报价的工作程序基本包括如下步骤。

一、前期工作

取得招标信息，确定参加投标，准备资料，获取招标文件，组建投标报价班子，研究招标文件，主要对投标人须知、合同条件、技术规范、图纸和工程量清单等重点内容进行分析，研究投标人须知的重点在于防止投标被否决；同时准备与投标有关的所有资料，进行工程现场调查。

二、调查询价

收集投标信息，复核工程量，各种询价，确定项目管理规划。

注意复核工程量时，即使有误，投标人也不能修改工程量清单。对工程量清单存在的错误，可以向招标人提出，由招标人同意修改并把修改情况通知所有投标人；针对工程量清单中工程量的遗漏或错误，是否向招标人提出修改意见取决于投标策略。

三、投标报价基础标价的编制

完成分部分项工程项目、措施项目、其他项目、规费和税金的计算，计算分部分项综合单价及措施费，确定基础标价。

四、运用投标报价策略调整投标报价

根据项目特点，投标过程中应用不平衡报价法、多方案报价法、突然降价法时结合价值工程分析、网络分析、资金时间价值分析进行方案评价、比较确定投标方案，运用投标报价策略调整投标报价，完成投标报价的编制。

运用投标报价策略编制投标报价工作单

计划单

<table>
<tr><td>学习情境3</td><td colspan="2">发承包阶段造价管理与控制</td><td>任务6</td><td>运用投标报价策略编制投标报价</td></tr>
<tr><td>工作方式</td><td colspan="2">组内讨论、团结协作共同制订计划:小组成员进行工作讨论,确定工作步骤</td><td>计划学时</td><td>0.5学时</td></tr>
<tr><td>完成人</td><td colspan="4">1.　　2.　　3.　　4.　　5.　　6.</td></tr>
<tr><td colspan="5">计划依据:老师给定的拟建项目建设信息</td></tr>
<tr><td>序号</td><td colspan="2">计划步骤</td><td colspan="2">具体工作内容描述</td></tr>
<tr><td>1</td><td colspan="2">准备工作
(整理建设项目信息,谁去做?)</td><td colspan="2"></td></tr>
<tr><td>2</td><td colspan="2">组织分工
(成立组织,人员具体都完成什么?)</td><td colspan="2"></td></tr>
<tr><td>3</td><td colspan="2">制订两套运用投标报价策略编制投标报价方案
(特点是什么?)</td><td colspan="2"></td></tr>
<tr><td>4</td><td colspan="2">计算投标报价
(都涉及哪些影响因素?)</td><td colspan="2"></td></tr>
<tr><td>5</td><td colspan="2">整理运用投标报价策略编制投标报价过程
(谁负责?整理什么?)</td><td colspan="2"></td></tr>
<tr><td>6</td><td colspan="2">运用投标报价策略编制投标报价成果表
(谁负责?要素是什么)</td><td colspan="2"></td></tr>
<tr><td>制订计划说明</td><td colspan="4">(写出制订计划中人员为完成任务的主要建议或可以借鉴的建议、需要解释的某一方面)</td></tr>
</table>

决 策 单

<table>
<tr><td colspan="2">学习情境3</td><td>发承包阶段造价管理与控制</td><td>任务6</td><td>运用投标报价策略
编制投标报价</td></tr>
<tr><td colspan="3">决策学时</td><td colspan="2">2 学时</td></tr>
<tr><td colspan="5">决策目的:确定本小组认为最优的运用投标报价策略编制投标报价方案</td></tr>
<tr><td rowspan="7">方案
优劣比对</td><td colspan="2">方案特点</td><td rowspan="2">比对
项目</td><td rowspan="2">确定最优方案
（划√）</td></tr>
<tr><td>方案名称 1：</td><td>方案名称 2：</td></tr>
<tr><td></td><td></td><td>编制精度
是否达到需求</td><td rowspan="6">方案 1 优□

方案 2 优□</td></tr>
<tr><td></td><td></td><td>计算过程
是否得当</td></tr>
<tr><td></td><td></td><td>计算公式
是否准确</td></tr>
<tr><td></td><td></td><td>编制方法的
掌握程度</td></tr>
<tr><td></td><td></td><td>工作效率的
高低</td></tr>
<tr><td colspan="2">方案 1 运用投标报价策略编制投标
报价计算过程思维导图</td><td colspan="2">方案 2 运用投标报价策略编制投标
报价计算过程思维导图</td></tr>
</table>

作业单

<table>
<tr><td>学习情境3</td><td>发承包阶段造价管理与控制</td><td>任务6</td><td>运用投标报价策略编制投标报价</td></tr>
<tr><td rowspan="2">参加人员</td><td colspan="2">第＿＿＿＿＿＿组</td><td>开始时间：</td></tr>
<tr><td colspan="2">签名：</td><td>结束时间：</td></tr>
<tr><td>序号</td><td colspan="2">工作内容记录
（根据实施的具体工作记录，包括存在的问题及解决方法）</td><td>分工
（负责人）</td></tr>
<tr><td>1</td><td colspan="2"></td><td></td></tr>
<tr><td>2</td><td colspan="2"></td><td></td></tr>
<tr><td>3</td><td colspan="2"></td><td></td></tr>
<tr><td>4</td><td colspan="2"></td><td></td></tr>
<tr><td>5</td><td colspan="2"></td><td></td></tr>
<tr><td>6</td><td colspan="2"></td><td></td></tr>
<tr><td>7</td><td colspan="2"></td><td></td></tr>
<tr><td>8</td><td colspan="2"></td><td></td></tr>
<tr><td>9</td><td colspan="2"></td><td></td></tr>
<tr><td>10</td><td colspan="2"></td><td></td></tr>
<tr><td rowspan="2">小结</td><td colspan="2">主要描述完成的成果及是否达到目标</td><td>存在的问题</td></tr>
<tr><td colspan="2"></td><td></td></tr>
</table>

检 查 单

<table>
<tr><td colspan="2">学习情境3</td><td colspan="4">发承包阶段造价管理与控制</td><td colspan="2">任务6</td><td>运用投标报价策略编制投标报价</td></tr>
<tr><td colspan="2">检查学时</td><td colspan="6">课内0.5学时</td><td>第______组</td></tr>
<tr><td colspan="2">检查目的及方式</td><td colspan="7">教师过程监控小组的工作情况，如检查等级为不及格，小组需要整改，并拿出整改说明</td></tr>
<tr><td rowspan="2">序号</td><td rowspan="2">检查项目</td><td rowspan="2">检查标准</td><td colspan="6">检查结果分级
（在检查相应的分级框内划“√”）</td></tr>
<tr><td>优秀</td><td>良好</td><td>中等</td><td>及格</td><td colspan="2">不及格</td></tr>
<tr><td>1</td><td>准备工作</td><td>建设项目信息材料是否准备完整</td><td></td><td></td><td></td><td></td><td colspan="2"></td></tr>
<tr><td>2</td><td>分工情况</td><td>安排是否合理、全面，分工是否明确</td><td></td><td></td><td></td><td></td><td colspan="2"></td></tr>
<tr><td>3</td><td>工作态度</td><td>小组工作是否积极主动、全员参与</td><td></td><td></td><td></td><td></td><td colspan="2"></td></tr>
<tr><td>4</td><td>纪律出勤</td><td>是否按时完成负责的工作内容、遵守工作纪律</td><td></td><td></td><td></td><td></td><td colspan="2"></td></tr>
<tr><td>5</td><td>团队合作</td><td>是否相互协作、互相帮助、成员是否听从指挥</td><td></td><td></td><td></td><td></td><td colspan="2"></td></tr>
<tr><td>6</td><td>创新意识</td><td>任务完成不照搬照抄，看问题具有独到见解创新思维</td><td></td><td></td><td></td><td></td><td colspan="2"></td></tr>
<tr><td>7</td><td>完成效率</td><td>工作单是否记录完整，是否按照计划完成任务</td><td></td><td></td><td></td><td></td><td colspan="2"></td></tr>
<tr><td>8</td><td>完成质量</td><td>工作单填写是否准确</td><td></td><td></td><td></td><td></td><td colspan="2"></td></tr>
<tr><td>检查评语</td><td colspan="6"></td><td colspan="2">教师签字：</td></tr>
</table>

任务评价单

1. 工作评价单

<table>
<tr><td>学习情境3</td><td colspan="3">发承包阶段造价管理与控制</td><td>任务6</td><td>运用投标报价策略
编制投标报价</td></tr>
<tr><td colspan="4">评价学时</td><td colspan="2">0.5学时</td></tr>
<tr><td>评价类别</td><td>项目</td><td>个人评价</td><td>组内互评</td><td>组间互评</td><td>教师评价</td></tr>
<tr><td rowspan="6">专业能力</td><td>资讯
（10%）</td><td></td><td></td><td></td><td></td></tr>
<tr><td>计划
（5%）</td><td></td><td></td><td></td><td></td></tr>
<tr><td>实施
（20%）</td><td></td><td></td><td></td><td></td></tr>
<tr><td>检查
（10%）</td><td></td><td></td><td></td><td></td></tr>
<tr><td>过程
（5%）</td><td></td><td></td><td></td><td></td></tr>
<tr><td>结果
（10%）</td><td></td><td></td><td></td><td></td></tr>
<tr><td rowspan="2">社会能力</td><td>团结协作
（10%）</td><td></td><td></td><td></td><td></td></tr>
<tr><td>敬业精神
（10%）</td><td></td><td></td><td></td><td></td></tr>
<tr><td rowspan="2">方法能力</td><td>计划能力
（10%）</td><td></td><td></td><td></td><td></td></tr>
<tr><td>决策能力
（10%）</td><td></td><td></td><td></td><td></td></tr>
<tr><td rowspan="3">评价评语</td><td>班级</td><td>姓名</td><td></td><td>学号</td><td>总评</td></tr>
<tr><td>教师签字</td><td>第　　组</td><td>组长签字</td><td></td><td>日期</td></tr>
<tr><td colspan="5">评语：</td></tr>
</table>

2. 小组成员素质评价单

<table>
<tr><td>学习情境3</td><td colspan="2">发承包阶段造价管理与控制</td><td>任务6</td><td>运用投标报价策略编制投标报价</td></tr>
<tr><td colspan="3">评价学时</td><td colspan="2">0.5 学时</td></tr>
<tr><td>班级</td><td></td><td>第＿＿＿＿组</td><td>成员姓名</td><td></td></tr>
<tr><td>评分说明</td><td colspan="4">每个小组成员评价分为自评和小组其他成员评两部分，取平均值计算，作为该小组成员的任务评价个人分数。评价项目共设计五个，依据评分标准给予合理量化打分。小组成员自评分后，要找小组其他成员不记名方式打分，成员互评分为其他小组成员的平均分</td></tr>
<tr><td>对象</td><td>评分项目</td><td colspan="2">评分标准</td><td>评分</td></tr>
<tr><td rowspan="5">自评
(100分)</td><td>核心价值观(20分)</td><td colspan="2">思想及行动是否符合社会主义核心价值观</td><td></td></tr>
<tr><td>工作态度(20分)</td><td colspan="2">是否按时完成负责的工作内容、遵守纪律，是否积极主动参与小组工作，是否全过程参与，是否吃苦耐劳，是否具有工匠精神</td><td></td></tr>
<tr><td>交流沟通(20分)</td><td colspan="2">是否能良好地表达自己的观点，是否能倾听他人的观点</td><td></td></tr>
<tr><td>团队合作(20分)</td><td colspan="2">是否与小组成员合作完成，做到相互协助、相互帮助、听从指挥</td><td></td></tr>
<tr><td>创新意识(20分)</td><td colspan="2">是否能独立思考，提出独到见解，是否能够运用创新思维解决遇到的问题</td><td></td></tr>
<tr><td rowspan="5">成员互评
(100分)</td><td>核心价值观(20分)</td><td colspan="2">思想及行动是否符合社会主义核心价值观</td><td></td></tr>
<tr><td>工作态度(20分)</td><td colspan="2">是否按时完成负责的工作内容、遵守纪律，是否积极主动参与小组工作，是否全过程参与，是否吃苦耐劳，是否具有工匠精神</td><td></td></tr>
<tr><td>交流沟通(20分)</td><td colspan="2">是否能良好地表达自己的观点，是否能倾听他人的观点</td><td></td></tr>
<tr><td>团队合作(20分)</td><td colspan="2">是否与小组成员合作完成，做到相互协助、相互帮助、听从指挥</td><td></td></tr>
<tr><td>创新意识(20分)</td><td colspan="2">是否能独立思考，提出独到见解，是否能够运用创新思维解决遇到的问题</td><td></td></tr>
<tr><td colspan="2">最终小组成员得分</td><td colspan="3"></td></tr>
<tr><td colspan="2">小组成员签字</td><td></td><td>评价时间</td><td></td></tr>
</table>

教学反馈单

学习领域	工程造价控制		
学习情境3	发承包阶段造价管理与控制	任务6	运用投标报价策略编制投标报价
学时		6学时	

序号	调查内容	是	否	理由陈述
1	你是否喜欢这种上课方式？			
2	与传统教学方式比较你认为哪种方式学到的知识更适用？			
3	针对每个学习任务你是否学会如何进行资讯？			
4	计划和决策感到困难吗？			
5	你认为学习任务对你将来的工作有帮助吗？			
6	通过本任务的学习，你学会如何运用投标报价策略编制投标报价这项工作了吗？今后遇到实际的问题你可以解决吗？			
7	你能够根据实际工程确定工程合同价款吗？			
8	你学会解决合同条款签订中易发生争议的若干问题了吗？			
9	你通过几天来的学习，你对自己的表现是否满意？			
10	你对小组成员之间的合作是否满意？			
11	你认为本情境还应学习哪些方面的内容？（请在下面空白处填写）			

你的意见对改进教学非常重要，请写出你的建议和意见：

被调查人签名		调查时间	

学习情境4

施工阶段造价管理与控制

学习指南

情境导入

某工程项目发包人与承包人签订了施工合同,工期5个月。分项工程和单价措施项目的造价数据与经批准的施工进度计划见情境背景资料(扫描二维码);总价措施项目费用9万元(其中含安全文明施工费3万元);暂列金额12万元。管理费和利润为人材机费用之和的15%,规费费率为7.5%(以分部分项工程费、措施项目费、其他项目费之和为基数),增值税税率为9%。

有关工程价款结算与支付的合同约定见情境背景资料。

根据背景材料确定合同价款,特别需要注意采用清单计价形式确定合同价款时,应符合清单计价规范的规定;确定施工合同价款支付的基本方式;确定预付款的起扣点以及扣还计算,计算保修金的扣还;计算全过程合同价款支付结算;确定在施工过程中的索赔费用、价款变更费用、非合同费用;结合支付过程的凭证限制,形象进度控制,月中支付等具体要求进行支付;对工程费用进行动态监控。

文本

学习情境4:情境背景资料

学习目标

1. 知识目标

(1)能说出工程变更发生的条件、合同价款如何调整,陈述工程索赔的处理原则,说出索赔计算方法;

(2)能完成工程价款的结算;

(3)能说出费用偏差及其表示方法。

2. 能力目标

(1)能够处理施工阶段的工程索赔,根据我国现行合同条款,完成工程变更价款的计算;划分索赔事件的责任,完成工期索赔的计算;划分索赔事件的责任,完成费用索赔的计算;

(2)能够进行工程预付款、工程进度款及质量保证金的计算;能够进行建设工程价款动态结算,根据建设工程价款不同的结算方式,计算工程预付款;完成工程进度款的支付计算;编制竣工结算;

(3)能够利用常用偏差分析方法进行偏差分析;分析偏差产生的原因及采取控制措施,计算投资数据;绘制投资曲线;分析施工阶段投资偏差与进度偏差;

(4)通过完成工作任务,能够充实二级造价工程师必须应知应会的知识,能够独立完成完整的造价工作。

3. 素质目标

能够在完成任务过程中,培养学生爱岗敬业、能吃苦耐劳,能团结协作、互相帮助,做事钻研奋进、精益求精,恪守职业规范,具备高度的社会责任感、良好的职业道德修养,懂法守法,引导学生提升工程素养和责任意识,更加科学严谨地编制招标工程量清单,提高工作质量,适应社会和建筑行业工程技术发展的需求,具有自主学习和终身学习的意识,接受继续教育,提高执业水平,不断学习和适应社会发展和专业技术更新。

工作任务

1. 工程变更与索赔的管理　　参考学时:4学时
2. 工程费用动态监控　　参考学时:6学时
3. 工程价款结算及其审查　　参考学时:4学时

任务7　工程变更与索赔的管理

任 务 单

<table>
<tr><td>学习领域</td><td colspan="6">工程造价控制</td></tr>
<tr><td>学习情境4</td><td colspan="2">施工阶段造价管理与控制</td><td colspan="2">任务7</td><td colspan="2">工程变更与索赔的管理</td></tr>
<tr><td colspan="3">任务学时</td><td colspan="4">4 学时</td></tr>
<tr><td colspan="7">布置任务</td></tr>
<tr><td>工作目标</td><td colspan="6">1. 能够说出工程变更的调整方法；
2. 能够说出工程索赔的处理原则，完成工程索赔的计算；
3. 能够处理施工阶段的工程索赔；
4. 能够在完成任务过程中，培养学生爱岗敬业、能吃苦耐劳，能团结协作、互相帮助，做事钻研奋进、精益求精，培育敬业精神和诚信精神，面对机遇和挑战，能够积极进取，勇于开拓，独立、客观、公正、正确地出具工程造价成果文件</td></tr>
<tr><td>任务描述</td><td colspan="6">文本
任务7：工程变更与索赔的管理
【扫描二维码获取工作任务】
工程变更索赔：对一个工程项目，在其实施的过程中，常会因为设计的修改等原因而发生变更和索赔事项。主要目的：对业主而言，是对工程进行优化，对施工单位而言，是保证项目部的成果颗粒归仓。根据某工程的项目背景，依据我国现行合同条款，完成工程变更价款的计算；划分索赔事件的责任，完成工期索赔的计算；划分索赔事件的责任，完成费用索赔的计算</td></tr>
<tr><td rowspan="2">学时安排</td><td>资讯</td><td>计划</td><td>决策或分工</td><td>实施</td><td>检查</td><td>评价</td></tr>
<tr><td>0.5 学时</td><td>0.5 学时</td><td>1 学时</td><td>1 学时</td><td>0.5 学时</td><td>0.5 学时</td></tr>
<tr><td>对学生学习及成果的要求</td><td colspan="6">1. 每名同学均能按照自学资讯思维导图自主学习，并完成课前自学的问题训练和自学自测；
2. 严格遵守课堂纪律，不迟到、不早退；学习态度认真、端正，能够正确评价自己和同学在本任务中的素质表现；
3. 每位同学必须积极动手并参与小组讨论，分析工程变更与索赔发生的背景，完成工程变更与索赔的管理，能够与小组成员合作完成工作任务；
4. 每位同学都可以讲解任务完成过程，接受教师与同学的点评，同时参与小组自评与互评；
5. 每组必须完成全部“工程变更与索赔的管理”工作的报告工单，并提请教师进行小组评价，小组成员分享小组评价分数或等级；
6. 每名同学均完成任务反思，以小组为单位提交</td></tr>
</table>

资讯思维导图

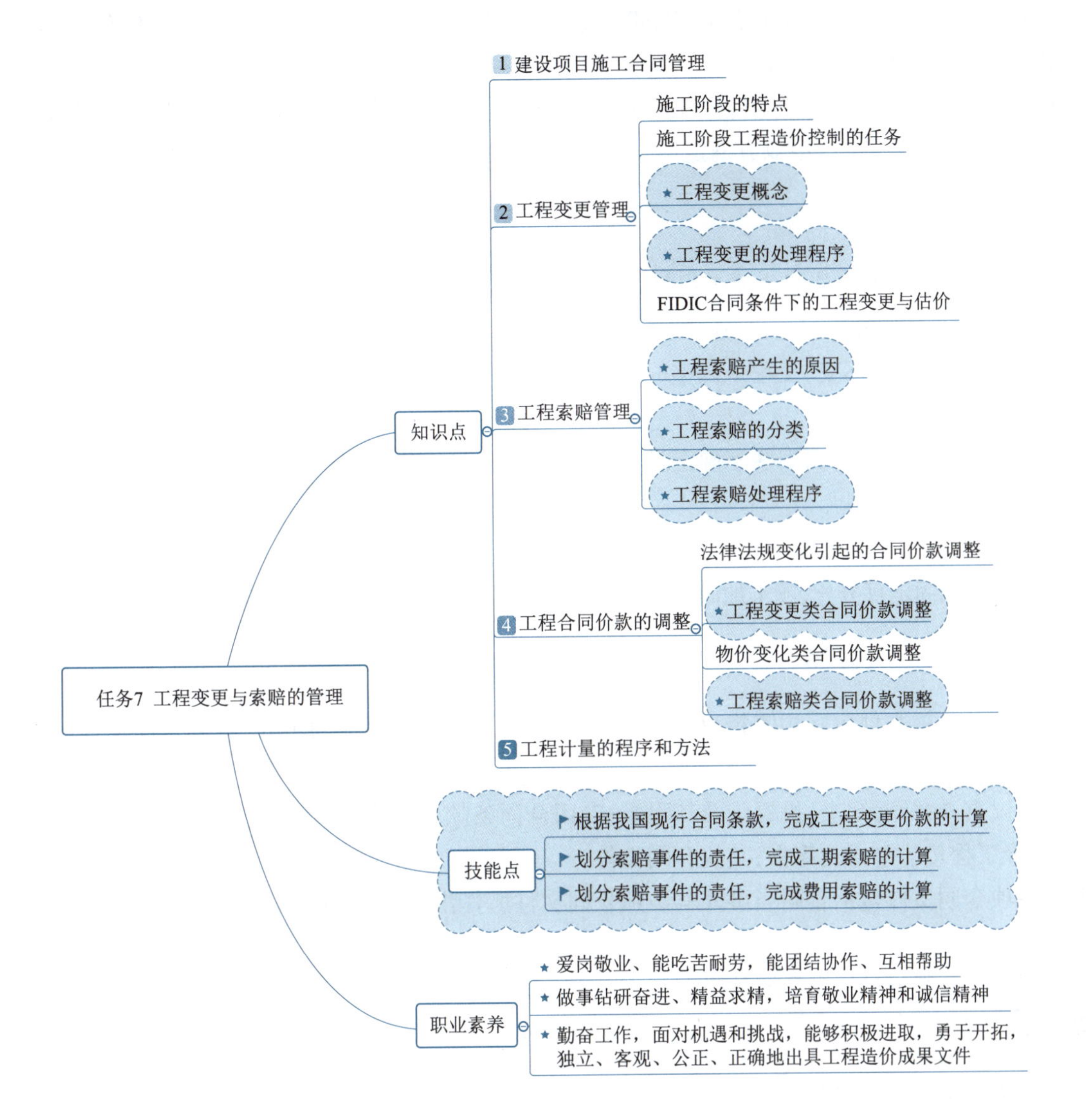

课前自学

知识模块1 建设项目施工合同管理

一、施工合同类型

（一）建设工程承包制度

建设工程承包制是建设工程中采用的经营制度。建设工程发包，是建设工程的建设单位（或总承包单位）将建设工程任务通过招标发包或直接发包的方式，交付给具有法定从业资格的单位完成，并按照合同约定支付报酬的行为。建设工程承包，则是具有法定从业资格的单位依法承揽建设工程任务，通过签订合同确立双方的权利与义务，按照合同约定取得相应报酬，并完成建设工程任务的行为。

建设工程的发包方一般为建设单位，也可以是施工总承包商、专业承包商、项目管理公司等；承包方一般为工程勘察设计单位、施工单位、工程设备供应及设备安装制造单位等。发包方与承包方的权利、义务均有双方签订的承包合同加以规定。

（二）施工合同按计价方式分类

1. 总价合同

适用于工程量不太大且能精确计算，工期较短，技术不太复杂，风险不大，设计图纸准确、详细的项目，包括固定总价合同和可调总价合同。

固定总价合同：总价被承包商接受一般不得变动，签约前已完成设计工作的80%以上，工期不超过一年。

可调总价合同：合同条款中双方商定由于通货膨胀引起工料成本增加达到某一限度时，合同总价相应调整，工期较长。

2. 单价合同

适用于招标文件已列出分部分项工程量，但合同整体工程量界定由于建设条件限制尚未最后确定的情况，采取签订合同采用估算工程量，结算时采用实际工程量结算的方法，包括固定单价合同和可调单价合同。

固定单价合同：单价不变，工程量调整时按单价追加合同价款，工程全部完工时按竣工图工程量结算工程款。

可调单价合同：签约时，因某些不确定性因素存在暂定某些分部分项工程单价，实施中根据合同约定调整单价。

3. 成本加酬金合同

可分为成本加固定百分比、成本加固定费用、成本加奖罚金、最高限额成本加固定最大酬金等四种形式。

二、合同文件的优先顺序

组成合同的各项文件应互相解释，互为说明。除专用合同条款另有约定外，解释合同文件的优先顺序如下：

合同协议书；中标通知书；投标函及其附录；专用合同条款及其附件；通用合同条款；技术标准和要求；图纸；已标价工程量清单或预算书；其他合同文件。

上述各项合同文件包括合同当事人就该项合同文件所作出的补充和修改，属于同一类内容的文件，应以最新签署的为准。

在合同订立及履行过程中形成的与合同有关的文件均构成合同文件组成部分，并根据其性质确定优先解释顺序。

三、发包人条款及违约责任

（一）发包人条款

发包人应按照专用合同条款约定的期限、数量和内容向承包人免费提供图纸，并组织承包人、监理人和设计人进行图纸会审和设计交底。发包人至迟不得晚于开工通知载明的开工日期前14天向承包人提供图纸。应在计划开工日期7天前向承包人发出开工通知。

除专用合同条款另有约定外，发包人应负责提供施工所需要的条件，包括：将施工用水、电力、通信线路等施工所必需的条件接至施工现场内；保证向承包人提供正常施工所需要的进入施工现场的交通条件；协调处理施工现场周围地下管线和邻近建筑物、构筑物、古树名木的保护工作，并承担相关费用；按照专用合同条款约定应提供的其他设施和条件；办理施工许可证和其他法律、法规规定的申请批准手续和施工需要的有关证件，组织承包人和设计单位进行图纸会审和设计交底，协调处理现场设施保护、环境保护、文物保护工作，并承担有关费用：承包人按合同约定完成施工任务后，发包人负责组织竣工验收，支付工程进度款和竣工结算款。

（二）发包人违约责任

在合同履行过程中发生的下列情形，属于发包人违约：

因发包人原因未能在计划开工日期前7天内下达开工通知的；因发包人原因未能按合同约定支付合同价款的；发包人违反变更的范围约定，自行实施被取消的工作或转由他人实施的；发包人提供的材料、工程设备

的规格、数量或质量不符合合同约定，或因发包人原因导致交货日期延误或交货地点变更等情况的；因发包人违反合同约定造成暂停施工的；发包人无正当理由没有在约定期限内发出复工指示，导致承包人无法复工的；发包人明确表示或者以其行为表明不履行合同主要义务的；发包人未能按照合同约定履行其他义务的。

发包人发生违约情况时，承包人可向发包人发出通知，要求发包人采取有效措施纠正违约行为。发包人收到承包人通知后28天内仍不纠正违约行为的，承包人有权暂停相应部位工程施工，并通知监理人。

发包人应承担因其违约给承包人增加的费用和(或)延误的工期，并支付承包人合理的利润。此外，合同当事人可在专用合同条款中另行约定发包人违约责任的承担方式和计算方法。

四、承包人条款及违约责任

(一)承包人条款

根据发包人委托，在其资质允许的条件下，按合同约定完成施工图设计、工程配套设计，负责临时设施的设计、建造、维护、管理、拆除，发生费用由发包人承担。

按工程需要提供和维修施工使用的照明、围栏设施，并负责安全保卫工作。遵守有关部门对施工场地交通、施工噪声以及环境保护和安全生产管理的规定，避免对公众与他人利益的损害。按专用条款的约定做好施工现场、地下管线和邻近建筑物、古树名木、文物建筑的保护工作。按专用条款约定，向发包方提供现场办公和生活的住房及设施，发生费用由发包人承担。向工程师提供年、季、月工程进度计划及相关统计报表。

已竣工工程未交付之前，应负责已完工程成品保护工作，保护期发生损坏，由承包方自费修复。承包人应对施工作业和施工方法的完备性负责和安全可靠性负责，编制施工组织设计和施工措施计划。承包人组成联合体时应共同与发包人签订合同协议，各方应为履行合同承担连带责任，要确定牵头人，负责与发包方、监理方联系，并接受指示。

(二)承包人违约责任

在合同履行过程中发生的下列情形，属于承包人违约：承包人违反合同约定进行转包或违法分包的；承包人违反合同约定采购和使用不合格的材料和工程设备的；因承包人原因导致工程质量不符合合同要求的；承包人违反材料与设备专用要求的约定，未经批准，私自将已按照合同约定进入施工现场的材料或设备撤离施工现场的；承包人未能按施工进度计划及时完成合同约定的工作，造成工期延误的；承包人在缺陷责任期及保修期内，未能在合理期限对工程缺陷进行修复，或拒绝按发包人要求进行修复的；承包人明确表示或者以其行为表明不履行合同主要义务的；承包人未能按照合同约定履行其他义务的。

承包人发生违约情况时，监理人可向承包人发出整改通知，要求其在指定的期限内改正。

承包人应承担因其违约行为而增加的费用和(或)延误的工期。此外，合同当事人可在专用合同条款中另行约定承包人违约责任的承担方式和计算方法。

五、工期规定

(一)开工日期、竣工日期的确定

施工合同工期应包括开工日期、竣工日期、实际日历天数(计算时包括法定节假日在内)。

承包人按协议书约定的开工日期不能按时开工的，应在不迟于协议书约定的开工日期前7天，以书面形式向工程师提出延期开工的理由和要求。工程师在接到延期开工申请后的48小时内以书面形式答复承包人。因发包人原因未按计划开工日期开工的，发包人应按实际开工日期顺延竣工日期。

承包人应当按照合同约定完成工程施工，在合同履行过程中，因下列情况导致工期延误和(或)费用增加的，由发包人承担由此延误的工期和(或)增加的费用，且发包人应支付承包人合理的利润：发包人未能按合同约定提供图纸或所提供图纸不符合合同约定的；发包人未能按合同约定提供施工现场、施工条件、基础资料、许可、批准等开工条件的；发包人提供的测量基准点、基准线和水准点及其书面资料存在错误或疏漏的；发包人未能在计划开工日期之日起7天内同意下达开工通知的；发包人未能按合同约定日期支付工程预付款、进度款或竣工结算款的;监理人未按合同约定发出指示、批准等文件的;专用合同条款中约定的其他情形。

工程经竣工验收合格的,以承包人提交竣工验收申请报告之日为实际竣工日期,并在工程接收证书中载明;因发包人原因,未在监理人收到承包人提交的竣工验收申请报告42天内完成竣工验收,或完成竣工验收不予签发工程接收证书的,以提交竣工验收申请报告的日期为实际竣工日期;工程未经竣工验收,发包人擅自使用的,以转移占有工程之日为实际竣工日期。

发包人要求承包人提前竣工,或承包人提出提前竣工的建议能够给发包人带来效益的,合同当事人可以在专用合同条款中约定提前竣工的奖励。

(二)工期的其他规定

施工进度计划不符合合同要求或与工程的实际进度不一致的,承包人应向监理人提交修订的施工进度计划,并附具有关措施和相关资料,发包人和监理人对承包人提交的修订的施工进度计划的确认(7天内完成),不能减轻或免除承包人根据法律规定和合同约定应承担的任何责任或义务。

承包人认为提前竣工指示无法执行的,应向监理人和发包人提出书面异议,发包人和监理人应在收到异议后7天内予以答复。任何情况下,发包人不得压缩合理工期。因紧急情况需暂停施工,承包人可先暂停施工,监理人应在接到通知24小时内发出指示确认。

因发包人原因引起的暂停施工,发包人应承担由此增加的费用和(或)延误的工期,并支付承包人合理的利润。

因承包人原因造成工期延误的,可以在专用合同条款中约定逾期竣工违约金的计算方法和逾期竣工违约金的上限,承包人支付逾期竣工违约金后,不免除承包人继续完成工程及修补缺陷的义务。

六、质量规定

工程质量标准必须符合现行国家有关工程施工质量验收规范和标准的要求(强制性)。有关工程质量的特殊标准或要求由合同当事人在专用合同条款中约定。

因发包人原因造成工程质量未达到合同约定标准的,由发包人承担由此增加的费用和(或)延误的工期,并支付承包人合理的利润。因承包人原因造成工程质量未达到合同约定标准的,发包人有权要求承包人返工直至工程质量达到合同约定的标准为止,并由承包人承担由此增加的费用和(或)延误的工期。

工程隐蔽部位经承包人自检确认具备覆盖条件的。承包人应在共同检查前48小时书面通知监理人检查。承包人覆盖工程隐蔽部位后,发包人或监理人对质量有疑问的,可要求承包人对已覆盖的部位进行钻孔探测或揭开重新检查,承包人应遵照执行,并在检查后重新覆盖恢复原状。经检查证明工程质量符合合同要求的,由发包人承担由此增加的费用和(或)延误的工期,并支付承包人合理的利润:经检查证明工程质量不符合合同要求的,由此增加的费用和(或)延误的工期由承包人承担。

承包人未通知监理人到场检查,私自将工程隐蔽部位覆盖的,监理人有权指示承包人钻孔探测或揭开检查,无论工程隐蔽部位质量是否合格,由此增加的费用和(或)延误的工期均由承包人承担。

发包人自行供应材料、工程设备的,应在签订合同时在专用合同条款的附件《发包人供应材料设备一览表》中明确材料、工程设备的品种、规格、型号、数量、单价、质量等。

承包人应提前30天通过监理人以书面形式通知发包人供应材料与工程设备进场。承包人按照施工进度计划的修订约定修订施工进度计划时,需同时提交经修订后的发包人供应材料与工程设备的进场计划。

承包人负责采购材料、工程设备的,应按照设计和有关标准要求采购、并提供产品合格证明及出厂证明,对材料、工程设备质量负责、合同约定由承包人采购的材料、工程设备,发包人不得指定生产厂家或供应商,发包人违反约定指定生产厂家或供应商的,承包人有权拒绝,并由发包人承担相应责任。

七、保修期

正常使用条件下,建设工程最低保修期限为:

①基础设施工程、房屋建筑工程的地基基础和主体结构工程，为设计文件规定的该工程的合理使用年限。

②屋面防水工程、有防水要求的卫生间、房间和外墙面的防渗漏为5年。

供热与供冷系统为两个采暖期、供冷期，电气管线、给排水管道、设备安装和装修工程为2年。

八、工程分包的规定

承包人不得将其承包的全部工程转包给第三人，或将其承包的全部工程肢解后以分包的名义转包给第三人，承包人不得将工程主体结构，关键性工作及专用合同条款中禁止分包的专业工程分包给第三人，主体结构、关键性工作的范围由合同当事人按照法律规定在专用合同条款中予以明确。

承包人应按专用合同条款的约定进行分包，确定分包人。承包人应确保分包人具有相应的资质和能力，工程分包不减轻或免除承包人的责任和义务，承包人和分包人就分包工程向发包人承担连带责任，除合同另有约定外，承包人应在分包合同签订后7天内向发包人和监理人提交分包合同副本。

九、不可抗力处理

不可抗力引起的后果及造成的损失由合同当事人按照法律规定及合同约定各自承担。不可抗力发生前已完成的工程应当按照合同约定进行计量支付。

不可抗力导致的人员伤亡、财产损失、费用增加和(或)工期延误等后果，由合同当事人按以下原则承担：永久工程、已运至施工现场的材料和工程设备的损坏，以及因工程损坏造成的第三方人员伤亡和财产损失由发包人承担；承包人施工设备的损坏由承包人承担；发包人和承包人承担各自人员伤亡和财产的损失；因不可抗力影响承包人履行合同约定的义务，已经引起或将引起工期延误的，应当顺延工期，由此导致承包人停工的费用损失由发包人和承包人合理分担，停工期间应发包方要求承包方现场保卫保管的工人工资由发包人承担；因不可抗力引起或将引起工期延误，发包人要求赶工的，由此增加的赶工费用由发包人承担；承包人在停工期间按照发包人要求照管、清理和修复工程的费用由发包人承担。

不可抗力发生后，合同当事人均应采取措施尽量避免和减少损失的扩大，任何一方当事人没有采取有效措施导致损失扩大的，应对扩大的损失承担责任。

因合同一方延迟履行合同义务，在延迟履行期间遭遇不可抗力的，不免除其违约责任。

十、合同解除事项处理

(一)因承包人原因导致合同解除

因承包人原因导致合同解除的，则合同当事人应在合同解除后28天内完成估价、付款和清算，并按以下约定执行：

合同解除后，商定或确定承包人实际完成工作对应的合同价款，以及承包人已提供的材料、工程设备、施工设备和临时工程等的价值；合同解除后，承包人应支付的违约金；合同解除后，因解除合同给发包人造成的损失；合同解除后，承包人应按照发包人要求和监理人的指示完成现场的清理和撤离；发包人和承包人应在合同解除后进行清算，出具最终结清付款证书，结清全部款项。

因承包人违约解除合同的，发包人有权暂停对承包人的付款，查清各项付款和已扣款项。发包人和承包人未能就合同解除后的清算和款项支付达成一致的，按照争议解决的约定处理事项处理。

(二)承包人按照约定解除合同

承包人按照约定解除合同的，发包人应在解除合同后28天内支付下列款项，并解除履约担保：

合同解除前所完成工作的价款；承包人为工程施工订购并已付款的材料、工程设备和其他物品的价款；承包人撤离施工现场以及遣散承包人人员的款项；按照合同约定在合同解除前应支付的违约金；按照合同约定应当支付给承包人的其他款项；按照合同约定应退还的质量保证金；因解除合同给承包人造成的损失。

合同当事人未能就解除合同后的结清达成一致的，按照争议解决的约定处理。

承包人应妥善做好已完工程和与工程有关的已购材料、工程设备的保护和移交工作。

十一、计价风险

建设工程承包必须在招标文件、合同中明确计价中的风险内容及其范围，不得采取无限风险、所有风险或类似语句规定计价中的风险内容及范围。在工程建设施工发承包中实行风险共担和合理分摊的原则。

承包人应完全承担的风险是技术风险和管理风险（管理费和利润），应有限度地承担市场风险（材料价格、施工机械使用费等）；应完全不承担的是法律、法规、规章和政策变化的风险。省级主管部门发布的人工费调整和政府定价（或政府指导价）管理的原材料价格调整影响合同价款调整的，应由发包人承担。由于市场物价波动影响合同价款的，应由发承包双方合理分摊（材料价格的风险宜控制在5%以内，施工机械使用费的风险可控制在10%以内，超过者予以调整）。由于承包人使用机械设备、施工技术以及组织管理水平等自身原因造成施工费用增加的，应由承包人全部承担。

不可抗力发生，影响合同价款的，应采取合理分摊原则处理。

说一说

合同文件的优先顺序是什么？

知识模块2　工程变更管理

一、施工阶段的特点

施工阶段持续时间长、风险因素多，需要协调的内容多，资金投入量最大的阶段是以执行计划为主的阶段，是实现建设工程价值和使用价值的主要阶段，施工阶段施工质量对建设工程总体质量起保证作用。

二、施工阶段工程造价控制的任务

制订本阶段资金使用计划，并严格进行付款控制，做到不多付、不少付、不重复付；严格控制工程变更，力求减少变更费用；研究制定预防费用索赔的措施，以避免、减少对方的索赔数额；及时处理费用索赔；根据有关合同的要求，做好业主应该完成的工作，如按期提交合格的施工现场，按质、按量、按期提供材料和设备等工作；做好计量工作；审核施工单位提交的结算书。

三、工程变更概念

工程变更包括设计变更、进度计划变更、施工条件变更以及原招标文件和工程量清单中未包括的“新增工程”。工程变更产生的原因：一方面是主观原因：如勘察设计工作粗糙，以致在施工过程中发现许多招标文件中没有考虑或估算不准的工程量，因而不得不改变施工项目或增减工程量；另一方面是客观原因，如发生不可预见的事故，自然或社会原因引起的停工和工期拖延等，致使工程变更不可避免。

根据九部委发布的《标准施工招标文件》中的通用合同条款，工程变更包括以下五个方面：取消合同中任何一项工作，但被取消的工作不能转由建设单位或其他单位实施；改变合同中任何一项工作的质量或其他特性；改变合同工程的基线、标高、位置或尺寸；改变合同中任何一项工作的施工时间或改变已批准的施工工艺或顺序；为完成工程需要追加的额外工作。

四、工程变更的处理程序

（一）监理人指示的工程变更

1. 监理人直接指示的工程变更

监理人直接指示的工程变更属于必需的变更，如按照建设单位的要求提高质量标准、设计错误需要进

行的设计修改、协调施工中的交叉干扰等情况。此时不需征求施工承包单位意见，监理人经过建设单位同意后发出变更指示，要求施工承包单位完成工程变更工作。

2. 与施工承包单位协商后确定的工程变更

此类情况属于可能发生的变更，与施工承包单位协商后再确定是否实施变更，如增加承包范围外的某项新工作等。此时，工程变更程序如下：

①监理人首先向施工承包单位发出变更意向书，说明变更的具体内容和建设单位对变更的时间要求等，并附必要的图纸和相关资料。

②施工承包单位收到监理人的变更意向书后，如果同意实施变更，则向监理人提出书面变更建议。建议书的内容包括提交拟实施变更工作的计划、措施、竣工时间等内容的实施方案以及费用要求。若施工承包单位收到监理人的变更意向书后认为难以实施此项变更，也应立即通知监理人，说明原因并附详细依据。如不具备实施变更项目的施工资质、无相应的施工机具等原因或其他理由。

③监理人审查施工承包单位的建议书，施工承包单位根据变更意向书要求提交的变更实施方案可行并经建设单位同意后，发出变更指示。如果施工承包单位不同意变更，监理人与施工承包单位和建设单位协商后确定撤销、改变或不改变原变更意向书。

④变更建议应阐明要求变更的依据，并附必要的图纸和说明。监理人收到施工承包单位书面建议后，应与建设单位共同研究，确认存在变更的，应在收到施工承包单位书面建议后的14天内做出变更指示。经研究后不同意作为变更的，应由监理人书面答复施工承包单位。

（二）施工承包单位提出的工程变更

施工承包单位提出的工程变更可能涉及建议变更和要求变更两类。

1. 施工承包单位建议的变更

施工承包单位对建设单位提供的图纸、技术要求等，提出了可能降低合同价格、缩短工期或提高工程经济效益的合理化建议，均应以书面形式提交监理人。合理化建议书的内容应包括建议工作的详细说明、进度计划和效益以及与其他工作的协调等，并附必要的设计文件。

监理人与建设单位协商是否采纳施工承包单位提出的建议。建议被采纳并构成变更的，监理人向施工承包单位发出工程变更指示。

施工承包单位提出的合理化建议使建设单位获得工程造价降低、工期缩短，工程运行效益提高等实际利益，应按专用合同条款中的约定给予奖励。

2. 施工承包单位要求的变更

施工承包单位收到监理人按合同约定发出的图纸和文件，经检查认为其中存在属于变更范围的情形，如提高工程质量标准、增加工作内容、改变工程的位置或尺寸等，可向监理人提出书面变更建议。变更建议应阐明要求变更的依据，并附必要的图纸和说明。

监理人收到施工承包单位的书面建议后，应与建设单位共同研究，确认存在变更的，应在收到施工承包单位书面建议后的14天内做出变更指示。经研究后不同意作为变更的，应由监理人书面答复施工承包单位。

五、FIDIC合同条件下的工程变更与估价

（一）工程变更

根据FIDIC施工合同条件的约定，在颁发工程接收证书前的任何时间，工程师可通过发布指示或要求承包商提交建议书的方式，提出变更。承包商应遵守并执行每项变更，除非承包商立即向工程师发出通知，说明承包商难以取得变更所需要的货物。工程师接到此类通知后，应取消、确认或改变原指示。变更的具体内容可包括：合同中包括的任何工作内容的数量改变（但此类改变不一定构成变更）；任何工作内容的质量或其他特性的改变；任何部分工程的标高、位置和尺寸的改变；任何工作的删减，但要交他人实施的工作除外；永久工作需要的任何附加工作、生产设备、材料或服务，包括任何有关的竣工试验、钻孔和其他

试验和勘探工作;实施工程的顺序或时间安排的改变。

(二)工程变更的程序

FIDIC 合同条件下,工程变更的一般程序是:提出变更要求;工程师审查变更;编制工程变更文件,工程变更文件包括工程变更令、工程量清单、设计图纸(包括技术规范)、其他有关文件等;发出变更指示,工程师的变更指示应以书面形式发出,如果工程师认为有必要以口头形式发出指示,指示发出后应尽快加以书面确认。

(三)工程变更的估价

工程师根据合适的测量方法和适宜的费率、价格,对变更的各项工作内容进行估价,并商定或确定合同价格。

各项工作内容的适宜费率或价格,应为合同对此类工作内容规定的费率或价格,如合同中无某项内容,应取类似工作的费率或价格。但在以下情况下,宜对有关工作内容采用新的费率或价格。

第一种情况:如果此项工作实际测量的工程量比工程量表或其他报表中规定的工程量的变动大于10%;工程量的变化与该项工作规定的费率的乘积超过了中标合同金额的0.01%;由此工程量的变化直接造成该项工作单位成本的变动超过1%;这项工作不是合同中规定的“固定费率项目”。

第二种情况:此工作是根据变更与调整的指示进行的;合同没有规定此项工作的费率或价格;由于该项工作与合同中的任何工作没有类似的性质或不在类似的条件下进行,故没有一个规定的费率或价格适用。

每种新的费率或价格应考虑以上描述的有关事项对合同中相关费率或价格加以合理调整后得出。如果没有相关的费率或价格可供推算新的费率或价格,应根据实施该工作的合理成本和合理利润,并考虑其他相关的事项后取得。

想一想

根据《标准施工招标文件》中的通用合同条款规定,工程变更包括哪几个方面?

知识模块3　工程索赔管理

索赔是工程承包合同履行中,当事人一方因对方不履行或不完全履行既定的义务,或者由于对方的行为使权利人受到损失时,要求对方补偿损失的权利。索赔是工程承包中经常发生的正常现象。

由于施工现场条件、气候条件的变化,施工进度的变化,以及合同条款、规范、标准文件和施工图纸的变更、差异、延误等因素的影响,使得工程承包中不可避免地出现索赔,由此导致项目的工程造价发生变化。根据上述分析,工程索赔事件的控制和正确处理将是建设工程施工阶段工程造价控制的重要手段。

一、工程索赔产生的原因

业主方(包括建设单位和监理人)违约;合同缺陷;合同变更;工程环境的变化,如材料价格和人工工日单价的大幅度上涨,国家法令的修改,货币贬值,外汇汇率变化等;不可抗力或不利的物质条件。

不可抗力又可以分为自然事件和社会事件。自然事件主要是工程施工过程中不可避免发生并不能克服的自然灾害,包括地震、海啸、瘟疫、水灾等;社会事件则包括国家政策、法律、法令的变更,战争、罢工等。不利的物质条件通常是指承包人在施工现场遇到的不可预见的自然物质条件、非自然的物质障碍和污染物,包括地下和水文条件。

二、工程索赔的分类

(一)按索赔的合同依据分类

工程索赔可分为合同中明示的索赔和合同中默示的索赔。

1. 合同中明示的索赔

是指施工承包单位所提出的索赔要求，在该工程项目施工合同文件中有文字依据。这些在合同文件中有文字规定的合同条款，称为明示条款。

2. 合同中默示的索赔

是指施工承包单位所提出的索赔要求，虽然在工程项目施工合同条款中没有专门的文字叙述，但可根据该合同中某些条款的含义，推论出施工承包单位有索赔权。这种索赔要求同样有法律效力，施工承包单位有权得到相应的经济补偿。这种有经济补偿含义的条款，称为“默示条款”或“隐含条款”。

（二）按索赔的目的分类

工程索赔可分为工期索赔和费用索赔。

1. 工期索赔

由于非施工承包单位的原因导致施工进度拖延，要求批准延长合同工期的索赔，称为工期索赔。工期索赔形式上是对权利的要求，以避免在原定合同竣工日不能完工时，被建设单位追究拖期违约责任。一旦获得批准合同工期延长后，施工承包单位不仅可免除承担拖期违约赔偿费的严重风险，而且可因提前交工获得奖励，最终仍反映在经济收益上。

2. 费用索赔

费用索赔是施工承包单位要求建设单位补偿其经济损失。当施工的客观条件改变导致施工承包单位增加开支时，要求对超出计划成本的附加开支给予补偿，以挽回不应由其承担的经济损失。

（三）按索赔事件的性质分类

工程索赔可分为工程延期索赔、工程变更索赔、合同被迫终止索赔、工程加速索赔、意外风险和不可预见因素索赔及其他索赔。

1. 工程延期索赔

因建设单位未按合同要求提供施工条件，如未及时交付设计图纸、施工现场、道路等，或因建设单位指令工程暂停或不可抗力事件等原因造成工期拖延的，施工承包单位对此提出索赔。这是工程实施中常见的一类索赔。

2. 工程变更索赔

由于建设单位或监理人指令增加或减少工程量或增加附加工程、修改设计，变更工程顺序等，造成工期延长和费用增加，施工承包单位对此提出索赔。

3. 合同被迫终止的索赔

由于建设单位违约及不可抗力事件等原因造成合同非正常终止，施工承包单位因其蒙受经济损失而向建设单位提出索赔。

4. 工程加速索赔

由于建设单位或监理人指令施工承包单位加快施工速度，缩短工期，引起施工承包单位人、财、物的额外开支而提出的索赔。

5. 意外风险和不可预见因素索赔

在工程实施过程中，因人力不可抗拒的自然灾害、特殊风险以及一个有经验的施工承包单位通常不能合理预见的不利施工条件或外界障碍，如地下水、地质断层、溶洞、地下障碍物等引起的索赔。

6. 其他索赔

如因货币贬值、汇率变化、物价上涨、政策法令变化等原因引起的索赔。

三、工程索赔处理程序

（一）施工承包单位的索赔程序

施工承包单位认为有权得到追加付款和（或）延长工期的，应按以下程序向建设单位提出索赔：

施工承包单位应在知道或应当知道索赔事件发生后28天内,向监理人递交索赔意向通知书,并说明发生索赔事件的事由。施工承包单位未在前述28天内发出索赔意向通知书的,丧失要求追加付款和(或)延长工期的权利。

施工承包单位应在发出索赔意向通知书后28天内,向监理人正式递交索赔通知书。索赔通知书应详细说明索赔理由以及要求追加的付款金额和(或)延长的工期,并附必要的记录和证明材料。

索赔事件具有连续影响的,施工承包单位应按合理时间间隔继续递交延续索赔通知,说明连续影响的实际情况和记录,列出累计的追加付款金额和(或)工期延长天数。在索赔事件影响结束后的28天内,施工承包单位应向监理人递交最终索赔通知书,说明最终要求索赔的追加付款金额和延长的工期,并附必要的记录和证明材料。

(二)监理人处理索赔的程序

监理人收到施工承包单位提交的索赔通知书后,应按以下程序进行处理:

监理人收到施工承包单位提交的索赔通知书后,应及时审查索赔通知书的内容、查验施工承包单位的记录和证明材料,必要时监理人可要求施工承包单位提交全部原始记录副本。

监理人应商定或确定追加的付款和(或)延长的工期,并在收到上述索赔通知书或有关索赔的进一步证明材料后的42天内,将索赔处理结果答复施工承包单位。

施工承包单位接受索赔处理结果的,建设单位应在做出索赔处理结果答复后28天内完成赔付;施工承包单位不接受索赔处理结果的,按合同中争议解决条款的约定处理。

(三)施工承包单位提出索赔的期限

施工承包单位接受竣工付款证书后,应被认为已无权再提出在合同工程接收证书颁发前所发生的任何索赔。施工承包单位提交的最终结清申请单中,只限于提出工程接收证书颁发后发生的索赔。提出索赔的期限自接收最终结清证书时终止。

说一说

施工承包单位的索赔程序?

知识模块4　工程合同价款的调整

一、法律法规变化引起的合同价款调整

因国家法律、法规、规章和政策发生变化影响合同价款的风险,发承包双方可以在合同中约定由发包人承担。

1. 基准日的确定

实行招标的建设工程,一般以施工招标文件中规定的提交投标文件的截止时间前的第28天作为基准日。

不实行招标的建设工程,一般以建设工程施工合同签订前的第28天作为基准日。

2. 合同价款的调整方法

合同当事人应当依据法律、法规、规章和有关政策的规定调整合同价款。如果有关价格(如人工、材料和工程设备等价格)的变化已经包含在物价波动事件的调价公式中,则不再予以考虑。

3. 承包人原因导致工期延误的处理

在工程延误期间国家的法律、行政法规和相关政策发生变化引起工程造价变化的,造成合同价款增加的,合同价款不予调整;造成合同价款减少的,合同价款予以调整。

二、工程变更类合同价款调整

(一)工程变更的价款调整方法

1. 分部分项工程费的调整

①已标价工程量清单中有适用于变更工程项目的,且工程变更导致的该清单项目的工程数量变化不足15%时,采用该项目的单价。

②已标价工程量清单中没有适用、但有类似于变更工程项目的,可在合理范围内参照类似项目的单价或总价调整。

③已标价工程量清单中没有适用也没有类似于变更工程项目的,由承包人根据变更工程资料、计量规则和计价办法、工程造价管理机构发布的信息(参考)价格和承包人报价浮动率,提出变更工程项目的单价或总价,报发包人确认后调整。

实行招标的工程:承包人报价浮动率 $L=(1-\text{中标价}/\text{招标控制价})\times 100\%$

不实行招标的工程:承包人报价浮动率 $L=(1-\text{报价值}/\text{施工预算值})\times 100\%$

浮动率计算公式中的中标价、招标控制价或报价值、施工预算值,均不含安全文明施工费。

④已标价工程量清单中没有适用也没有类似于变更工程项目,且工程造价管理机构发布的信息(参考)价格缺价的,由承包人根据变更工程资料、计量规则、计价办法和通过市场调查等有合法依据的市场价格提出变更工程项目的单价或总价,报发包人确认后调整。

2. 措施项目费的调整

①安全文明施工费,按照实际发生变化的措施项目调整,不得浮动。

②采用单价计算的措施项目费,按照实际发生的措施项目按前述分部分项工程费的调整方法确定单价。

③按总价(或系数)计算的措施项目费,除安全文明施工费外,按照实际发生变化的措施项目调整,但应考虑承包人报价浮动因素,及调整金额按照实际调整金额乘以承包人报价浮动率 L 计算。

3. 删减工程或工作的补偿

如果发包人提出的工程变更,因非承包人原因删除了合同中的某项原定工作或工程,致使承包人发生的费用或(和)得到的收益不能被包括在其他已支付或应支付的项目中,也未被包含在任何替代的工作或工程中,则承包人有权提出并得到合理的费用及利润补偿。

(二)各类变更事件引起的合同价款调整

1. 项目特征描述不符

若在合同履行期间,出现设计图纸(含设计变更)与招标工程量清单任一项目的特征描述不符,且该变化引起该项目的工程造价增减变化的,发、承包双方应当按照实际施工的项目特征,重新确定相应工程量清单项目的综合单价,调整合同价款。

2. 招标工程量清单缺项漏项

(1)清单缺项漏项的责任

招标工程量清单是否准确和完整,其责任应当由提供工程量清单的发包责任人负责。

(2)分部分项工程费的调整

分部分项工程出现缺项漏项,造成新增工程清单项目的,应按照工程变更事件中关于分部分项工程费的调整方法调整合同价款。

(3)措施项目费的调整

分部分项工程出现缺项漏项,引起措施项目发生变化的,按照工程变更事件中关于措施项目费的调整方法,在承包人提交的实施方案被发包人批准后,调整合同价款。

招标工程量清单中措施项目缺项,承包人应将新增措施项目实施方案提交发包人批准后,按照工程变更事件中的有关规定调整合同价款。

3. 工程量偏差

(1)综合单价的调整原则

实际工程量与招标工程量清单出现偏差超过15%,增加部分的工程量的综合单价应予调低;当工程量减少15%以上,减少后剩余部分的工程量的综合单价应予调高。

(2)总价措施项目费的调整

当工程量超过15%,且该变化引起措施项目发生相应变化,该措施项目是按系数或单一总价方式计价,工程量增加的,措施项目费调增;工程量减少的,措施项目费调减。

4. 计日工

计日工费用的产生：发包人通知承包人以计日工方式实施的零星工作，承包人应予执行。

计日工费用的计算：承包人应按照确认的计日工现场签证报告中核实的工程数量和承包人已标价工程量清单中的计日工单价计算，提出应付价款；已标价工程量清单中没有该类计日工单价的，由发、承包双方按工程变更的有关规定商定计日工单价计算。

三、物价变化类合同价款调整

（一）因物价波动引起的合同价款调整

1. 采用价格指数调整价格差额

此方法适用于施工中所用的材料品种较少，但每种材料使用量较大的土木工程，如公路、水坝等。

（1）价格调整公式

$$\Delta P = P_0\left[A + \left(B_1 \times \frac{F_{t1}}{F_{01}} + B_2 \times \frac{F_{t2}}{F_{02}} + \cdots + B_n \times \frac{F_{tn}}{F_{0n}}\right) - 1\right]$$

式中 ΔP——需调整的价格差额；

P_0——付款证书中承包人应得到的已完成工程量的金额：此项金额应不包括价格调整、不计质量保证金的扣留和支付、预付款的支付和扣回；变更及其他金额已按现行价格计价的，也不计在内；

A——定值权重（即不调部分的权重）；

$B_1, B_2, \cdots, B_n$——各可调因子的变值权重（即可调部分的权重），为各可调因子在投标函投标总价中所占的比例；

$F_{t1}, F_{t2}, \cdots, F_{tn}$——各可调因子的现行价格指数，指付款证书相关周期最后一天的前42天的各可调因子的价格指数；

$F_{01}, F_{02}, \cdots, F_{0n}$——各可调因子的基本价格指数，指基准日期的各可调因子的价格指数。

（2）权重的确定

价格调整公式中的各可调因子、定值和变值权重，以及基本价格指数及其来源在投标函附录价格指数和权重表中约定。

（3）工期延误后的价格调整

①发包人原因导致工期延误：采用计划进度日期（或竣工日期）与实际进度日期（或竣工日期）的两个价格指数中较高者作为现行价格指数。

②承包人原因导致工期延误：采用计划进度日期（或竣工日期）与实际进度日期（或竣工日期）的两个价格指数中较低者作为现行价格指数。

2. 采用造价信息调整价格差额

（1）人工单价的调整

人工单价发生变化时，发、承包双方应按省级或行业建设主管部门或其授权的工程造价管理机构发布的人工成本文件调整合同价款。

（2）材料和工程设备价格的调整

承包人投标报价中材料单价低于基准单价：工程施工期间材料单价涨幅以基准单价为基础超过合同约定的风险幅度值时，或材料单价跌幅以投标报价为基础超过合同约定的风险幅度值时，超过部分按实调整。

承包人投标报价中材料单价高于基准单价：工程施工期间材料单价跌幅以基准单价为基础超过合同约定的风险幅度值时，或材料单价涨幅以投标报价为基础超过合同约定的风险幅度值时，超过部分按实调整。

承包人投标报价中材料单价等于基准单价：工程施工期间材料单价涨、跌幅以基准单价为基础超过合同约定的风险幅度值时，超过部分按实调整。

(3)施工机械台班单价的调整

施工机械台班单价或施工机械使用费发生变化超过省级或行业建设主管部门或其授权的工程造价管理机构规定的范围时,按照其规定调整合同价款。

材料和工程设备价格的调整以及施工机械台班单价的调整适用于使用的材料品种较多,相对而言每种材料使用量较小的房屋建筑与装饰工程。

(二)暂估价引起的合同价款调整

1. 给定暂估价的材料、工程设备

不属于依法必须招标的项目,由承包人按照合同约定采购,经发包人确认后以此为依据取代暂估价,调整合同价款。

属于依法必须招标的项目,由发、承包双方以招标的方式选择供应商。依法确定中标价格后,以此为依据取代暂估价,调整合同价款。

2. 给定暂估价的专业工程

不属于依法必须招标的项目,按照工程变更事件的合同价款调整方法,确定专业工程价款,并以此为依据取代专业工程暂估价,调整合同价款。

属于依法必须招标的项目,承包人不参加投标的专业工程,应由承包人作为招标人,与组织招标工作有关的费用应当被认为已经包括在承包人的签约合同价(投标总报价)中;承包人参加投标的专业工程,应由发包人作为招标人,与组织招标工作有关的费用由发包人承担。同等条件下,应优先选择承包人中标。以中标价为依据取代专业工程暂估价,调整合同价款。

四、工程索赔类合同价款调整

(一)不可抗力索赔事件的处理

1. 不可抗力的范围

一般包括因战争、敌对行动(无论是否宣战)、入侵、外敌行为、军事政变、恐怖主义、骚动、暴动、空中飞行物坠落或其他非合同当事人责任或原因造成的罢工、停工、爆炸、火灾等,以及当地气象、地震、卫生等部门规定的情形。

2. 不可抗力造成损失的承担

(1)发包人承担的费用损失

①合同工程本身的损害、因工程损害导致第三方人员伤亡和财产损失以及运至施工场地用于施工的材料和待安装的设备的损害。

②发包人人员伤亡由其所在单位负责,并承担相应费用。

③停工期间,承包人应发包人要求留在施工场地的必要的管理人员及保卫人员的费用。

④工程所需清理、修复费用。

(2)承包人承担的费用损失

①承包人人员伤亡由其所在单位负责,并承担相应费用。

②承包人的施工机械设备损坏及停工损失。

(3)工期的处理

因发生不可抗力事件导致工期延误的,工期相应顺延。发包人要求赶工的,承包人应采取赶工措施,赶工费用由发包人承担。

(二)提前竣工(赶工补偿)与误期赔偿

1. 提前竣工

赶工费用:发包人应当依据相关工程的工期定额合理计算工期,压缩的工期天数不得超过定额工期的20%,超过的,应在招标文件中明示增加的赶工费用。

提前竣工奖励:如果承包人的实际竣工日期早于计划竣工日期,承包人有权向发包人提出并得到提前竣工天数和合同约定的每日历天应奖励额度的乘积计算的提前竣工奖励。双方应当在合同中约定提前竣工奖励的最高限额。提前竣工奖励列入竣工结算文件中,与结算款一并支付。

2. 误期赔偿

如果承包人的实际进度迟于计划进度,发包人有权向承包人索取并得到实际延误天数和合同约定的每日历天应赔偿额度的乘积计算的误期赔偿费。一般来说,双方还应当在合同中约定误期赔偿费的最高限额。误期赔偿费列入竣工结算文件中,并应在结算款中扣除。

(三)《标准施工招标文件》中承包人的索赔事件及可补偿内容

1. 承包人工程索赔成立的基本条件

承包人工程索赔成立的基本条件包括:

①索赔事件已造成了承包人直接经济损失或工期延误。

②造成费用增加或工期延误的索赔事件是非因承包人的原因发生的。

③承包人已经按照工程施工合同规定的期限和程序提交了索赔意向通知、索赔报告及相关证明材料。

2.《标准施工招标文件》中合同条款规定的可以合理补偿承包人索赔的条款(见表4-1)

表4-1 《标准施工招标文件》中合同条款规定的可以合理补偿承包人索赔的条款

序号	条款号	索赔事件	可补偿内容		
			工期	费用	利润
	1.6.1	迟延提供图纸	√	√	√
	1.10.1	施工中发现文物、古迹	√	√	
	2.3	延迟提供施工场地	√	√	√
	4.11	施工中遇到不利物质条件	√	√	
	5.2.4	提前向承包人提供材料、工程设备		√	
	5.2.6	发包人提供材料、工程设备不合格或迟延提供或变更交货地点	√	√	√
	8.3	承包人依据发包人提供的错误资料导致测量放线错误	√	√	√
	9.2.6	因发包人原因造成承包人人员工伤事故		√	
	11.3	因发包人原因造成工期延误	√	√	√
	11.4	异常恶劣的气候条件导致工期延误	√		
	11.6	承包商提前竣工		√	
	12.2	发包人暂停施工造成工期延误	√	√	√
	12.4.2	工程暂停后因发包人原因无法按时复工	√	√	√
	13.1.3	因发包人原因导致承包人工程返工	√	√	√
	13.5.3	监理人对已经覆盖的隐蔽工程要求重新检查且检查结果合格	√	√	√
	13.6.2	因发包人提供的材料、工程设备造成工程不合格	√	√	√
	14.1.3	承包人应监理人要求对材料、工程设备和工程重新检验且检验结果合格	√	√	√
	16.2	基准日后法律的变化		√	
	18.4.2	发包人在工程竣工前提前占用工程	√	√	√
	18.6.2	因发包人的原因导致工程试运行失败		√	√
	19.2.3	工程移交后因发包人原因出现新的缺陷或损坏的修复		√	√
	19.4	工程移交后因发包人原因出现的缺陷修复后的试验和试运行		√	
	21.3.1(4)	因不可抗力停工期间应监理人要求照管、清理、修复工程		√	
	21.3.1(5)	因不可抗力造成工期延误	√		
	22.2.2	因发包人违约导致承包人暂停施工	√	√	√

(四)索赔费用组成

1. 人工费

人工费是指完成合同之外的额外工作所花费的人工费用;超过法定工作时间加班劳动;法定人工费增长;非因承包商原因导致工效降低所增加的人工费用;非因承包商原因导致工程停工的人员窝工费和工资上涨费等。

停工损失中人工费通常采用人工单价乘以折算系数计算。

2. 材料费

材料费是指索赔事件的发生造成材料实际用量超过计划用量而增加的材料费;由于发包人原因导致工程延期期间的材料价格上涨和超期储存费用。

材料费中应包括运输费、仓储费,以及合理的损耗费用。如果由于承包商管理不善,造成材料损坏失效,则不能列入索赔款项内。

3. 施工机械使用费

施工机械使用费是指完成合同之外的额外工作所增加的机械使用费;非因承包人原因导致工效降低所增加的机械使用费;由于发包人或工程师指令错误或迟延导致机械停工的台班停滞费。

机械设备台班停滞费的计算:

(1)承包人自有设备:按台班折旧费计算;

(2)承包人租赁的设备:按台班租金加上每台班分摊的施工机械进退场费计算。

4. 现场管理费

现场管理费是指承包人完成合同之外的额外工作以及由于发包人原因导致工期延期期间的现场管理费。

$$现场管理费索赔金额 = 索赔的直接成本费用 \times 现场管理费率$$

5. 企业管理费

企业管理费是指发包人原因导致工程延期期间所增加的承包人向公司总部提交的管理费,按总部管理费的比率计算或者按已获补偿的工程延期天数为基础计算。

6. 保险费

因发包人原因导致工程延期时,承包人必须办理工程保险、施工人员意外伤害保险等各项保险的延期手续,对于由此而增加的费用,承包人可以提出索赔。

7. 保函手续费

因发包人原因导致工程延期时,承包人必须办理相关履约保函的延期手续,对于由此而增加的手续费,承包人可以提出索赔。

8. 利息

利息是指发包人拖延支付工程款利息、发包人迟延退还工程质量保证金的利息、承包人垫资施工的垫资利息、发包人错误扣款的利息等。

具体的利率标准,双方可以在合同中明确约定,没有约定或约定不明的,可以按照中国人民银行发布的同期同类贷款利率计算。

9. 利润

由于工程范围的变更、发包人提供的文件有缺陷或错误、发包人未能提供施工场地、因发包人原因暂停施工导致的工期延误,以及因发包人违约导致的合同终止等事件引起的索赔,承包人都可以列入利润。

通常与原报价单中利润百分率保持一致。由于工程量清单中的单价是综合单价,已经包含了人工费、材料费、施工机械使用费、企业管理费、利润以及一定范围内的风险费用,在索赔计算中不应重复计算。

10. 分包费用

分包费用索赔指的是分包人的索赔费用,一般也包括与上述费用类似的内容索赔。

由于发包人的原因导致分包工程费分包费用增加时，分包人只能向总承包人提出索赔，但分包人的索赔款项应当列入总承包人对发包人的索赔款项中。

（五）工期索赔的计算方法

1. 直接法

如果某干扰事件直接发生在关键线路上，造成总工期的延误，可以直接将该干扰事件的实际干扰时间（延误时间）作为工期索赔费。

2. 比例计算法

（1）已知受干扰部分工程的延期时间工期

工期索赔值＝受干扰部分工期拖延时间×（受干扰部分工程的合同价格/原合同总价）

（2）已知额外增加工程量的价格

工期索赔值＝原合同总工期×（额外增加的工程量的价格/原合同总价）

3. 网络分析法

①延误的工作为关键工作，则延误的时间为索赔的工期。

②延误的工作为非关键工作，当该工作由于延误超过时差限制而成为关键时，可以索赔延误时间与时差的差值。

4. 共同延误的处理

①初始延误者是发包人原因，在发包人原因造成的延误期内，承包人既可得到工期延长，又可得到经济补偿。

②初始延误者是客观原因，在客观原因发生影响的延误期内，承包人可以得到工期延长，但很难得到费用补偿。

③初始延误者是承包人原因，在承包人原因造成的延误期内，承包人既不能得到工期补偿，也不能得到费用补偿。

工期索赔中应当注意的问题：被延误的工作应是处于施工进度计划关键线路上的施工内容，若对非关键路线工作的影响时间较长，超过了该工作可用于自由支配的时间，也会导致进度计划中非关键路线转化为关键路线，其滞后将影响总工期的拖延。

思一思

清单缺项漏项的责任由谁来承担？

知识模块5　工程计量的程序和方法

工程计量是指根据设计文件及承包合同中关于工程量计算的规定，承包商申报的已完工程的工程量进行的核验。工程计量是控制项目工程造价的关键环节，也是约束承包商履行合同义务、强化承包商合同意识的手段。

一、工程计量原则

工程计量包括三个原则：不符合文件要求的工程不予计量；按合同文件规定的方法、范围、内容和单位计量；因承包人原因造成的超出合同工程范围施工或返工的工程量，发包人不予计量。

二、工程计量的范围

工程计量的范围包括：工程量清单及工程变更所修订的工程量清单的内容；合同文件中规定的各种费用支付项目，如费用索赔、各种预付款、价格调整、违约金等。

三、工程计量程序

按照施工合同（示范文本）规定，工程计量的一般程序是：承包人应按专用条款约定的时间，向工程师

提交已完工程量的报告，工程师接到报告后7天内按设计图纸核实已完工程量，并在计量前24小时通知承包人，承包人为计量提供便利条件并派人参加。承包人收到通知后不参加计量，计量结果有效，作为工程价款支付的依据。工程师收到承包人报告后7天内未进行计量，从第8天起，承包人报告中开列的工程量即视为已被确认，作为工程价款支付的依据。工程师不按约定时间通知承包人，使承包人不能参加计量，计量结果无效。对承包人超出设计图纸范围和因承包人原因造成返工的工程量，工程师不予计量。

四、不同类型合同的计量方法

（一）单价合同

1. 计量方法

施工中工程计量时，若发现招标工程量清单中出现缺项、工程量偏差，或因工程变更引起工程量的增减，应按承包人在履行合同义务中完成的工程量计算。

2. 计量周期

承包人应当按照合同约定的计量周期和时间，向发包人提交当期已完工程量报告。

（二）总价合同

1. 以工程量清单方式招标的总价合同

（1）计量方法

施工中工程计量时，若发现招标工程量清单中出现缺项、工程量偏差，或因工程变更引起工程量的增减，应按承包人在履行合同义务中完成的工程量计算。

（2）计量周期

应以合同工程经审定批准的施工图纸为依据，发承包双方应在合同中约定工程计量的形象目标或时间节点进行计量。

2. 经审定批准的施工图纸及其预算方式发包形成的总价合同

（1）计量方法

按照工程变更规定引起的工程量增减外，总价合同各项目的工程量应为承包人用于结算的最终工程量。

（2）计量周期

应以合同工程经审定批准的施工图纸为依据，发承包双方应在合同中约定工程计量的形象目标或时间节点进行计量。

忆一忆

工程计量的原则有哪些？

自 学 自 测

一、单选题(只有1个正确答案,每题8分,共8题)

1. 根据《标准施工招标文件》(2007年版)通用合同条款,承包人最有可能同时获得工期、费用和利润补偿的索赔事件是(　　)。

A. 基准日后法律的变化　　B. 发包人更换其提供的不合格材料

C. 发包人提前向承包人提供工程设备　　D. 发包人在工程竣工前占用工程

2. 当施工机械停工导致费用索赔成立时,台班停滞费用正确的计算方法是(　　)。

A. 按照机械设备台班费计算　　B. 按照台班费中的设备使用费计算

C. 自有设备按照台班折旧费计算　　D. 租赁设备按照台班租金计算

3. 某工程施工过程中发生如下事件:①因异常恶劣气候条件导致工程停工2天,人员窝工20个工日;②遇到不利地质条件导致工程停工1天,人员窝工10个工日,处理不利地质条件用工15个工日。若人工工资为200元/工日,窝工补贴为100元/工日,不考虑其他因素。根据《标准施工招标文件》(2007年版)通用合同条款,施工企业可向业主索赔的工期和费用分别是(　　)。

A. 3天,6 000元　　B. 1天,3 000元

C. 3天,4 000元　　D. 1天,4 000元

4. 下列采用网络图分析法处理可原谅延期的说法中正确的是(　　)。

A. 只有在关键线路上的工作延误,才能索赔工期

B. 非关键线路上的工作延误,不应索赔工期

C. 如延误的工作为关键工作,则延误的时间为工期索赔值

D. 该方法不适用于多种干扰事件共同作用所引起的工期索赔

5. 根据《标准施工招标文件》(2007年版)通用合同条款,承包人通常只能获得费用补偿,但不能得到利润补偿和工期顺延的事件是(　　)。

A. 施工中遇到不利物质条件　　B. 因发包人的原因导致工程试运行失败

C. 发包人更换其提供的不合格材料　　D. 基准日后法律的变化

6. 某房屋基坑开挖后,发现局部有软弱下卧层。甲方代表指示乙方配合进行地质复查,共用工10个工日。地质复查和处理费用为4万元,同时工期延长3天,人员窝工15工日。若用工按100元/工日、窝工按50元/工日计算,则乙方可就该事件索赔的费用是(　　)元。

A. 41 250　　B. 41 750　　C. 42 500　　D. 45 250

7. 下列在施工合同履行期间由不可抗力造成的损失中,应由承包人承担的是(　　)。

A. 因工程损害导致的第三方人员伤亡　　B. 因工程损害导致的承包人人员伤亡

C. 工程设备的损害　　D. 应监理人要求承包人照管工程的费用

8. 某工程合同价格为5 000万元,计划工期是200天,施工期间因非承包人原因导致工期延误10天,若同期该公司承揽的所有工程合同总价为2.5亿元,计划总部管理费为1 250万元,则承包人可以索赔的总部管理费为(　　)万元。

A. 7.5　　B. 10　　C. 12.5　　D. 15

二、多选题(至少有2个正确答案,每题10分,共3题)

1. 根据《标准施工招标文件》(2007年版)通用合同条款,承包人可能同时获得工期和费用补偿,但不能获得利润补偿的索赔事件有(　　)。

A. 迟延提供施工场地　　B. 发包人更换其提供的不合格设备

C. 发包人负责的材料迟延提供　　D. 监理人指令错误

E. 施工中发现文物

2. 支持承包人工程索赔成立的基本条件有(　　)。

A. 合同履行过程中承包人没有违约行为

B. 索赔事件已造成承包人直接经济损失或工期延误

C. 索赔事件是因非承包人的原因引起的

D. 承包人已按合同规定提交了索赔意向通知、索赔报告及相关证明材料

E. 发包人已按合同规定给予了承包人答复

3. 根据《标准施工招标文件》(2007 年版)通用合同条款,承包人有可能同时获得工期和费用补偿的事件有(　　)。

A. 发包方延期提供施工图纸

B. 因不可抗力造成的工期延误

C. 甲方提供的设备未按时进场导致停工

D. 监理对覆盖的隐蔽工程重新检查且结果合格

E. 施工中发现文物古迹

三、判断题(对的划"√",错的划"×",每题3分,共2题)

1. 如果某干扰事件直接发生在关键线路上,造成总工期的延误,可以直接将该干扰事件的实际干扰时间(延误时间)作为工期索赔费。 (　　)

2. 根据《标准施工招标文件》通用合同条款,施工中发现文物、古迹,承包人只能获得工期和费用的补偿。 (　　)

文本

任务7【自学自测】答案

任务实施指导

根据某工程案例背景资料，完成工程变更与索赔管理的工作程序基本包括如下步骤。

一、分析工程变更和索赔事件

分析施工过程多种变更和索赔事件的发生情况，熟悉索赔依据、索赔原则、索赔类别、索赔文件的组成，掌握索赔的程序。

二、判断责任

结合事件背景资料，利用建设项目施工合同相关条款分析具体事件发生的责任，是甲方的责任、乙方的责任、共同责任，还是不可抗力。

三、确定索赔的类别

如按照索赔时间性质分为：工程延期索赔、工程加速索赔、工程变更索赔、工程终止索赔、不可预见的外部障碍或条件索赔、不可抗力事件引起的索赔等。

四、确定发生的部位

工期索赔中，在双代号网络图分析应用中，要注意关键线路、TF 的应用；在时标网络分析应用中，要注意实际进度前锋线应用；多工序共用设备问题，要注意在场时间延误时间计算；共同事件发生索赔，要注意初始责任分析与索赔。

五、索赔费用、工期补偿的计算

明确索赔费用的组成，完成索赔费用的计算和调整，注意增量与窝工的区别，总量法与基数法计算的区别。

六、执行索赔程序

注意发出索赔意向通知的时间、正式发出索赔报告的时间、最终确认结论的时间等。

七、完成索赔

完成工期索赔、费用索赔、利润索赔。

工程变更与索赔的管理工作单

计　划　单

<table>
<tr><td>学习情境4</td><td colspan="2">施工阶段造价管理与控制</td><td>任务7</td><td>工程变更与索赔的管理</td></tr>
<tr><td>工作方式</td><td colspan="2">组内讨论、团结协作共同制订计划：
小组成员进行工作讨论，确定工作步骤</td><td>计划学时</td><td>0.5学时</td></tr>
<tr><td>完成人</td><td colspan="4">1.　　2.　　3.　　4.　　5.　　6.</td></tr>
<tr><td colspan="5">计划依据：老师给定的拟建项目建设信息</td></tr>
<tr><td>序号</td><td>计划步骤</td><td colspan="3">具体工作内容描述</td></tr>
<tr><td>1</td><td>准备工作
（整理建设项目信息，谁去做？）</td><td colspan="3"></td></tr>
<tr><td>2</td><td>组织分工
（成立组织，人员具体都完成什么？）</td><td colspan="3"></td></tr>
<tr><td>3</td><td>制订两套工程变更与索赔管理方案
（特点是什么？）</td><td colspan="3"></td></tr>
<tr><td>4</td><td>计算索赔费用
（都涉及哪些影响因素？）</td><td colspan="3"></td></tr>
<tr><td>5</td><td>整理工程变更与索赔管理计算过程
（谁负责？整理什么？）</td><td colspan="3"></td></tr>
<tr><td>6</td><td>制作工程变更与索赔的管理成果表
（谁负责？要素是什么）</td><td colspan="3"></td></tr>
<tr><td>制订计划
说明</td><td colspan="4">（写出制订计划中人员为完成任务的主要建议或可以借鉴的建议、需要解释的某一方面）</td></tr>
</table>

决 策 单

<table>
<tr><td colspan="2">学习情境 4</td><td colspan="2">施工阶段造价管理与控制</td><td>任务 7</td><td colspan="2">工程变更与索赔的管理</td></tr>
<tr><td colspan="4">决策学时</td><td colspan="3">1 学时</td></tr>
<tr><td colspan="7">决策目的：确定本小组认为最优的工程变更与索赔的管理方案</td></tr>
<tr><td rowspan="7">方案
优劣比对</td><td colspan="3">方案特点</td><td colspan="2" rowspan="2">比对
项目</td><td rowspan="2">确定最优方案
（划√）</td></tr>
<tr><td colspan="2">方案名称 1：</td><td>方案名称 2：</td></tr>
<tr><td colspan="2"></td><td></td><td colspan="2">编制精度是
否达到需求</td><td rowspan="6">方案 1 优□

方案 2 优□</td></tr>
<tr><td colspan="2"></td><td></td><td colspan="2">计算过程
是否得当</td></tr>
<tr><td colspan="2"></td><td></td><td colspan="2">计算公式
是否准确</td></tr>
<tr><td colspan="2"></td><td></td><td colspan="2">编制方法的
掌握程度</td></tr>
<tr><td colspan="2"></td><td></td><td colspan="2">工作效率的
高低</td></tr>
<tr><td colspan="3">方案 1 工程变更与索赔的管理
计算过程思维导图</td><td colspan="3">方案 2 工程变更与索赔的管理
计算过程思维导图</td></tr>
</table>

作　业　单

<table>
<tr><td>学习情境 4</td><td colspan="2">施工阶段造价管理与控制</td><td>任务 7</td><td>工程变更与索赔的管理</td></tr>
<tr><td rowspan="2">参加人员</td><td colspan="3">第＿＿＿＿＿＿组</td><td>成员姓名</td></tr>
<tr><td colspan="3">签名：</td><td>结束时间：</td></tr>
<tr><td>序号</td><td colspan="3">工作内容记录
（根据实施的具体工作记录，包括存在的问题及解决方法）</td><td>分工
（负责人）</td></tr>
<tr><td>1</td><td colspan="3"></td><td></td></tr>
<tr><td>2</td><td colspan="3"></td><td></td></tr>
<tr><td>3</td><td colspan="3"></td><td></td></tr>
<tr><td>4</td><td colspan="3"></td><td></td></tr>
<tr><td>5</td><td colspan="3"></td><td></td></tr>
<tr><td>6</td><td colspan="3"></td><td></td></tr>
<tr><td>7</td><td colspan="3"></td><td></td></tr>
<tr><td>8</td><td colspan="3"></td><td></td></tr>
<tr><td>9</td><td colspan="3"></td><td></td></tr>
<tr><td>10</td><td colspan="3"></td><td></td></tr>
<tr><td rowspan="2">小结</td><td colspan="3">主要描述完成的成果及是否达到目标</td><td>存在的问题</td></tr>
<tr><td colspan="3"></td><td></td></tr>
</table>

检查单

学习情境4	施工阶段造价管理与控制		任务7	工程变更与索赔的管理			
检查学时	课内0.5学时			第____组			
检查目的及方式	教师过程监控小组的工作情况,如检查等级为不及格,小组需要整改,并拿出整改说明						
序号	检查项目	检查标准	检查结果分级 (在检查相应的分级框内划"√")				
			优秀	良好	中等	及格	不及格
1	准备工作	建设项目信息材料是否准备完整					
2	分工情况	安排是否合理、全面,分工是否明确					
3	工作态度	小组工作是否积极主动、全员参与					
4	纪律出勤	是否按时完成负责的工作内容、遵守工作纪律					
5	团队合作	是否相互协作、互相帮助、成员是否听从指挥					
6	创新意识	任务完成不照搬照抄,看问题具有独到见解创新思维					
7	完成效率	工作单是否记录完整,是否按照计划完成任务					
8	完成质量	工作单填写是否准确					
检查评语				教师签字:			

任务评价单

1. 工作评价单

<table>
<tr><td>学习情境4</td><td colspan="3">施工阶段造价管理与控制</td><td>任务7</td><td>工程变更与索赔的管理</td></tr>
<tr><td colspan="4">评价学时</td><td colspan="2">0.5学时</td></tr>
<tr><td>评价类别</td><td>项目</td><td>个人评价</td><td>组内互评</td><td>组间互评</td><td>教师评价</td></tr>
<tr><td rowspan="6">专业能力</td><td>资讯
（10%）</td><td></td><td></td><td></td><td></td></tr>
<tr><td>计划
（5%）</td><td></td><td></td><td></td><td></td></tr>
<tr><td>实施
（20%）</td><td></td><td></td><td></td><td></td></tr>
<tr><td>检查
（10%）</td><td></td><td></td><td></td><td></td></tr>
<tr><td>过程
（5%）</td><td></td><td></td><td></td><td></td></tr>
<tr><td>结果
（10%）</td><td></td><td></td><td></td><td></td></tr>
<tr><td rowspan="2">社会能力</td><td>团结协作
（10%）</td><td></td><td></td><td></td><td></td></tr>
<tr><td>敬业精神
（10%）</td><td></td><td></td><td></td><td></td></tr>
<tr><td rowspan="2">方法能力</td><td>计划能力
（10%）</td><td></td><td></td><td></td><td></td></tr>
<tr><td>决策能力
（10%）</td><td></td><td></td><td></td><td></td></tr>
<tr><td rowspan="3">评价评语</td><td>班级</td><td></td><td>姓名</td><td></td><td>学号 | 总评</td></tr>
<tr><td>教师签字</td><td></td><td>第　　组</td><td>组长签字</td><td>日期</td></tr>
<tr><td colspan="5">评语：</td></tr>
</table>

2. 小组成员素质评价单

<table>
<tr><td>学习情境4</td><td>施工阶段造价管理与控制</td><td>任务7</td><td>工程变更与索赔的管理</td></tr>
<tr><td colspan="2">评价学时</td><td colspan="2">0.5学时</td></tr>
<tr><td>班级</td><td>第______组</td><td>成员姓名</td><td></td></tr>
<tr><td>评分说明</td><td colspan="3">每个小组成员评价分为自评和小组其他成员评两部分，取平均值计算，作为该小组成员的任务评价个人分数。评价项目共设计五个，依据评分标准给予合理量化打分。小组成员自评分后，要找小组其他成员不记名方式打分，成员互评分为其他小组成员的平均分</td></tr>
<tr><td>对象</td><td>评分项目</td><td>评分标准</td><td>评分</td></tr>
<tr><td rowspan="5">自评（100分）</td><td>核心价值观（20分）</td><td>思想及行动是否符合社会主义核心价值观</td><td></td></tr>
<tr><td>工作态度（20分）</td><td>是否按时完成负责的工作内容、遵守纪律，是否积极主动参与小组工作，是否全过程参与，是否吃苦耐劳，是否具有工匠精神</td><td></td></tr>
<tr><td>交流沟通（20分）</td><td>是否能良好地表达自己的观点，是否能倾听他人的观点</td><td></td></tr>
<tr><td>团队合作（20分）</td><td>是否与小组成员合作完成，做到相互协助、相互帮助、听从指挥</td><td></td></tr>
<tr><td>创新意识（20分）</td><td>是否能独立思考，提出独到见解，是否能够运用创新思维解决遇到的问题</td><td></td></tr>
<tr><td rowspan="5">成员互评（100分）</td><td>核心价值观（20分）</td><td>思想及行动是否符合社会主义核心价值观</td><td></td></tr>
<tr><td>工作态度（20分）</td><td>是否按时完成负责的工作内容、遵守纪律，是否积极主动参与小组工作，是否全过程参与，是否吃苦耐劳，是否具有工匠精神</td><td></td></tr>
<tr><td>交流沟通（20分）</td><td>是否能良好地表达自己的观点，是否能倾听他人的观点</td><td></td></tr>
<tr><td>团队合作（20分）</td><td>是否与小组成员合作完成，做到相互协助、相互帮助、听从指挥</td><td></td></tr>
<tr><td>创新意识（20分）</td><td>是否能独立思考，提出独到见解，是否能够运用创新思维解决遇到的问题</td><td></td></tr>
<tr><td colspan="2">最终小组成员得分</td><td colspan="2"></td></tr>
<tr><td colspan="2">小组成员签字</td><td>评价时间</td><td></td></tr>
</table>

教学反馈单

<table>
<tr><td>学习领域</td><td colspan="5">工程造价控制</td></tr>
<tr><td>学习情境4</td><td colspan="2">施工阶段造价管理与控制</td><td>任务7</td><td colspan="2">工程变更与索赔的管理</td></tr>
<tr><td colspan="3">学时</td><td colspan="3">4学时</td></tr>
<tr><td>序号</td><td colspan="2">调查内容</td><td>是</td><td>否</td><td>理由陈述</td></tr>
<tr><td>1</td><td colspan="2">你是否喜欢这种上课方式?</td><td></td><td></td><td></td></tr>
<tr><td>2</td><td colspan="2">与传统教学方式比较你认为哪种方式学到的知识更适用?</td><td></td><td></td><td></td></tr>
<tr><td>3</td><td colspan="2">针对每个学习任务你是否学会如何进行资讯?</td><td></td><td></td><td></td></tr>
<tr><td>4</td><td colspan="2">计划和决策感到困难吗?</td><td></td><td></td><td></td></tr>
<tr><td>5</td><td colspan="2">你认为学习任务对你将来的工作有帮助吗?</td><td></td><td></td><td></td></tr>
<tr><td>6</td><td colspan="2">通过本任务的学习,你学会如何完成工程变更价款的计算这项工作了吗?今后遇到实际的问题你可以解决吗?</td><td></td><td></td><td></td></tr>
<tr><td>7</td><td colspan="2">你能够完成实际工程的工期索赔的计算吗?</td><td></td><td></td><td></td></tr>
<tr><td>8</td><td colspan="2">你能够完成实际工程的费用索赔的计算吗?</td><td></td><td></td><td></td></tr>
<tr><td>9</td><td colspan="2">通过几天来的学习,你对自己的表现是否满意?</td><td></td><td></td><td></td></tr>
<tr><td>10</td><td colspan="2">你对小组成员之间的合作是否满意?</td><td></td><td></td><td></td></tr>
<tr><td>11</td><td colspan="2">你认为本情境还应学习哪些方面的内容?(请在下面空白处填写)</td><td></td><td></td><td></td></tr>
<tr><td colspan="6">你的意见对改进教学非常重要,请写出你的建议和意见:</td></tr>
<tr><td>被调查人签名</td><td colspan="2"></td><td>调查时间</td><td colspan="2"></td></tr>
</table>

任务 8　工程费用动态监控

任 务 单

<table>
<tr><td>学习领域</td><td colspan="6">工程造价控制</td></tr>
<tr><td>学习情境 4</td><td colspan="2">施工阶段造价管理与控制</td><td colspan="2">任务 8</td><td colspan="2">工程费用动态监控</td></tr>
<tr><td colspan="3">任务学时</td><td colspan="4">6 学时</td></tr>
<tr><td colspan="7">布置任务</td></tr>
<tr><td>工作目标</td><td colspan="6">1. 能够说出费用偏差及其表示方法;
2. 能够利用常用偏差分析方法进行偏差分析;
3. 能够分析偏差产生的原因及采取控制措施;
4. 能够在完成任务过程中,培养学生爱岗敬业、能吃苦耐劳,能团结协作、互相帮助,做事钻研奋进、精益求精,培育协作精神和诚信精神,适应社会和建筑行业工程技术发展的需求,具有自主学习和终身学习的意识,接受继续教育,提高执业水平,不断学习和适应社会发展和专业技术更新</td></tr>
<tr><td>任务描述</td><td colspan="6">文本
任务8：工程费用动态监控
【扫描二维码获取工作任务】
在资金使用计划确定以后,为了有效地控制资金使用,定期对计划值和实际值之间进行比较,把投资的实际值与计划值的差异称为投资偏差。在施工阶段工程造价的纠偏与控制,要注意动态控制、系统控制和全方位控制,加强合同管理、施工成本管理、施工进度管理和施工质量管理等重要环节。
根据业主提供的背景材料(调值系数、调值公式、工程量变更数据)等计算拟完工程计划投资、已完工程计划投资、已完工程实际投资(计算中要注意单项工程投资与时间单位投资的关系和计算要求),完成工程费用动态监控</td></tr>
<tr><td rowspan="2">学时安排</td><td>资讯</td><td>计划</td><td>决策或分工</td><td>实施</td><td>检查</td><td>评价</td></tr>
<tr><td>0.5 学时</td><td>0.5 学时</td><td>2 学时</td><td>2 学时</td><td>0.5 学时</td><td>0.5 学时</td></tr>
<tr><td>对学生学习及成果的要求</td><td colspan="6">1. 每名同学均能按照自学资讯思维导图自主学习,并完成课前自学的问题训练和自学自测;
2. 严格遵守课堂纪律,不迟到、不早退;学习态度认真、端正,能够正确评价自己和同学在本任务中的素质表现;
3. 每位同学必须积极动手并参与小组讨论,分析投资数据,完成偏差的计算,分析投资偏差产生的原因及纠正措施,能够与小组成员合作完成工作任务;
4. 每位同学都可以讲解任务完成过程,接受教师与同学的点评,同时参与小组自评与互评;
5. 每组必须完成全部“工程费用动态监控”工作的报告工单,并提请教师进行小组评价,小组成员分享小组评价分数或等级;
6. 每名同学均完成任务反思,以小组为单位提交</td></tr>
</table>

资讯思维导图

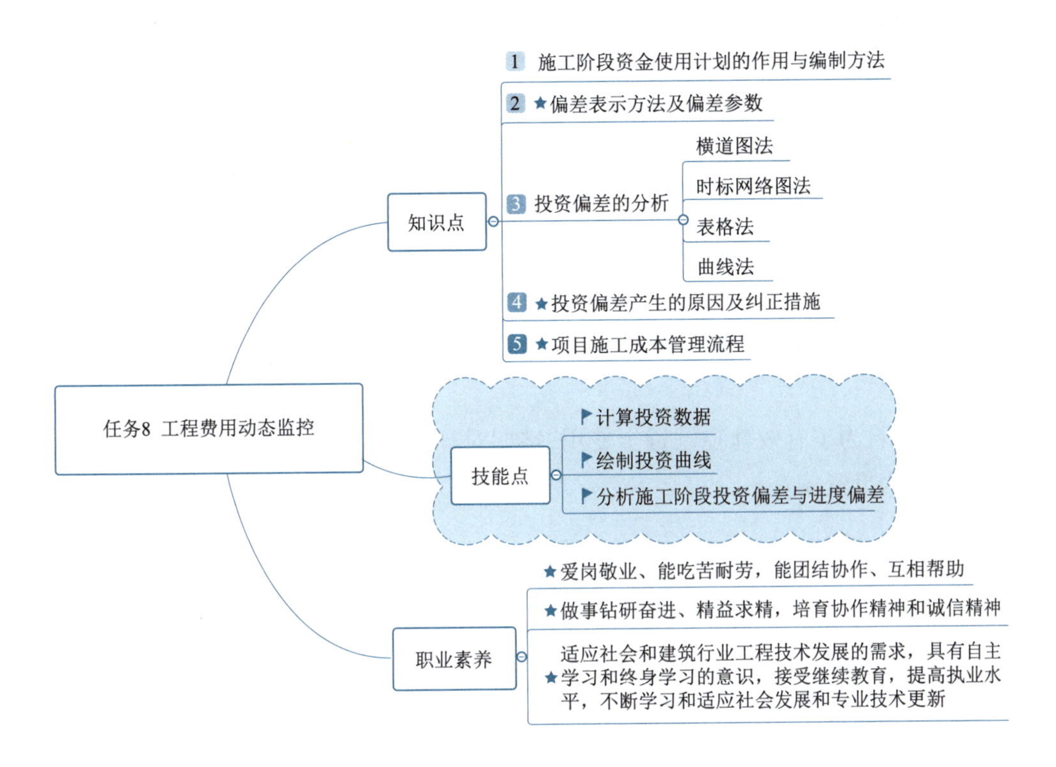

课前自学

知识模块1　施工阶段资金使用计划的作用与编制方法

一、施工阶段资金使用计划的作用

施工阶段资金使用计划的编制与控制在整个工程造价管理中处于重要而独特的地位，它对工程造价的重要影响表现在以下几方面：

通过编制资金使用计划，合理确定工程造价施工阶段目标值，使工程造价的控制有所依据，并为资金的筹集与协调打下基础。

通过资金使用计划的科学编制，可以对未来工程项目的资金使用和进度控制有所预测，消除不必要的资金浪费和进度失控，也能够避免在今后工程项目中由于缺乏依据而进行轻率判断所造成的损失，减少盲目性，增加自觉性，使现有资金充分地发挥作用。

通过资金使用计划的严格执行，可以有效地控制工程造价上升，最大限度地节约投资，提高投资效益。

对脱离实际的工程造价目标值和资金使用计划，应在科学评估的前提下，允许修订和修改，使工程造价更加趋于合理水平，从而保障建设单位和承包商各自的合法利益。

二、施工阶段资金使用计划的编制方法

施工阶段资金使用计划的编制方法主要有以下三种：

1. 按不同子项目编制资金使用计划

大中型工程项目，包括若干单项工程，而单项工程是由若干单位工程构成的。按不同子项目编制资金使用计划，首先必须对项目进行合理划分，划分的粗细程度根据实际需要而定。

2. 按时间进度编制的资金使用计划

按时间进度编制的资金使用计划，通常可利用控制项目进度的网络图进一步扩充而得。即在建立网

络图时，一方面确定完成各项工作所需要花费的时间，另一方面确定完成这项工作的合适的投资支出预算。

按时间进度编制资金使用计划可以用横道图形式和时标网络图形式，也可以用S形曲线与香蕉图的形式。

3. 按投资构成编制的资金使用计划

工程项目的投资构成主要包括建筑安装工程费、设备工器具构成费及工程建设其他投资。

说一说

施工阶段资金使用计划的编制方法有哪些？

知识模块2　偏差表示方法及偏差参数

在资金使用计划确定以后，为了有效地控制资金使用，定期对计划值和实际值之间进行比较，把投资的实际值与计划值的差异称为投资偏差。

一、偏差表示方法

1. 投资类型

（1）拟完工程计划投资（BCWS）

是指在某一确定时间内，根据进度计划安排所应当完成的工作所需的计划投资。除非合同变更，一般保持不变。

BCWS = 计划工程量 × 计划单价

计划工程量可以用单位工程计划工程量 ÷ 单项工程计划进度时间的结果代替。

（2）已完工程实际投资（ACWP）

是指到某一时刻止，已完成的工作所实际投入的资金。

ACWP = 已完工程量 × 实际单价

实际单价可用计划单价 × 调价系数计算。

（3）已完工程计划投资（BCWP）

是指在某一时间内已经完成的工作计划投入的资金。

BCWP = 已完工程量 × 计划单价

已完工程量可用单位工程实际工程量 ÷ 单位工程实际进度时间的结果代替。

上述概念中，“拟完工程”理解为原计划中规定的工程，“已完工程”理解为“实际过程中发生的工程”。

2. 偏差类型

根据三种投资指标计算费用偏差和进度偏差。

（1）费用偏差（cost variance，CV）

费用偏差（CV）= 已完工程计划费用（BCWP）− 已完工程实际费用（ACWP）

其中：

已完工程计划费用（BCWP）= Σ（已完工程量（实际工程量）× 计划单价）

已完工程实际费用（ACWP）= Σ（已完工程量（实际工程量）× 实际单价）

当 CV > 0 时，说明工程费用节约；当 CV < 0 时，说明工程费用超支。

（2）进度偏差（schedule variance，SV）

进度偏差（SV）= 已完工程计划费用（BCWP）− 拟完工程计划费用（BCWS）

其中：

拟完工程计划费用（BCWS）= Σ（拟完工程量（计划工程量）× 计划单价）

当 SV >0 时,说明工程进度超前;当 SV <0 时,说明工程进度拖后。

进度偏差分析的结果对于投资偏差分析的结论有很重要的影响,因此进行投资偏差分析的同时还应进行进度偏差的分析,有可能某一个阶段的投资偏差是因为进度超前导致的,所以必须引入进度偏差的概念。

二、偏差参数

1. 局部偏差与累计偏差

局部偏差有两层含义:一是对于整个工程项目而言,指各单项工程、单位工程和分部分项工程的偏差;二是相对于工程项目实施的时间而言,指每一控制周期所发生的偏差。

累计偏差是指在工程项目已经实施的时间内累计发生的偏差。

2. 绝对偏差与相对偏差

绝对偏差是指实际值与计划值比较所得到的差额。

相对偏差则是指偏差的相对数或比例数,通常是用绝对偏差与费用计划值的比值来表示。

费用相对偏差 = 绝对偏差 ÷ 费用计划值 =(费用计划值 - 费用实际值)÷ 费用计划值

与绝对偏差一样,相对偏差可正可负,且两者符号相同。正值表示费用节约,负值表示费用超支。两者都只涉及费用的计划值和实际值,既不受工程项目层次的限制,也不受工程项目实施时间的限制,因而在各种费用比较中均可采用。

3. 绩效指数

(1)费用绩效指数(cost performance index,CPI)

费用绩效指数(CPI)= 已完工程计划费用(BCWP)÷ 已完工程实际费用(ACWP)

CPI >1,表示实际费用节约;CPI <1,表示实际费用超支。

(2)进度绩效指数(schedule performance index,SPI)

进度绩效指数(SPI)= 已完工程计划费用(BCWP)÷ 拟完工程计划费用(BCWS)

SPI >1,表示实际进度超前;SPI <1,表示实际进度拖后。

这里的绩效指数是相对值,既可用于工程项目内部的偏差分析,也可用于不同工程项目之间的偏差比较。而前述的偏差(费用偏差和进度偏差)主要适用于工程项目内部的偏差分析。

思一思

当进度偏差 >0 时,说明工程进度超前还是拖后?

知识模块3 投资偏差的分析

一、偏差分析常用方法

常用的偏差分析方法有横道图法、时标网络图法、表格法和曲线法。

1. 横道图法

用横道图法进行投资偏差分析,是用不同的横道标识已完工程实际投资、已完工程计划投资和拟完工程计划投资,横道的长度与其数额成正比。横道图分析法的优点,简单直观,便于了解项目投资的概貌;其缺点是信息量较少,主要反映累计偏差和局部偏差,有一定的局限性。该形式应用的前提是假定各分项工程每周计划进度与实际进度均为均衡进度,且各分项工作实际完成总工程量与计划完成总工程量相等。计算时分项工程的实际工程计划投资与实际工程实际投资发生的时间相同,分项工程的拟完工程计划投资值与实际工程计划投资值相同。

2. 时标网络图法

若时标网络计划中给出每项工作的单位时间内的拟完工程计划投资,在不考虑实际进度前锋线的情

况下可以求出累计的拟完工程计划投资；如果考虑实际进度前锋线的影响，利用已给出的计划投资值可以求出实际进度前锋线所对应的已完工程计划投资累计值。此种形式中已完工程实际投资值可以与网络计划无关，也可以用其他形式给出。

若给出单项工程的计划投资，以其为分子，单项工程的计划进度时间为分母，即可求出每个单位时间单项工程计划投资。以单项工程计划投资为分子，单项工程实际进度时间为分母，即可求出每个单位时间的实际工程计划投资。计划进度时间依据网络计划直接产生，实际进度时间依据实际前锋线确定，根据实际工程量、计划单价、实际单价计算三种投资后再计算两种偏差。

3. 表格法

表格法是进行偏差分析最常用的一种方法。表格法的信息量大，可以反映各种偏差变量和指标，便于计算机辅助管理。

4. 曲线法

曲线法是用投资累计曲线（S形曲线）来进行投资偏差分析的一种方法。在用曲线法进行投资偏差分析时，通常用已完工程实际投资曲线 a、已完工程计划投资曲线 b 和拟完工程计划投资曲线 p 来分析投资偏差和进度偏差，即图中曲线 a 和曲线 b 的竖向距离表示投资偏差，曲线 b 和曲线 p 的水平距离表示进度偏差，如图 4-1 所示。

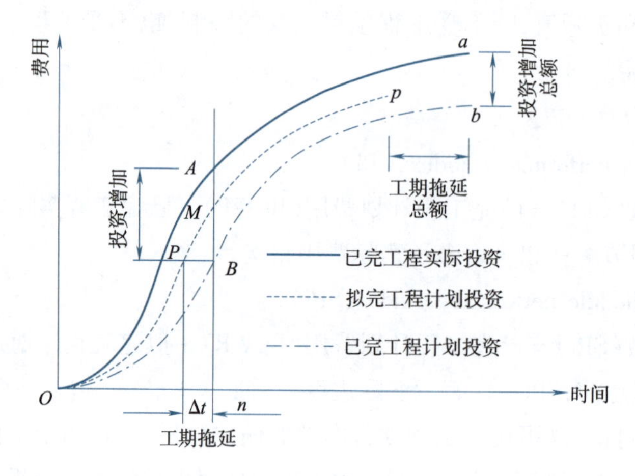

图 4-1　S形曲线分析示意图

二、投资偏差产生的原因及纠正措施

1. 偏差产生的原因

投资偏差产生的原因一般有客观原因、业主原因、设计原因和施工原因。在工程项目造价控制工作中，发现投资有偏差要对产生偏差的原因进行分析，并找出根本影响因素，针对性地采取纠偏措施。根据控制原理分析，对业主原因、设计原因和施工原因导致的投资偏差通过各种措施能够控制，但对于一些客观原因不好控制。

（1）客观原因

包括人工费涨价、材料涨价、设备涨价、利率及汇率变化、自然因素、地基因素、交通原因、社会原因、法规变化等。

（2）建设单位原因

包括增加工程内容、投资规划不当、组织不落实、建设手续不健全、未按时付款、协调出现问题等。

（3）设计原因

设计错误或漏项、设计标准变更、设计保守、图纸提供不及时、结构变更等。

（4）施工原因

施工组织设计不合理、质量事故、进度安排不当、施工技术措施不当、与外单位关系协调不当等。

2. 费用偏差纠正措施

在施工阶段工程造价的纠偏与控制，要注意动态控制、系统控制和全方位控制，加强合同管理、施工成本管理、施工进度管理和施工质量管理等重要环节。具体控制措施包括组织措施、合同措施、经济措施和技术措施。

(1)组织措施

是指从费用控制的组织管理方面采取的措施，包括：落实费用控制的组织机构和人员，明确各级费用控制人员的任务、职责分工，改善费用控制工作流程等。组织措施费用是控制其他措施的前提和保障。

(2)经济措施

主要是指审核工程量和签发支付证书，包括：检查费用目标分解是否合理、检查资金使用计划有无保障、是否与进度计划发生冲突、工程变更有无必要、是否超标等。

(3)技术措施

主要是指对工程方案进行技术经济比较，包括：制定合理的技术方案、进行技术分析、针对偏差进行技术改正等。

(4)合同措施

在纠偏方面主要是指索赔管理。在施工过程中常出现索赔事件，要认真审查有关索赔依据是否符合合同规定，索赔计算是否合理等，从主动控制的角度，加强日常的合同管理，落实合同规定的责任。

忆一忆

偏差产生的原因有哪些?

知识模块4 项目施工成本管理流程

一、成本预测

1. 定义

施工成本预测是指施工承包单位及其项目经理部有关人员凭借历史数据和工程经验，运用一定方法对工程项目未来的成本水平及其可能的发展趋势做出科学估计。

2. 方法

定性预测：定性预测最常用的是调查研究判断法，其具体方式有座谈会法和函询调查法。

定量预测：常用的定量预测方法有加权平均法、回归分析法。

二、成本计划

1. 定义

成本计划是在成本预测的基础上，施工承包单位及其项目经理部对计划期内工程项目成本水平所做的筹划。施工项目成本计划是以货币形式表达的项目在计划期内的生产费用、成本水平及为降低成本采取的主要措施和规划的具体方案。

2. 内容

施工成本计划一般由直接成本计划和间接成本计划组成。

3. 方法

目标利润法、技术进步法、按实计算法、定率估算法(历史资料法)。

三、成本控制

1. 定义

成本控制是指在工程项目实施过程中，对影响工程项目成本的各项要素，即施工生产所耗费的人力、物力和各项费用开支，采取一定措施进行监督、调节和控制，及时预防、发现和纠正偏差，保证工程项目成本目标的实现。

2. 内容与流程

(1)计划预控

是指运用计划管理的手段事先做好各项施工活动的成本安排,使工程项目预期成本目标的实现建立在有充分技术和管理措施保障的基础上,为工程项目的技术与资源的合理配置和消耗控制提供依据。控制的重点是优化工程项目实施方案、合理配置资源和控制生产要素的采购价格。

(2)过程控制

是指控制实际成本的发生,包括实际采购费用发生过程的控制、劳动力和生产资料使用过程的消耗控制、质量成本及管理费用的支出控制。施工承包单位应充分发挥工程项目成本责任体系的约束和激励机制,提高施工过程的成本控制能力。

(3)纠偏控制

是指在工程项目实施过程中,对各项成本进行动态跟踪核算,发现实际成本与目标成本产生偏差时,分析原因,采取有效措施予以纠偏。

3. 方法

(1)成本分析表法

利用项目中的各种表格进行成本分析和控制的方法。应用成本分析表法可以清晰地进行成本比较研究。常见的成本分析表有月成本分析表、成本日报或周报表、月成本计算及最终预测报告表。

(2)工期-成本同步分析法

施工成本的实际开支与计划不相符,往往是由两个因素引起的:一是在某道工序上的成本开支超出计划;二是某道工序的施工进度与计划不符。因此,要想找出成本变化的真正原因,实施良好有效的成本控制措施,必须与进度计划的适时更新相结合。

(3)净值法

净值法主要是支持项目绩效管理(performance management)的,最核心的目的是比较项目实际与计划的差异,关注的是计划中的各个项目任务,在内容、时间、质量、成本等方面与计划的差异情况,然后根据这些差异,可以对项目中剩余的任务进行预测、调整和控制。

(4)价值工程方法

在项目的设计阶段,研究工程设计的技术合理性,探索有无改进的可能性,在提高功能的条件下,降低成本。在项目的施工阶段,也可以通过价值工程活动,进行施工方案的技术经济分析,确定最佳施工方案,降低施工成本。

四、成本核算

1. 定义

成本核算是施工承包单位利用会计核算体系,对工程项目施工过程中所发生的各项费用进行归集,统计其实际发生额,并计算工程项目总成本和单位工程成本的管理工作。

2. 对象与范围

承包企业的项目成本核算应以项目经理责任成本目标为基本核算范围;以项目经理授权范围相对应的可控责任成本为核算对象,进行全过程分月跟踪核算。根据工程当月形象进度,对已完实际成本按照分部分项工程进行归集,并与相应范围的计划成本进行比较,分析各分部分项工程成本偏差的原因,并在后续工程中采取有效控制措施并进一步寻找降本挖潜的途径。

3. 方法

(1)表格核算法

表格核算法是建立在内部各项成本核算基础上、各要素部门和核算单位定期采集信息,填制相应的表

格,并通过一系列的表格,形成项目施工成本核算体系,作为支撑项目施工成本核算平台的方法。

优点:比较简洁明了,直观易懂,易于操作,适应性较好。

缺点:需要依靠众多部门和单位支持,专业性要求不高;覆盖范围较窄,如核算债权债务等比较困难,且较难实现科学的严密的审核制度,有可能造成数据失实,精度较差。

(2)会计核算法

会计核算法是指建立在会计核算基础上,利用会计核算所独有的借贷记账法和收支全面核算的综合特点,按项目施工成本内容和收支范围,组织项目施工成本核算的方法。

会计核算法依靠会计方法为主要手段,组织进行核算。有核算严密、逻辑性强、人为调节的可能因素较小、核算范围较大的特点;对专业人员的专业水平要求较高。

五、成本分析

1. 定义

成本分析是揭示工程项目成本变化情况及其变化原因的过程。成本分析为成本考核提供依据,也为未来的成本预测与成本计划编制指明方向。

2. 方法

成本分析方法有比较法、因素分析法、差额计算法、比率法等。

综合成本的分析方法有分部分项工程成本分析、月(季)度成本分析、年度成本分析、竣工成本的综合分析。

六、成本考核

1. 定义

成本考核是在工程项目建设过程中或项目完成后,定期对项目形成过程中的各级单位成本管理的成绩或失误进行总结与评价。

2. 内容

(1)企业对项目成本的考核

包括对项目设计成本和施工成本目标(降低额)完成情况的考核和成本管理工作业绩的考核。

(2)企业对项目经理部可控责任成本的考核

①项目成本目标和阶段成本目标完成情况。

②建立以项目经理为核心的成本管理责任制的落实情况。

③成本计划的编制和落实情况。

④对各部门、各施工队和班组责任成本的检查和考核情况。

⑤在成本管理中贯彻责权利相结合原则的执行情况。

除此之外,为层层落实项目成本管理工作,项目经理对所属各部门、各施工队和班组也要进行成本考核,主要考核其责任成本的完成情况。

3. 成本考核指标

企业的项目成本考核指标:项目施工成本降低额和降低率。

项目经理部可控责任成本考核指标:项目经理责任目标总成本降低额和降低率;施工责任目标成本实际降低额和降低率;施工计划成本实际降低额和降低率。

七、固定资产折旧

1. 施工企业折旧的一般规定

在施工机具使用费中,占比重最大的往往是施工机具折旧费。按现行财务制度规定,承包企业计提折旧一般采用平均年限法和工作量法。技术进步较快或使用寿命受工作环境影响较大的施工机具和运输设备，经国家财政主管部门批准，可采用双倍余额递减法或年数总和法计提折旧。

2. 计提折旧的时间

固定资产折旧，从固定资产投入使用月份的次月起，按月计提。停止使用的固定资产，从停用月份的次月起，停止计提折旧。

3. 固定资产折旧方法

(1)平均年限法

$$年折旧率=(1-预计净残值率)\times 100\%\div 折旧年限$$

$$年折旧额=固定资产原值\times 年折旧率$$

(2)工作量法

按照固定资产生产经营过程中所完成的工作量计提折旧的一种方法，是平均年限法派生出的方法。包括按照行驶里程计算折旧和按照台班计算折旧。

(3)双倍余额递减法

按照固定资产账面净值和固定的折旧率计算折旧的方法，是加速折旧法的一种。其年折旧率是平均年限法的两倍，并且在计算年折旧率时不考虑预计净残值率。实行双倍余额递减法的固定资产，应当在其固定资产折旧年限到期前两年内，将固定资产账面净值扣除预计净残值后的净额平均摊销。

(4)年数总和法

年数总和法又称年数总额法，以固定资产原值减去预计净残值后的余额为基数，其折旧率以该项固定资产预计尚可使用的年数(包括当年)作分子，而以逐年可使用年数之和作分母。

说一说

成本控制的方法有哪些？

自学自测

一、单选题(只有1个正确答案,每题7分,共10题)

1. 某工程施工至2024年7月底,已完工程计划费用(BCWP)为600万元,已完工程实际费用(ACWP)为800万元,拟完工程计划费用(BCWS)为700万元,则该工程此时的偏差情况是(　　)。

A. 费用节约,进度提前　　B. 费用超支,进度拖后

C. 费用节约,进度拖后　　D. 费用超支,进度提前

2. 在工程费用监控过程中,明确费用控制人员的任务和职责分工,改善费用控制工作流程等措施,属于费用偏差纠正的(　　)。

A. 合同措施　　B. 技术措施　　C. 经济措施　　D. 组织措施

3. 下列施工成本考核指标中,属于施工企业对项目成本考核的是(　　)。

A. 项目施工成本降低率　　B. 目标总成本降低率

C. 施工责任目标成本实际降低率　　D. 施工计划成本实际降低率

4. 其工程施工至2024年7月底,已完工程计划用2 000万元,拟完工程计划费用2 500万元,已完工程实际用1 800万元,则此时该工程的费用绩效指数CPI为(　　)。

A. 0. 8　　B. 0. 9　　C. 1. 11　　D. 1. 25

5. 下列偏差分析方法中,既可分析费用偏差,又可分析进度偏差的是(　　)。

A. 时标网络图和曲线法　　B. 曲线法和控制图法

C. 排列图法和时标网络图法　　D. 控制图法和表格法

6. 采用目标利润法编制成本计划时,目标成本的计算方法是从(　　)中扣除目标利润。

A. 概算价格　　B. 预算价格　　C. 合同价格　　D. 结算价格

7. 按工期-成本同步分析法,造成工程项目实施中出现虚盈现象的原因是实际成本开支(　　)计划,实际施工进度落后计划。

A. 小于　　B. 等于　　C. 大于　　D. 大于或等于

8. 施工项目经理部应建立和健全以(　　)对象的成本核算账务体系。

A. 分项工程　　B. 分部工程　　C. 单位工程　　D. 单项工程

9. 某工程施工至2024年7月底,经统计分析得,已完工程计划费用1 800万元,已完工程实际费用2 200万元,拟完工程计划费用1 900万元,则该工程此时的进度偏差是(　　)万元。

A. －100　　B. －200　　C. －300　　D. －400

10. 下列施工成本管理方法中,可用于施工成本分析的是(　　)。

A. 技术进步法　　B. 因素分析法　　C. 定率估算法　　D. 净值分析法

二、多选题(至少有2个正确答案,每题10分,共2题)

1. 某工程施工至某月底,经偏差分析得到费用偏差 $CV<0$,进度偏差 $SV<0$,则表明(　　)。

A. 已完工程实际费用节约　　B. 已完工程实际费用 > 已完工程计划费用

C. 拟完工程计划费用 > 已完工程实际费用　　D. 已完工程实际进度超前

E. 拟完工程计划费用 > 已完工程计划费用

2. 施工成本管理中,企业对项目经理部可控责任成本进行考核的指标有(　　)。

A. 直接成本降低率　　B. 预算总成本降低率

C. 责任目标总成本降低率　　D. 施工责任目标成本实际降低率

E. 施工计划成本实际降低率

三、判断题(对的划"√",错的划"×",每题5分,共2题)

1. 投资偏差 <0,表示投资增加。　　(　　)

2. 进度偏差 <0,表示工期拖延。　　(　　)

文本

任务8【自学自测】答案

任务实施指导

根据某工程计划进度表与实际进度表(见任务描述),表中表示计划进度(进度线上方的数据为每周计划投资)、实际进度(进度线上方的数据为每周实际投资),假定各分项工程每周计划进度与实际进度均为匀速进度,而且各分项工程实际完成总工程量与计划完成总工程量相等,求投资偏差和进度偏差,对工程费用进行动态监控的工作程序基本包括如下步骤。

一、结合工程背景进行偏差分析

结合横道图、双代号网络图、双代号时标网络图分析形式进行偏差分析,偏差分析过程中应注意图中的各种投资表示线的区别,注意图中绘出的信息分析和利用工程背景材料在图中加入表示线,并分析相应变化的结果。

二、计算偏差参数

利用背景材料(调值系数、调值公式、工程量变更数据)等计算拟完工程计划投资、已完工程计划投资、已完工程实际投资(计算中要注意单项工程投资与时间单位投资的关系和计算要求)。

三、计算投资偏差、进度偏差

利用三种累计投资计算投资偏差,进度偏差(两种形式)并分析其实际含义。

四、根据累计投资数据,绘制三种投资S形曲线

根据S形曲线的绘制方法,绘制S形曲线,利用三条曲线检查进度偏差和投资偏差。

五、分析投资偏差产生的原因

分析引起投资偏差的原因,是客观原因、主观原因、设计原因还是施工原因,结合案例背景进行分析。

六、采取纠偏措施

具体控制措施包括组织措施、合同措施、经济措施和技术措施,根据分析偏差产生的原因,及时采取纠偏措施。

工程费用动态监控工作单

计 划 单

学习情境4	施工阶段造价管理与控制		任务8	工程费用动态监控
工作方式	组内讨论、团结协作共同制订计划： 小组成员进行工作讨论，确定工作步骤		计划学时	0.5学时
完成人	1.　　2.　　3.　　4.　　5.　　6.			
计划依据：老师给定的拟建项目建设信息				
序号	计划步骤	具体工作内容描述		
1	准备工作 （整理建设投资数据，谁去做?）			
2	组织分工 （成立组织，人员具体都完成什么?）			
3	制订两套工程费用动态监控方案 （特点是什么?）			
4	计算投资偏差 （都涉及哪些影响因素?）			
5	整理工程费用动态监控计算过程 （谁负责? 整理什么?）			
6	制作工程费用动态监控成果表 （谁负责? 要素是什么）			
制订计划说明	（写出制订计划中人员为完成任务的主要建议或可以借鉴的建议、需要解释的某一方面）			

决 策 单

<table>
<tr><td>学习情境 4</td><td>施工阶段造价管理与控制</td><td>任务 8</td><td>工程费用动态监控</td></tr>
<tr><td colspan="2">决策学时</td><td colspan="2">2 学时</td></tr>
<tr><td colspan="4">决策目的：确定本小组认为最优的工程费用动态监控方案</td></tr>
</table>

<table>
<tr><td rowspan="7">方案
优劣比对</td><td colspan="2">方案特点</td><td rowspan="2">比对项目</td><td rowspan="2">确定最优方案
（划√）</td></tr>
<tr><td>方案名称 1：</td><td>方案名称 2：</td></tr>
<tr><td></td><td></td><td>编制精度是否
达到需求</td><td rowspan="6">方案 1 优□

方案 2 优□</td></tr>
<tr><td></td><td></td><td>计算过程是否
得当</td></tr>
<tr><td></td><td></td><td>计算公式是否
准确</td></tr>
<tr><td></td><td></td><td>编制方法的
掌握程度</td></tr>
<tr><td></td><td></td><td>工作效率的
高低</td></tr>
<tr><td colspan="2">方案 1 工程费用动态监控
计算过程思维导图</td><td colspan="2">方案 2 工程费用动态监控
计算过程思维导图</td></tr>
</table>

作业单

<table>
<tr><td>学习情境4</td><td colspan="2">施工阶段造价管理与控制</td><td>任务8</td><td>工程费用动态监控</td></tr>
<tr><td rowspan="2">参加人员</td><td colspan="2">第＿＿＿＿组</td><td colspan="2">开始时间：</td></tr>
<tr><td colspan="2">签名：</td><td colspan="2">结束时间：</td></tr>
<tr><td>序号</td><td colspan="2">工作内容记录
（根据实施的具体工作记录，包括存在的问题及解决方法）</td><td colspan="2">分工
（负责人）</td></tr>
<tr><td>1</td><td colspan="2"></td><td colspan="2"></td></tr>
<tr><td>2</td><td colspan="2"></td><td colspan="2"></td></tr>
<tr><td>3</td><td colspan="2"></td><td colspan="2"></td></tr>
<tr><td>4</td><td colspan="2"></td><td colspan="2"></td></tr>
<tr><td>5</td><td colspan="2"></td><td colspan="2"></td></tr>
<tr><td>6</td><td colspan="2"></td><td colspan="2"></td></tr>
<tr><td>7</td><td colspan="2"></td><td colspan="2"></td></tr>
<tr><td>8</td><td colspan="2"></td><td colspan="2"></td></tr>
<tr><td>9</td><td colspan="2"></td><td colspan="2"></td></tr>
<tr><td>10</td><td colspan="2"></td><td colspan="2"></td></tr>
<tr><td rowspan="2">小结</td><td colspan="2">主要描述完成的成果及是否达到目标</td><td colspan="2">存在的问题</td></tr>
<tr><td colspan="2"></td><td colspan="2"></td></tr>
</table>

检 查 单

学习情境4	施工阶段造价管理与控制		任务8		工程费用动态监控	
检查学时	课内0.5学时				第________组	
检查目的及方式	教师过程监控小组的工作情况,如检查等级为不及格,小组需要整改,并拿出整改说明					
序号	检查项目	检查标准	检查结果分级 (在检查相应的分级框内划"√")			
			优秀	良好	中等	及格	不及格
1	准备工作	建设项目投资数据是否准备完整					
2	分工情况	安排是否合理、全面,分工是否明确					
3	工作态度	小组工作是否积极主动、全员参与					
4	纪律出勤	是否按时完成负责的工作内容、遵守工作纪律					
5	团队合作	是否相互协作、互相帮助、成员是否听从指挥					
6	创新意识	任务完成不照搬照抄,看问题具有独到见解创新思维					
7	完成效率	工作单是否记录完整,是否按照计划完成任务					
8	完成质量	工作单填写是否准确					
检查评语					教师签字:	

任务评价单

1. 工作评价单

<table>
<tr><td>学习情境 4</td><td colspan="2">施工阶段造价管理与控制</td><td>任务 8</td><td colspan="2">工程费用动态监控</td></tr>
<tr><td colspan="3">评价学时</td><td colspan="3">0.5 学时</td></tr>
<tr><td>评价类别</td><td>项目</td><td>个人评价</td><td>组内互评</td><td>组间互评</td><td>教师评价</td></tr>
<tr><td rowspan="6">专业能力</td><td>资讯
（10%）</td><td></td><td></td><td></td><td></td></tr>
<tr><td>计划
（5%）</td><td></td><td></td><td></td><td></td></tr>
<tr><td>实施
（20%）</td><td></td><td></td><td></td><td></td></tr>
<tr><td>检查
（10%）</td><td></td><td></td><td></td><td></td></tr>
<tr><td>过程
（5%）</td><td></td><td></td><td></td><td></td></tr>
<tr><td>结果
（10%）</td><td></td><td></td><td></td><td></td></tr>
<tr><td rowspan="2">社会能力</td><td>团结协作
（10%）</td><td></td><td></td><td></td><td></td></tr>
<tr><td>敬业精神
（10%）</td><td></td><td></td><td></td><td></td></tr>
<tr><td rowspan="2">方法能力</td><td>计划能力
（10%）</td><td></td><td></td><td></td><td></td></tr>
<tr><td>决策能力
（10%）</td><td></td><td></td><td></td><td></td></tr>
<tr><td rowspan="2"></td><td>班级</td><td></td><td>姓名</td><td></td><td>学号</td><td></td><td>总评</td><td></td></tr>
<tr><td>教师签字</td><td></td><td>第　　组</td><td>组长签字</td><td></td><td>日期</td><td></td></tr>
<tr><td>评价评语</td><td colspan="8">评语：</td></tr>
</table>

2. 小组成员素质评价单

学习情境 4	施工阶段造价管理与控制		任务 8	工程费用动态监控
评价学时			0.5 学时	
班级		第________组	成员姓名	
评分说明	每个小组成员评价分为自评和小组其他成员评两部分,取平均值计算,作为该小组成员的任务评价个人分数。评价项目共设计五个,依据评分标准给予合理量化打分。小组成员自评分后,要找小组其他成员不记名方式打分,成员互评分为其他小组成员的平均分			
对象	评分项目	评分标准		评分
自评 (100 分)	核心价值观 (20 分)	思想及行动是否符合社会主义核心价值观		
	工作态度(20 分)	是否按时完成负责的工作内容、遵守纪律,是否积极主动参与小组工作,是否全过程参与,是否吃苦耐劳,是否具有工匠精神		
	交流沟通(20 分)	是否能良好地表达自己的观点,是否能倾听他人的观点		
	团队合作(20 分)	是否与小组成员合作完成,做到相互协助、相互帮助、听从指挥		
	创新意识(20 分)	是否能独立思考,提出独到见解,是否能够运用创新思维解决遇到的问题		
成员互评 (100 分)	核心价值观(20 分)	思想及行动是否符合社会主义核心价值观		
	工作态度(20 分)	是否按时完成负责的工作内容、遵守纪律,是否积极主动参与小组工作,是否全过程参与,是否吃苦耐劳,是否具有工匠精神		
	交流沟通(20 分)	是否能良好地表达自己的观点,是否能倾听他人的观点		
	团队合作(20 分)	是否与小组成员合作完成,做到相互协助、相互帮助、听从指挥		
	创新意识(20 分)	是否能独立思考,提出独到见解,是否能够运用创新思维解决遇到的问题		
最终小组成员得分				
小组成员签字			评价时间	

教学反馈单

<table>
<tr><td>学习领域</td><td colspan="5">工程造价控制</td></tr>
<tr><td>学习情境4</td><td colspan="2">施工阶段造价管理与控制</td><td colspan="2">任务8</td><td>工程费用动态监控</td></tr>
<tr><td colspan="3">学时</td><td colspan="3">6学时</td></tr>
<tr><td>序号</td><td>调查内容</td><td>是</td><td>否</td><td colspan="2">理由陈述</td></tr>
<tr><td>1</td><td>你是否喜欢这种上课方式?</td><td></td><td></td><td colspan="2"></td></tr>
<tr><td>2</td><td>与传统教学方式比较你认为哪种方式学到的知识更适用?</td><td></td><td></td><td colspan="2"></td></tr>
<tr><td>3</td><td>针对每个学习任务你是否学会如何进行资讯?</td><td></td><td></td><td colspan="2"></td></tr>
<tr><td>4</td><td>计划和决策感到困难吗?</td><td></td><td></td><td colspan="2"></td></tr>
<tr><td>5</td><td>你认为学习任务对你将来的工作有帮助吗?</td><td></td><td></td><td colspan="2"></td></tr>
<tr><td>6</td><td>通过本任务的学习,你学会如何进行工程费用动态监控工作了吗?今后遇到实际的问题你可以解决吗?</td><td></td><td></td><td colspan="2"></td></tr>
<tr><td>7</td><td>你能够根据实际工程绘制投资曲线吗?</td><td></td><td></td><td colspan="2"></td></tr>
<tr><td>8</td><td>你学会分析投资偏差与进度偏差了吗?</td><td></td><td></td><td colspan="2"></td></tr>
<tr><td>9</td><td>通过几天来的学习,你对自己的表现是否满意?</td><td></td><td></td><td colspan="2"></td></tr>
<tr><td>10</td><td>你对小组成员之间的合作是否满意?</td><td></td><td></td><td colspan="2"></td></tr>
<tr><td>11</td><td>你认为本情境还应学习哪些方面的内容?(请在下面空白处填写)</td><td></td><td></td><td colspan="2"></td></tr>
<tr><td colspan="6">你的意见对改进教学非常重要,请写出你的建议和意见:</td></tr>
<tr><td>被调查人签名</td><td></td><td colspan="2">调查时间</td><td colspan="2"></td></tr>
</table>

任务9　工程价款结算及其审查

任　务　单

<table>
<tr><td>学习领域</td><td colspan="6">工程造价控制</td></tr>
<tr><td>学习情境4</td><td colspan="2">施工阶段造价管理与控制</td><td colspan="2">任务9</td><td colspan="2">工程价款结算及其审查</td></tr>
<tr><td colspan="3">任务学时</td><td colspan="4">4学时</td></tr>
<tr><td colspan="7">布置任务</td></tr>
<tr><td>工作目标</td><td colspan="6">1. 能够说出建设工程价款结算方式；
2. 能够完成工程预付款、工程进度款及质量保证金的计算；
3. 能够完成建设工程价款动态结算；
4. 能够在完成任务过程中，培养学生爱岗敬业、能吃苦耐劳，能团结协作、互相帮助，做事钻研奋进、精益求精，恪守职业规范，具备高度的社会责任感、良好的职业道德修养，懂法守法，引导学生提升工程素养和责任意识，更加科学严谨地完成工程价款结算及其审查，提高工作质量</td></tr>
<tr><td>任务描述</td><td colspan="6">文本
任务9：工程价款结算及其审查
【扫描二维码获取工作任务】
工程价款结算是指承包商在工程实施过程中，依据承包合同中关于付款条款的规定和已完成的工程量，并按照规定程序向建设单位（业主）收取工程价款的一项经济活动。以施工企业提出的统计进度月报表，并报监理工程师确认，经业主主管部门认可，作为工程进度款支付的依据。根据某业主与承包商签订的某建筑安装工程项目总包施工合同中规定的预付款支付比例和扣留方式、质量保证金等约定，完成工程预付款支付与扣回的计算，完成工程进度款支付及工程结算</td></tr>
<tr><td rowspan="2">学时安排</td><td>资讯</td><td>计划</td><td>决策或分工</td><td>实施</td><td>检查</td><td>评价</td></tr>
<tr><td>0.5学时</td><td>0.5学时</td><td>2学时</td><td>2学时</td><td>0.5学时</td><td>0.5学时</td></tr>
<tr><td>对学生学习及成果的要求</td><td colspan="6">1. 每名同学均能按照自学资讯思维导图自主学习，并完成课前自学的问题训练和自学自测；
2. 严格遵守课堂纪律，不迟到、不早退；学习态度认真、端正，能够正确评价自己和同学在本任务中的素质表现；
3. 每位同学必须积极动手并参与小组讨论，分析投资数据，完成工程价款结算及其审查，能够与小组成员合作完成工作任务；
4. 每位同学都可以讲解任务完成过程，接受教师与同学的点评，同时参与小组自评与互评；
5. 每组必须完成全部“工程价款结算及其审查”工作的报告工单，并提请教师进行小组评价，小组成员分享小组评价分数或等级；
6. 每名同学均完成任务反思，以小组为单位提交</td></tr>
</table>

资讯思维导图

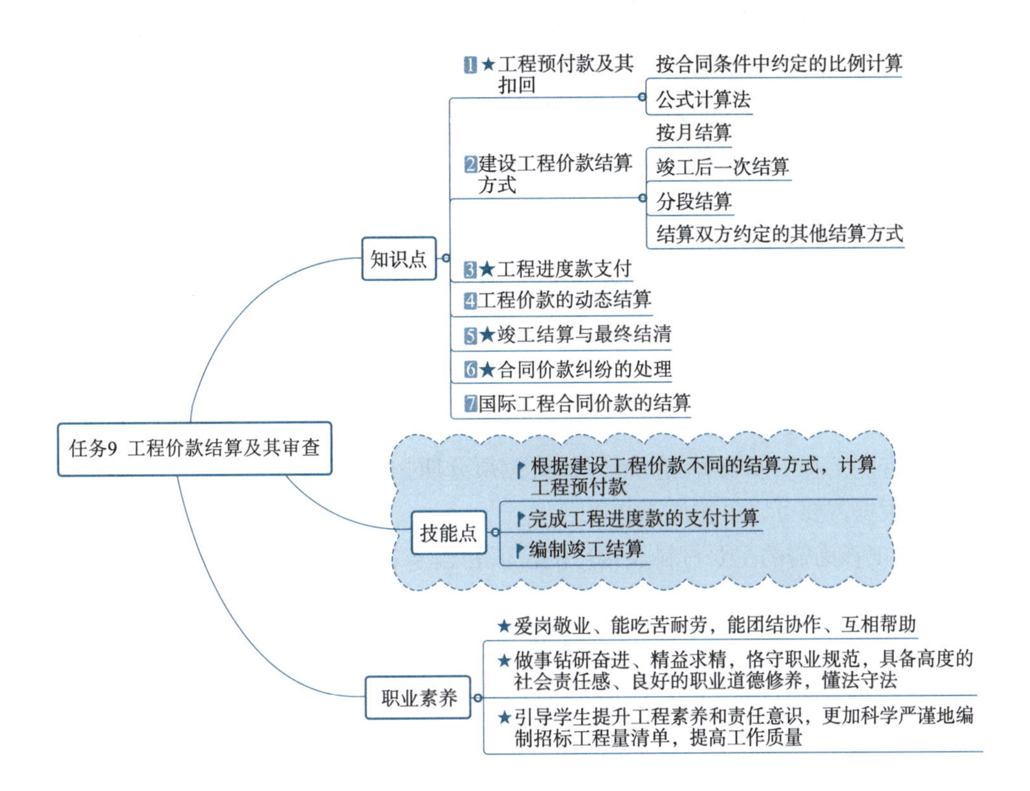

课前自学

知识模块 1　工程预付款及其扣回

一、工程预付款的定义

工程预付款是建设工程施工合同订立后由发包人按照合同约定,在正式开工前预先支付给承包人的工程款。它是施工准备和所需要材料、结构件等流动资金的主要来源。

预付款应按合同约定,从应支付给承包人的进度款中分次扣回,直到扣回的金额达到预付款金额为止。承包人应在签订合同或向发包人提供与预付款等额的预付款保函后向发包人提交预付款支付申请。发包人应在收到支付申请的 7 天内进行核实,向承包人发出预付款支付证书。签发证书的 7 天内向承包人支付预付款。预付期满后 7 天内未支付的,承包人可在期满后第 8 天起暂停施工。

二、工程预付款的数额

工程预付款额度,一般根据施工工期、建安工作量、主要材料和构件费用占建安工作量的比例以及材料储备周期等因素经测算来确定。原则上除发、承包双方有约定之外,预付比例不低于合同金额(扣除暂列金额)的 10% ,不高于 30% 。重大工程项目,按年度计划逐年预付。实行工程量清单计价的工程,实体性消耗和非实体性消耗部分宜在合同中分别约定预付款比例(或金额),预付款应当用于材料、工程设备、施工设备的采购及修建临时工程、组织施工队伍进场等。

计算方法主要有以下两种:

1. 按合同条件中约定的比例计算

发包人根据工程的特点、工期长短、市场行情、供求规律等因素,招标时在合同条件中约定工程预付款的百分比。

工程预付款数额 =（合同价款扣除暂列项数额）计算基数 × 双方约定比例

2. 公式计算法

公式计算法是根据主要材料占年度承包工程总价的比重，材料储备定额天数和年度施工天数等因素。

工程预付款数额 =（年度承包工程总值 × 主材比重/年度施工天数）× 材料储备天数

上述公式中，年度施工天数按 365 天计算；材料储备定额天数由当地材料供应的在途天数、加工天数、整理天数、供应间隔天数、保险天数等因素决定。

三、工程预付款的扣回

发包单位拨付给承包单位的备料款属于预支性质，到了工程实施后，随着工程所需主要材料储备的逐步减少，应以抵充工程价款的方式陆续扣回。

扣款的方法有两种：

①由发包人和承包人通过洽商用合同的形式予以确定，采用等比率或等额扣款的方式。也可针对实际情况具体处理，如有些工程工期较短、造价较低，就无须分期扣还；有些工期较长，如跨年度工程，其备料款的占用时间很长，根据需要可以少扣或不扣。

②可以从未施工工程尚需的主要材料及构件的价值相当于备料款额时起扣，从每次结算工程价款中，按材料比重扣抵工程价款，竣工前全部扣清。根据上述要求，工程预付款起扣点的计算公式为

$$T = P - M/N$$

式中 T——起扣点，即工程预付款开始扣回的累计完成工程金额；

P——承包工程合同总额；

M——工程预付款数额；

N——主要材料、构件所占比重。

首次扣还数额 =（累计工程款 − 起扣点数额）× 主材比重

再次扣还数额 = 当月工程款 × 主材比重

除专用合同条款另有约定外，在颁发工程接收证书前，提前解除合同的，尚未扣完的预付款应与合同价款一并结算。

除专用条款另有约定外，承包人应在收到预付款的同时向发包人提交预付款保函（担保金额与预付款数额相同）。发包人在工程款中逐期扣回预付款后，预付款担保额度应相应减少，但剩余的预付款担保金额不得低于未被扣回的预付款金额。发包人应在预付款扣完后的 14 天内将预付款保函退还给承包人。

四、安全文明施工费的规定

安全文明施工费属于措施项目费，由发包人承担，计算基数按双方合同约定（一般按省级机构发布的费率要求）执行，发包人不得以任何形式扣减该部分费用。如果基准日期后合同所适用的法律或政府有关规定发生变化，增加的安全文明施工费由发包人承担。

承包人经发包人同意采取合同约定以外的安全措施所产生的费用，由发包人承担。未经发包人同意的，如果该措施避免了发包人的损失，则发包人在避免损失的额度内承担该措施费。如果该措施避免了承包人的损失，由承包人承担该措施费。

除专用合同条款另有约定外，发包人应在开工后 28 天内预付当年应付安全文明施工费总额的 60%，其余部分与进度款同期发付。发包人逾期支付安全文明工费超过 7 天的，承包人有权向发包人发出要求预付的催告通知，发包人收到通知后 7 天内仍未支付的，承包人有权暂停施工，并按发包人违约的情形执行。

说一说

工程预付款起扣点计算的公式以及公式中字母的含义？

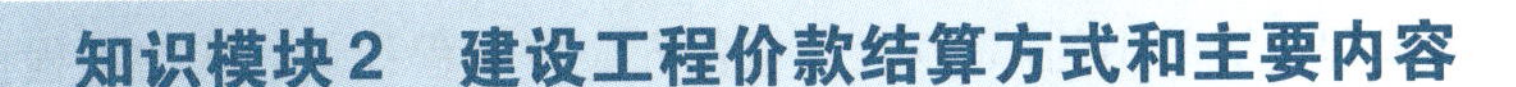

知识模块2 建设工程价款结算方式和主要内容

一、建设工程价款结算方式

1. 按月结算

实行按月支付进度款，竣工后清算的办法。合同工期在两个年度以上的工程，在年终进行工程盘点，办理年度结算。

2. 分段结算

对于当年开工、当年不能竣工的工程，按照工程形象进度，划分不同阶段支付工程进度款。具体划分应在施工合同中明确。

除上述两种主要方式外，发、承包双方还可约定其他结算方式工程。

二、建设工程价款结算内容

1. 竣工结算

工程项目完工并经验收合格后，对所完成的工程项目进行的全面结算。

2. 分阶段结算

按施工合同约定，工程项目按工程特征划分为不同阶段实施和结算。每一阶段合同工作内容完成后，经建设单位或监理人中间验收合格后，由施工承包单位在原合同分阶段价格的基础上编制调整价格并提交监理人审核签认。分阶段结算是一种工程价款的中间结算。

3. 专业分包结算

按分包合同约定，分包合同工作内容完成后，经总承包单位、监理人对专业分包工作内容验收合格后，由分包单位在原分包合同价格基础上编制调整价格并提交总承包单位、监理人审核签认。专业分包结算也是一种工程价款的中间结算。

4. 合同中止结算

工程实施过程中合同中止时，需要对已完成且经验收合格的合同工程内容进行结算。

练一练

建设工程价款结算方式有哪几种？

知识模块3 工程进度款支付

一、进度款的概念

进度款是指承包商当月完成的全部工程款，包括：分项工程款，措施项目、专业工程、计日工、变更、索赔调整的价款。

付款周期中，承包人向发包人递交进度款支付申请内容：

本期已实施工程的价款；累计已完成的工程价款；累计已支付的工程价款；本周期已完成计日工金额；应增加和扣减的变更金额；应增加和扣减的索赔金额；应抵扣的工程预付款；应扣减的质量保证金；根据合同应增加和扣减的其他金额；本付款周期实际应支付的工程价款。

对已签发的进度款支付证书中出现错误的修正，应在本次进度付款中支付或扣除的金额。

二、进度款的计算

本周期实际应支付的合同价款 = 累计已完成的合同价款 − 累计已实际支付的合同价款 + 本周期合计完成的合同价款 − 本周期合计应扣减的金额

式中,本周期合计完成的合同价款,内容包括:

本周期已完成单价项目的金额:已标价工程量清单中的单价项目,承包人应按工程计量确认的工程量与综合单价计算。如综合单价发生调整的,以发、承包双方确认调整的综合单价计算进度款。

本周期应支付的总价项目的金额:已标价工程量清单中的总价项目,承包人应按合同中约定的进度款支付分解,分别列入进度款支付申请中的安全文明施工费和本周期应支付的总价项目的金额中。

本周期已完成的计日工价款。

本周期应支付的安全文明施工费。

本周期应增加的金额:承包人现场签证和得到发包人确认的索赔金额列入本周期应增加的金额中。

本周期合计应扣减的金额,内容包括:由发包人提供的材料、工程设备金额,应按照发包人签约提供的单价和数量从进度款支付中扣除,列入本周期应扣减的金额中。

三、进度款支付的时间与要求

发包人应在收到承包人的工程进度款支付申请后14天内核对完毕。否则,从第15天起支付承包人递交的工程进度款支付申请视为被批准。发包人应在批准工程进度款支付申请的14天内,向承包人按不低于计量工程价款的60%,不高于计量工程价款的90%支付工程进度款。

四、进度款的支付方式

按照双方合同约定,支付方式可以按月结算与支付,一次性结算与支付(一般是工期在1年之内,合同价款100万元以内的项目),分段结算与支付。在具体支付过程中可采用月中预支、凭证限制与支付比例限制等方法。应注意,施工过程非承包方原因给承包方造成损失的索赔费用,在认定月与当月结算的工程款同期支付。应注意区分签证进度款与签发进度款、应得工程款与应发工程款、某月工程价款与应支付工程价款、已完工程款与应支付工程款的含义。

五、进度款的支付证书

若发承包双方对有的清单项目的计量结果出现争议,发包人应对无争议部分的工程计量结果向承包人出具进度款支付证书。发现已签发的任何支付证书有错、漏或重复的数额,发包人有权予以修正,承包人也有权提出修正申请。经发承包双方复核同意修正的,应在本次到期的进度款中支付或扣除。

说一说

进度款支付的时间与要求?

知识模块4　工程价款的动态结算

因工程项目的建设周期长,影响工程造价的因素多,工程价款结算时要把各项因素动态考虑,使工程价款的结算尽可能反映出实际消耗的费用。其中市场价格波动引起工程款调整的方式主要有以下两种:

一、采用价格指数进行价格调整

因人工、材料和设备等价格波动影响合同价格时,根据专用合同条款中约定的数据,按照任务7工程变更与索赔的管理中知识模块4中公式计算差额并调整合同价格。

二、采用造价信息进行价格调整

单价和采购数量应由发包人审批,发包人确认需调整的材料单价及数量,作为调整合同价格的依据。

人工单价发生变化且符合省级或行业建设主管部门发布的人工费调整规定,合同当事人应按省级或行业建设主管部门或其授权的工程造价管理机构发布的人工费等文件调整合同价格,但承包人对人工费

或人工单价的报价高于发布价格的除外。

材料、工程设备价格变化的价款调整按照发包人提供的基准价格，按以下风险范围规定执行：

承包人在已标价工程量清单或预算书中载明材料单价低于基准价格的：除专用合同条款另有约定外，合同履行期间材料单价涨幅以基准价格为基础超过5%时，或材料单价跌幅以在已标价工程量清单或预算书中载明材料单价为基础超过5%时，其超过部分据实调整。

承包人在已标价工程量清单或预算书中载明材料单价高于基准价格的：除专用合同条款另有约定外，合同履行期间材料单价跌幅以基准价格为基础超过5%时，材料单价涨幅以在已标价工程量清单或预算书中载明材料单价为基础超过5%时，其超过部分据实调整。

忆一忆

由于市场价格波动引起工程款调整的方式主要有几种？

知识模块5　质量保证金

一、质量保证金的概念

工程项目总造价中预留一定比例的款项用于工程质量保修费用，具体计算方法由双方合同约定。可以从第一个付款周期，从进度款中按专用合同条款约定比例扣留质量保证金，直至扣留的质量保证金总额达到约定金额或比例时为止。质量保证金的计算基数不包括材料款的扣回、支付以及价格调整的金额。在约定的缺陷责任期满时，承包人向发包人申请到期应返还承包人剩余的质量保证金金额（及利息）。约定缺陷责任期满时，承包人没有完成缺陷责任的，发包人有权扣留与未履行责任剩余工作所需金额相应的质量保证金金额，并有权要求延长缺陷责任期，直到剩余工作完成为止。

二、质量保证金的扣留

质量保证金的扣留有以下三种方式：

①在支付工程进度款同时逐次扣留，在此情形下，质量保证金的计算基数不包括预付款的支付、扣回以及价格调整的金额。

②工程竣工结算时一次性扣留质量保证金总额。

③双方约定的其他扣留方式。

三、保修期、缺陷责任期

保修期是指承包人按合同约定对工程承担保修责任的期限，从工程竣工验收合格之日起计算。

缺陷责任期自实际竣工日期起计算，合同当事人应在专用合同条款约定缺陷责任期的具体期限，是指承包人按约定承担修复的义务，但该期限最长不超过24个月。

单位工程先于全部工程进行验收，经验收合格并交付使用的，该单位工程缺陷责任期自单位工程验收合格之日起算。因发包人原因导致工程无法按合同约定期限进行竣工验收的，缺陷责任期自承包人提交竣工验收申请报告之日起开始计算；发包人未经竣工验收擅自使用工程的，缺陷责任期自工程转移占有之日起开始计算。

思一思

保修期和缺陷责任期是如何规定的？

知识模块6　竣工结算与最终结清

竣工结算是建设单位与施工单位之间办理工程价款结算的一种方法，是指工程项目竣工以后甲乙双方对该工程发生的应付、应收款项作最后清理结算。

一、竣工结算的条件

工程具备以下条件的，承包人可以申请竣工验收：

①除发包人同意的甩项工作和缺陷修补工作外，合同范围内的全部工程以及有关工作，包括合同要求的试验、试运行以及检验均已完成，并符合合同要求。

②已按合同约定编制了甩项工作和缺陷修补工作清单以及相应的施工计划。

③已按合同约定的内容和份数备齐竣工资料。

二、竣工结算编制主体

单位工程竣工结算由承包人编制，发包人审查；实行总承包的工程，由具体承包人编制，在总包人审查的基础上，发包人审查。单项工程竣工结算或建设项目竣工总结算由总(承)包人编制，发包人可直接进行审查，也可以委托具有相应资质的工程造价咨询机构进行审查。

三、竣工结算款支付申请的内容

除专用合同条款另有约定外，承包人应在工程竣工验收合格后28天内向发包人和监理人提交竣工结算申请单。

除专用合同条款另有约定外，竣工结算申请单应包括以下内容：竣工结算合同价格；发包人已支付承包人的款项，发承包双方在合同工程实施过程中已经确认的工程计量结果和合同价款，在竣工结算办理中应直接进入结算；应扣留的质量保证金；发包人应支付承包人的合同价款。

四、竣工结算要求

1. 分部分项工程费

分部分项工程费应依据双方确认的工程量、合同约定的综合单价计算，如发生调整的，以发、承包双方确认调整的综合单价计算。

2. 措施项目费

措施项目费的计算应遵循以下原则：

①采用综合单价计价的措施项目，应依据发、承包双方确认的工程量和综合单价计算。

②明确采用“项”计价的措施项目，应依据合同约定的措施项目和金额或发、承包双方确认调整后的措施项目费金额计算。

③措施项目费中的安全文明施工费应按照国家或省级、行业建设主管部门的规定计算。施工过程中，国家或省级、行业建设主管部门对安全文明施工费进行调整的，措施项目费中的安全文明施工费应作相应调整。

3. 其他项目费

其他项目费应按以下规定计算：

①计日工的费用应按发包人实际签证确认的数量和合同约定的相应项目综合单价计算。

②暂估价中的材料单价应按发、承包双方最终确认价在综合单价中调整，专业工程暂估价应按中标价或发包人、承包人与分包人最终确认价计算。

③总承包服务费应依据合同约定金额计算，如发生调整的，以发、承包双方确认调整的金额计算。

④索赔费用应依据发、承包双方确认的索赔事项和金额计算。

⑤现场签证费用应依据发、承包双方签证资料确认的金额计算。

⑥暂列金额应减去工程价款调整与索赔、现场签证金额后计算，如有余额归发包人。

4. 规费和税金

规费和税金应按照国家或省级、行业建设主管部门对规费和税金的计取标准计算。

5. 提前竣工补偿额度

发、承包双方应在合同中约定提前竣工每日历天应补偿额度，此项费用应作为增加合同价款列入竣工结算文件中，应与结算款一并支付。

赶工费用主要包括：

①人工费的增加，如新增加投入人工的报酬，不经济使用人工的补贴等。

②材料费的增加，如可能造成不经济使用材料而损耗过大，材料提前交货可能增加的费用、材料运输费的增加等。

③机械费的增加，如可能增加机械设备投入，不经济地使用机械等。

实际总造价 = 签约合同价 + 合同执行过程中的调整额

竣工结算款 = 实际总造价 ×（1 - 质保金比例）- 已支付工程款 - 已支付工程预付款

五、质量争议工程的竣工结算

1. 已经竣工验收或已竣工未验收但实际投入使用的工程

按该工程保修合同执行，竣工结算按合同约定办理。

2. 已竣工未验收且未实际投入使用的工程以及停工、停建工程

双方就有争议部分委托有资质的检测鉴定机构进行检测，根据检测结果确定解决方案，或按工程质量监督机构的处理决定执行后办理竣工结算，无争议部分的竣工结算按合同约定办理。

六、合同解除的价款结算与支付

由于不可抗力导致合同解除的规定如下：

1. 支付金额包括内容

①合同解除之日前已完成工程但尚未支付的合同价款。

②合同中约定应由发包人承担的费用。

③已实施或部分实施的措施项目应付价款。

④承包人为合同工程合理订购且已支付的材料和工程设备货款；发包人一经支付此项货款，该材料和工程设备即成为发包人的财产。

⑤承包人为撤离现场所需的合理费用，包括员工遣送费和临时工程拆除、施工设备运离现场的费用。

⑥承包人为完成合同工程而预期开支的任何合理费用，且该项费用未包括在本款其他各项支付之内。

2. 扣除金额包括内容

合同解除之日前发包人应向承包人收回的价款。

3. 差额退还包括内容

当发包人应扣除的金额超过了应支付的金额，则承包人应在合同解除后的 56 天内将其差额退还给发包人。

七、质量保证金返还

缺陷责任期内，承包人认真履行合同约定的责任。约定的缺陷责任期满，承包人向发包人申请返还质量保证金。发包人在接到承包人返还保证金申请后，应于 14 天内会同承包人按照合同约定的内容进行核实。如无异议，发包人应当在核实后 14 天内将剩余质量保证金连同利息返还给承包人

八、最终结清

发包人应在签发最终结清支付证书后的 14 天内，按照最终结清支付证书列明的金额向承包人支付最终结清款。最终结清付款后，承包人在合同内享有的索赔权利也自行终止。

发包人未按期支付的，承包人可催告发包人在合理的期限内支付，并有权获得延迟支付的利息。

九、竣工结算的审核

工程造价咨询机构从事竣工结算审核工作通常应包括准备、审核、审定三个阶段。承包人对工程造价咨询机构对竣工结算文件的核对结论进行复核，并将结论提交工程造价咨询机构。工程造价咨询机构收到承包人提出的异议后，应再次复核，复核后仍有异议的，对于无异议部分办理不完全竣工结算；有异议部分由发承包双方协商解决，协商不成的，按照合同约定的争议解决方式处理。

想一想

单位工程竣工结算的编制主体是谁？

知识模块7　合同价款纠纷的处理

一、合同价款纠纷的处理原则

1. 施工合同无效的价款纠纷处理

(1)建设工程经竣工验收合格

承包人请求参照合同约定支付工程价款的，应予支持。

(2)建设工程经竣工验收不合格

修复后的建设工程经竣工验收合格：发包人请求承包人承担修复费用的，应予支持。

修复后的建设工程经竣工验收不合格：承包人请求支付工程价款的，不予支持。

2. 垫资施工合同的价款纠纷处理

①当事人对垫资和垫资利息有约定：承包人请求按照约定返还垫资及其利息的，应予支持，但是约定的利息计算标准高于中国人民银行发布的同期同类贷款利率的部分除外。

②当事人对垫资没有约定：按照工程欠款处理。

③当事人对垫资利息没有约定：承包人请求支付利息，不予支持。

二、合同价款纠纷的解决途径

1. 和解

(1)协商和解

合同价款争议发生后，发、承包双方任何时候都可以进行协商。协商达成一致的，双方应签订书面和解协议，和解协议对发、承包双方均有约束力。如果协商不能达成一致协议，发包人或承包人都可以按合同约定的其他方式解决争议。

(2)监理或造价工程师暂定

发、承包双方对暂定结果认可的，应以书面形式予以确认，暂定结果成为最终决定。发、承包双方或一方不同意暂定结果的，应以书面形式向总监理工程师或造价工程师提出，说明自己认为正确的结果，同时抄送另一方，此时该暂定结果成为争议。在暂定结果不实质影响发、承包双方当事人履约的前提下，发、承包双方应实施该结果，直到其按照发、承包双方认可的争议解决办法被改变为止。

2. 调解

(1)管理机构的解释或认定

除工程造价管理机构的上级管理部门做出了不同的解释或认定，或在仲裁裁决或法院判决中不予采信的外，工程造价管理机构做出的书面解释或认定是最终结果，对发、承包双方均有约束力。

(2)双方约定争议调解人进行调解

除非并直到调解书在协商和解或仲裁裁决、诉讼判决中做出修改，或合同已经解除，承包人应继续按

照合同实施工程。

说一说

合同价款纠纷的解决途径有哪些？

知识模块8　工程结算审查

一、施工承包单位内部审查

审查结算的项目范围、内容与合同约定的项目范围、内容的一致性；审查工程量计算的准确性、工程量计算规则与计价规范或定额的一致性；审查执行合同约定或现行的计价原则、方法的严格性，对于工程量清单或定额缺项以及采用新材料、新工艺的，应根据施工过程中的合理消耗和市场价格审核结算单价；审查变更签证凭据的真实性、合法性、有效性，核准变更工程费用；审查索赔是否依据合同约定的索赔处理原则、程序和计算方法以及索赔费用的真实性、合法性、准确性；审查取费标准执行的严格性，并审查取费依据的时效性、相符性。

二、建设单位审查

1. 审查工程竣工结算的递交程序和资料的完备性

①审查结算资料递交手续、程序的合法性，以及结算资料具有的法律效力。

②审查结算资料的完整性、真实性和相符性。

2. 审查与工程竣工结算有关的各项内容

①工程施工合同的合法性和有效性。

②工程施工合同范围以外调整的工程价款。

③分部分项工程、措施项目、其他项目的工程量及单价。

④建设单位单独分包工程项目的界面划分和总承包单位的配合费用。

⑤工程变更、索赔、奖励及违约费用。

⑥取费、税金、政策性调整以及材料价差计算。

⑦实际施工工期与合同工期产生差异的原因和责任，以及对工程造价的影响程度。

⑧其他涉及工程造价的内容。

三、工程竣工结算审查时限

工程竣工结算审查时限见表4-2。

表4-2　工程竣工结算审查时限

工程竣工结算报告金额	审查时限（从接到竣工结算报告和完整的工程竣工结算资料之日起）
500万元以下	20天
500万~2 000万元	30天
2 000万~5 000万元	45天
5 000万元以上	60天

说一说

施工承包单位内部结算审查的内容有哪些？

知识模块9　国际工程合同价款的结算

一、国际工程合同价款的调整

(一)工程变更

1. 工程变更的范围

①合同中包括的任何工程内容的数量的改变(但此类改变不一定构成变更)。

②任何工程内容的质量或其他特性的改变。

③工程任何部分的标高、位置和(或)尺寸的改变。

④任何工程的删减,但要交他人实施的工程除外。

⑤永久工程所需的任何附加工作、生产设备、材料或服务,包括任何有关的竣工检验、钻孔和其他检验和勘探工作。

⑥实施工程的顺序或时间安排的改变。

2. 工程变更估价

(1)变更估价的原则

①变更工程的费率或价格在合同中有规定:适用合同中规定的费率或价格。

②变更工程的费率或价格在合同中没有规定:适用合同中类似工程的费率或价格。

③变更工程的费率或价格在合同中没有规定,合同中也没有类似工程:适用新的费率或价格。新的费率或价格应当根据实施该项工程的合理成本和合理利润,并考虑其他相关事项后得出。

(2)工程删减的估价

工程师发布删减工程的变更指令后承包商不再实施部分工作,合同价格中包括的直接费部分没有受到损失,但摊销在该部分的间接费、利润和税金则实际不能合理回收。损失应当满足三项条件:

①如果工程未被删减时,该项费用本可以包含在中标合同价中。

②该工程的删减将导致(或已导致)该项费用不构成合同价格的一部分。

③任何替代工程的估价之中也没有包含该项费用。

(二)价格调整

1. 工程量变更

因工程量变更可以调整合同规定费率或价格的条件:

①该部分工程实际测量的工程量比工程量表或其他报表中规定的工程量的变动大于10%。

②该项部分工程工程量的变更与相对应费率的乘积超过了中标金额的0.01%。

③由于工程量的变更直接造成该部分工程每单位工程量费用的变动超过1%。

④该部分工程不是合同中规定的“固定费率项目”。

2. 基准日后法规的变化

在提交投标文件截止日期前的第28天以后,工程所在国的法律变化(包括新法的实施以及旧法的废止或修改),以及有关该法律的司法解释或官方解释变化,导致施工所需的工程费用发生增减的,合同价格应做出相应调整。

二、国际工程合同价款的结算

1. 预付款支付时间

首次分期预付款额的支付时间是在中标函颁发之日起42天内,或在收到承包商提交的履约保证和预付款保函之日起21天内,二者中以晚者为准。

2. 预付款的偿还

(1)投标函附录中没有注明预付款扣减的百分比

当期中支付证书的累计总额(不包括预付款及保留金的扣减与偿还)超过中标合同价(减去暂定金额)的10%时开始扣减。

按期预付款的货币的种类及其比例,分期从每份支付证书中的数额(不包括预付款及保留金的扣减与偿还)中扣除25%,直至还清全部预付款。

(2)预付款保函的总额应随承包商在期中支付证书中所偿还的数额逐步冲抵而减少。如果在该包含截止日期前28天预付款还未完全偿还,则承包商应该相应的延长预付款保函的期限,直到预付款完全偿还。

三、保留金

1. 保留金的扣留

在国际工程实践中,每次期中支付时扣留的百分比一般为5% ~10%,累计扣留的最高限额一般为中标合同价的2.5% ~5%。

2. 保留金的返还

(1)颁发工程接收证书后的返还

整个工程接收证书签发后,保留金的一半应由工程师开具证书,并支付给承包商。

颁发的接收证书只是限于一个区段或部分工程:

返还金额 = 保留金总额 ×(移交工程区段或部分的合同估算价值/整个合同的估算价值)×40%

(2)工程最后一个缺陷通知期期满后的返还

保留金的余额应立即支付给承包商。颁发的接收证书只是限于一个区段或部分工程,则在该区段或部分工程的缺陷通知期期满后,再返还相应区段或部分工程的保留金的40%。

说一说

在国际工程合同价款的结算中,基准日后法规的变化如何调整?

自学自测

一、单选题(只有1个正确答案,每题8.5分,共7题)

1. 已知某建筑工程施工合同总额为8 000万元,工程预付款按合同金额的20%计取,主要材料及构件造价占合同额的50%。预付款起扣点为(　　)万元。

A. 1 600　　B. 4 000　　C. 4 800　　D. 6 400

2. 由发包人提供的工程材料、工程设备金额,应在合同价款的期中支付和结算中予以扣除,具体的扣除标准是(　　)。

A. 按签约单价和签约数量　　B. 按实际采购单价和实际数量

C. 按签约单价和实际数量　　D. 按实际采购单价和签约数量

3. 根据《建设工程工程量清单计价规范》GB 50500—2013,发包人应在工程开工后的28天内预付不低于当年施工进度计划的安全文明施工费总额的(　　)。

A. 30%　　B. 40%　　C. 50%　　D. 60%

4. 根据《建设工程工程量清单计价规范》GB 50500—2013,关于工程预付款的支付和扣回,下列说法中正确的是(　　)。

A. 预付款的比例原则上不低于合同金额的10%,不高于合同金额的20%

B. 承、发包双方签订合同后,发包人最晚应在开工日期前14天内支付预付款

C. 在发出要求预付通知的14天后,承包人仍未收到预付款时,可以停止施工

D. 发包人应在预付款扣完后14天内一次将全额预付款保函退还给承包人

5. 某工程合同总价为5 000万元,合同工期180天,材料费占合同总价的60%,材料储备定额天数为25天。材料供应在途天数为5天。用公式计算法来求得该工程的预付款为(　　)万元。

A. 417　　B. 500　　C. 694　　D. 833

6. 下列关于施工合同履行期间期中支付的说法中正确的是(　　)。

A. 双方对工程计量结果的争议,不影响发包人对已完工工程的期中支付

B. 对已签发支付证书中的计算错误,发包人不得再予修正

C. 进度款支付申请中应包括累计已完成的合同价款

D. 本周期实际支付的合同额为本期完成的合同价款合计

7. 下列关于最终结清的说法中正确的是(　　)。

A. 最终结清是在工程保修期满后对剩余质量保证金的最终结清

B. 最终结清支付证书一经签发,承包人对合同内享有的索赔权利即自行终止

C. 质量保证金不足以抵减发包人工程缺陷修复费用的,应按合同约定的争议解决方法处理

D. 最终结清付款涉及政府投资的,应按国家集中支付相关规定和专用条款约定办理

二、多选题(至少有2个正确答案,每题8.5分,共3题)

1. 承包人应在每个计量周期到期后,向发包人提交已完工程进度款支付申请,支付申请包括的内容有(　　)。

A. 累计已完成的合同价款　　B. 本期合计完成的合同价款

C. 本期合计应扣减的金额　　D. 累计已调整的合同金额

E. 预计下期将完成的合同价款

2. 下列关于预付款担保的说法中正确的是(　　)。

A. 预付款担保应在施工合同签订后,预付款支付前提供

B. 预付款担保必须采用银行保函的形式

C. 承包人中途毁约，中止工程，发包人有权从预付款担保金额中获得预付款补偿

D. 发包人应在预付款扣完后将预付款保函退还承包人

E. 在预付款全部扣回之前，预付款保函应始终保持有效，且担保金额应保持不变

3. 下列关于建设工程竣工结算办理的说法中正确的有（　　）。

A. 竣工结算文件经发、承包人双方签字确认的，应当作为工程结算的依据

B. 竣工结算文件由发包人组织编制，承包人组织核对

C. 工程造价咨询机构审核结论与承包人竣工结算文件不一致时，以造价咨询机构审核意见为准

D. 合同双方对复核后的竣工结算有异议时，可以就无异议部分的工程办理不完全竣工结算

E. 承包人对工程造价咨询企业的审核意见有异议的，可以向工程造价管理机构申请调解

三、判断题（对的划“√”，错的划“×”，每题5分，共3题）

1. 保修期是指承包人按合同约定对工程承担保修责任的期限，从工程竣工验收合格之日起计算。（　　）

2. 因承包人原因导致工期延长的，继续提供履约担保所增加的费用由承包人承担。（　　）

3. 采用综合单价计价的措施项目，应依据发、承包双方确认的工程量和综合单价计算。（　　）

文本

任务9【自学自测】答案

任务实施指导

根据某业主与承包商签订的某建筑安装工程项目总包施工合同，完成工程价款结算及其审查的工作程序基本包括如下步骤。

一、计算工程预付款

根据施工合同中预付款支付比例、支付时间的约定，计算工程预付款。

二、计算工程预付款从几月份起扣？

根据施工合同中预付款抵扣方式的约定，完成工程预付款的起扣点及扣还计算。

三、计算每个月业主应支付给承包商的工程款是多少？

进度款是指承包商当月完成的全部工程款，包括：分项工程款，措施项目、专业工程、计日工、变更、索赔调整的价款。根据施工合同中进度款支付的时间与要求、支付方式等约定，完成工程进度款的计算。

四、计算合同价款调整是多少？

根据合同约定，对所有涉及合同价款调整、变动因素或其范围进行准确的分析，完成合同价款调整的计算。

五、计算竣工结算时，业主应支付给承包商的工程结算款是多少？

根据合同约定，计算竣工结算款。

$$\text{实际总造价} = \text{签约合同价} + \text{合同执行过程中的调整额}$$

$$\text{竣工结算款} = \text{实际总造价} \times (1 - \text{质保金比例}) - \text{已支付工程款} - \text{已支付工程预付款}$$

工程价款结算及其审查工作单

计 划 单

学习情境4	施工阶段造价管理与控制		任务9	工程价款结算及其审查
工作方式	组内讨论、团结协作共同制订计划:小组成员进行工作讨论,确定工作步骤		计划学时	0.5学时
完成人	1.　　2.　　3.　　4.　　5.　　6.			
计划依据:老师给定的拟建项目建设信息				
序号	计划步骤	具体工作内容描述		
1	准备工作 (整理建设投资数据,谁去做?)			
2	组织分工 (成立组织,人员具体都完成什么?)			
3	制订两套工程价款结算及其审查方案 (特点是什么?)			
4	计算工程进度款 (都涉及哪些影响因素?)			
5	整理工程价款结算及其审查计算过程 (谁负责?整理什么?)			
6	制作工程价款结算及其审查成果表 (谁负责?要素是什么?)			
制订计划说明	(写出制订计划中人员为完成任务的主要建议或可以借鉴的建议、需要解释的某一方面)			

●●●● 决 策 单 ●●●●

<table>
<tr><td>学习情境4</td><td colspan="2">施工阶段造价管理与控制</td><td>任务9</td><td>工程价款结算及其审查</td></tr>
<tr><td colspan="3">决策学时</td><td colspan="2">2学时</td></tr>
<tr><td colspan="5">决策目的：确定本小组认为最优的工程价款结算及其审查方案</td></tr>
<tr><td rowspan="7">方案
优劣比对</td><td colspan="2">方案特点</td><td rowspan="2">比对项目</td><td rowspan="2">确定最优方案
（划√）</td></tr>
<tr><td>方案名称1：</td><td>方案名称2：</td></tr>
<tr><td></td><td></td><td>编制精度
是否达到需求</td><td rowspan="6">方案1优□

方案2优□</td></tr>
<tr><td></td><td></td><td>计算过程
是否得当</td></tr>
<tr><td></td><td></td><td>计算公式
是否准确</td></tr>
<tr><td></td><td></td><td>编制方法的
掌握程度</td></tr>
<tr><td></td><td></td><td>工作效率的
高低</td></tr>
<tr><td colspan="2">方案1工程价款结算及其审查
计算过程思维导图</td><td colspan="2">方案2工程价款结算及其审查
计算过程思维导图</td></tr>
</table>

作 业 单

<table>
<tr><td>学习情境 4</td><td>施工阶段造价管理与控制</td><td>任务 9</td><td>工程价款结算及其审查</td></tr>
<tr><td rowspan="2">参加人员</td><td colspan="2">第＿＿＿＿＿组</td><td>开始时间：</td></tr>
<tr><td colspan="2">签名：</td><td>结束时间：</td></tr>
<tr><td>序号</td><td colspan="2">工作内容记录
（根据实施的具体工作记录，包括存在的问题及解决方法）</td><td>分工
（负责人）</td></tr>
<tr><td>1</td><td colspan="2"></td><td></td></tr>
<tr><td>2</td><td colspan="2"></td><td></td></tr>
<tr><td>3</td><td colspan="2"></td><td></td></tr>
<tr><td>4</td><td colspan="2"></td><td></td></tr>
<tr><td>5</td><td colspan="2"></td><td></td></tr>
<tr><td>6</td><td colspan="2"></td><td></td></tr>
<tr><td>7</td><td colspan="2"></td><td></td></tr>
<tr><td>8</td><td colspan="2"></td><td></td></tr>
<tr><td>9</td><td colspan="2"></td><td></td></tr>
<tr><td>10</td><td colspan="2"></td><td></td></tr>
<tr><td rowspan="2">小结</td><td colspan="2">主要描述完成的成果及是否达到目标</td><td>存在的问题</td></tr>
<tr><td colspan="2"></td><td></td></tr>
</table>

检 查 单

<table>
<tr><td>学习情境4</td><td colspan="2">施工阶段造价管理与控制</td><td colspan="2">任务9</td><td colspan="3">工程价款结算及其审查</td></tr>
<tr><td>检查学时</td><td colspan="4">课内0.5学时</td><td colspan="3">第______组</td></tr>
<tr><td>检查目的及方式</td><td colspan="7">教师过程监控小组的工作情况，如检查等级为不及格，小组需要整改，并拿出整改说明</td></tr>
<tr><td rowspan="2">序号</td><td rowspan="2">检查项目</td><td rowspan="2">检查标准</td><td colspan="5">检查结果分级
（在检查相应的分级框内划“√”）</td></tr>
<tr><td>优秀</td><td>良好</td><td>中等</td><td>及格</td><td>不及格</td></tr>
<tr><td>1</td><td>准备工作</td><td>建设项目投资数据是否准备完整</td><td></td><td></td><td></td><td></td><td></td></tr>
<tr><td>2</td><td>分工情况</td><td>安排是否合理、全面，分工是否明确</td><td></td><td></td><td></td><td></td><td></td></tr>
<tr><td>3</td><td>工作态度</td><td>小组工作是否积极主动、全员参与</td><td></td><td></td><td></td><td></td><td></td></tr>
<tr><td>4</td><td>纪律出勤</td><td>是否按时完成负责的工作内容、遵守工作纪律</td><td></td><td></td><td></td><td></td><td></td></tr>
<tr><td>5</td><td>团队合作</td><td>是否相互协作、互相帮助、成员是否听从指挥</td><td></td><td></td><td></td><td></td><td></td></tr>
<tr><td>6</td><td>创新意识</td><td>任务完成不照搬照抄，看问题具有独到见解创新思维</td><td></td><td></td><td></td><td></td><td></td></tr>
<tr><td>7</td><td>完成效率</td><td>工作单是否记录完整，是否按照计划完成任务</td><td></td><td></td><td></td><td></td><td></td></tr>
<tr><td>8</td><td>完成质量</td><td>工作单填写是否准确</td><td></td><td></td><td></td><td></td><td></td></tr>
<tr><td>检查评语</td><td colspan="5"></td><td colspan="2">教师签字：</td></tr>
</table>

任务评价单

1. 工作评价单

<table>
<tr><td>学习情境4</td><td colspan="3">施工阶段造价管理与控制</td><td>任务9</td><td colspan="3">工程价款结算及其审查</td></tr>
<tr><td colspan="4">评价学时</td><td colspan="4">0.5学时</td></tr>
<tr><td>评价类别</td><td>项目</td><td colspan="2">个人评价</td><td>组内互评</td><td colspan="2">组间互评</td><td>教师评价</td></tr>
<tr><td rowspan="6">专业能力</td><td>资讯
（10%）</td><td colspan="2"></td><td></td><td colspan="2"></td><td></td></tr>
<tr><td>计划
（5%）</td><td colspan="2"></td><td></td><td colspan="2"></td><td></td></tr>
<tr><td>实施
（20%）</td><td colspan="2"></td><td></td><td colspan="2"></td><td></td></tr>
<tr><td>检查
（10%）</td><td colspan="2"></td><td></td><td colspan="2"></td><td></td></tr>
<tr><td>过程
（5%）</td><td colspan="2"></td><td></td><td colspan="2"></td><td></td></tr>
<tr><td>结果
（10%）</td><td colspan="2"></td><td></td><td colspan="2"></td><td></td></tr>
<tr><td rowspan="2">社会能力</td><td>团结协作
（10%）</td><td colspan="2"></td><td></td><td colspan="2"></td><td></td></tr>
<tr><td>敬业精神
（10%）</td><td colspan="2"></td><td></td><td colspan="2"></td><td></td></tr>
<tr><td rowspan="2">方法能力</td><td>计划能力
（10%）</td><td colspan="2"></td><td></td><td colspan="2"></td><td></td></tr>
<tr><td>决策能力
（10%）</td><td colspan="2"></td><td></td><td colspan="2"></td><td></td></tr>
<tr><td rowspan="3">评价评语</td><td>班级</td><td></td><td>姓名</td><td></td><td>学号</td><td></td><td>总评</td><td></td></tr>
<tr><td>教师签字</td><td></td><td>第　组</td><td>组长签字</td><td colspan="2"></td><td>日期</td><td></td></tr>
<tr><td colspan="8">评语：</td></tr>
</table>

2. 小组成员素质评价单

<table>
<tr><td>学习情境4</td><td colspan="2">施工阶段造价管理与控制</td><td>任务9</td><td>工程价款结算及其审查</td></tr>
<tr><td colspan="3">评价学时</td><td colspan="2">0.5学时</td></tr>
<tr><td>班级</td><td></td><td>第____组</td><td>成员姓名</td><td></td></tr>
<tr><td>评分说明</td><td colspan="4">每个小组成员评价分为自评和小组其他成员评两部分，取平均值计算，作为该小组成员的任务评价个人分数。评价项目共设计五个，依据评分标准给予合理量化打分。小组成员自评分后，要找小组其他成员不记名方式打分，成员互评分为其他小组成员的平均分</td></tr>
<tr><td>对象</td><td>评分项目</td><td colspan="2">评分标准</td><td>评分</td></tr>
<tr><td rowspan="5">自评
(100分)</td><td>核心价值观(20分)</td><td colspan="2">思想及行动是否符合社会主义核心价值观</td><td></td></tr>
<tr><td>工作态度(20分)</td><td colspan="2">是否按时完成负责的工作内容、遵守纪律，是否积极主动参与小组工作，是否全过程参与，是否吃苦耐劳，是否具有工匠精神</td><td></td></tr>
<tr><td>交流沟通(20分)</td><td colspan="2">是否能良好地表达自己的观点，是否能倾听他人的观点</td><td></td></tr>
<tr><td>团队合作(20分)</td><td colspan="2">是否与小组成员合作完成，做到相互协助、相互帮助、听从指挥</td><td></td></tr>
<tr><td>创新意识(20分)</td><td colspan="2">是否能独立思考，提出独到见解，是否能够运用创新思维解决遇到的问题</td><td></td></tr>
<tr><td rowspan="5">成员互评
(100分)</td><td>核心价值观(20分)</td><td colspan="2">思想及行动是否符合社会主义核心价值观</td><td></td></tr>
<tr><td>工作态度(20分)</td><td colspan="2">是否按时完成负责的工作内容、遵守纪律，是否积极主动参与小组工作，是否全过程参与，是否吃苦耐劳，是否具有工匠精神</td><td></td></tr>
<tr><td>交流沟通(20分)</td><td colspan="2">是否能良好地表达自己的观点，是否能倾听他人的观点</td><td></td></tr>
<tr><td>团队合作(20分)</td><td colspan="2">是否与小组成员合作完成，做到相互协助、相互帮助、听从指挥</td><td></td></tr>
<tr><td>创新意识(20分)</td><td colspan="2">是否能独立思考，提出独到见解，是否能够运用创新思维解决遇到的问题</td><td></td></tr>
<tr><td colspan="2">最终小组成员得分</td><td colspan="3"></td></tr>
<tr><td colspan="2">小组成员签字</td><td></td><td>评价时间</td><td></td></tr>
</table>

教学反馈单

学习领域	工程造价控制			
学习情境4	施工阶段造价管理与控制	任务9	工程价款结算及其审查	
学时		4学时		

序号	调查内容	是	否	理由陈述
1	你是否喜欢这种上课方式?			
2	与传统教学方式比较你认为哪种方式学到的知识更适用?			
3	针对每个学习任务你是否学会如何进行资讯?			
4	计划和决策感到困难吗?			
5	你认为学习任务对你将来的工作有帮助吗?			
6	通过本任务的学习,你学会如何计算工程预付款这项工作了吗?今后遇到实际的问题你可以解决吗?			
7	你能够根据实际工程对工程进度款进行支付吗?			
8	学会编制竣工结算文件了吗?			
9	通过几天来的学习,你对自己的表现是否满意?			
10	你对小组成员之间的合作是否满意?			
11	你认为本情境还应学习哪些方面的内容?(请在下面空白处填写)			

你的意见对改进教学非常重要,请写出你的建议和意见:

被调查人签名		调查时间	

附　录

【扫描二维码获取本门课模拟自测题 1】　　【扫描二维码获取本门课模拟自测题 2】

参考文献

[1]中华人民共和国住房和城乡建设部．建设工程工程量清单计价规范:GB 50500—2013[S]. 北京:中国计划出版社,2013

[2]中华人民共和国住房和城乡建设部．房屋建筑与装饰工程工程量计算规范:GB 50854—2013[S]. 北京:中国计划出版社,2013

[3]黑龙江省住房和城乡建设厅．建筑与装饰工程消耗量定额(上、下):HLJD-JZ—2019[M]. 北京:中国建材工业出版社,2019

[4]赵秀云．工程造价管理[M]. 北京:教育科学出版社,2015.

[5]尹贻林．全国造价工程师执业资格考试应试指南:建设工程造价管理[M]. 北京:中国计划出版社,2017.

[6]全国造价工程师执业资格考试培训教材编审委员会．建设工程造价管理[M]. 北京:中国计划出版社,2017.

[7]尹贻林．全国造价工程师执业资格考试应试指南:建设工程造价案例分析[M]. 北京:中国计划出版社,2017.

[8]尹贻林．全国造价工程师执业资格考试应试指南:建设工程计价[M]. 北京:中国计划出版社,2017.

[9]樊冬雪．建设工程造价管理[M]. 北京:中国建材工业出版社,2018.

[10]赵荣江．建设工程技术与计量[M]. 北京:中国计划出版社,2017.